石油教材出版基金资助项目

高等院校特色规划教材

化学基础

于翠艳　许　涛　主编

石 油 工 业 出 版 社

内 容 提 要

本书为满足非化学化工类专业学生的需求，将多门化学基础知识有机融合，主要内容包括物质的聚集状态、化学反应基本规律、溶液与胶体、电化学与金属腐蚀、物质结构、配位化合物、有机化合物、表面活性剂和高分子化合物等。本书从学生需要掌握的基础理论出发，充分考虑学生的知识结构和接受能力，以“必需、够用”为原则，精选内容，强化基础，难度适中。

本教材适合于石油、建筑、能源等非化学化工类的本科、专科学生使用，也可供其他相关专业技术人员参考。

图书在版编目（CIP）数据

化学基础/于翠艳，许涛主编. —北京：石油工业出版社，2021. 3
高等院校特色规划教材
ISBN 978-7-5183-4566-3

Ⅰ. ①化… Ⅱ. ①于…②许… Ⅲ. ①化学-高等学校-教材 Ⅳ. ①O6

中国版本图书馆 CIP 数据核字（2021）第 040763 号

出版发行：石油工业出版社
（北京市朝阳区安华里 2 区 1 号楼　100011）
网　址：www. petropub. com
编辑部：（010）64256990
图书营销中心：（010）64523633　（010）64523731
经　　销：全国新华书店
排　　版：三河市燕郊三山科普发展有限公司
印　　刷：北京中石油彩色印刷有限责任公司

2021 年 3 月第 1 版　2021 年 3 月第 1 次印刷
787 毫米×1092 毫米　开本：1/16　印张：13
字数：331 千字

定价：32. 00 元
（如发现印装质量问题，我社图书营销中心负责调换）

前　言

化学是研究物质变化及其规律性的科学，它作为一门中心学科，推动着其他学科的发展，也支撑着人类社会的可持续发展。化学也是一门理论与实践并重的学科，化学建立了重要的理论体系，创造了新的物质。很多学科的研究课题，最终都可以在化学中得到启示。许多专业的学习都涉及化学基础知识。

本书将无机化学、有机化学、物理化学、高分子化学及表面活性剂化学的基本原理、基础知识和基本方法进行优化整合。教材内容涉及面比较广泛，以“必需、够用”为原则，内容编排力求简明扼要，难度适中，注重为专业服务，使学生易于理解和掌握，每章附有习题。

本书由东北石油大学组织相关教师编写，东北石油大学于翠艳、许涛担任主编，东北石油大学王俊担任主审。具体编写分工如下：第一章、第八章由东北石油大学林红岩编写，第二章、第六章、第七章由于翠艳编写，第三章、第五章及附录由许涛编写，第四章由清华大学孙宏宇编写，第九章由东北石油大学江秀梅编写。全书由于翠艳统稿。

在本书编写过程中得到了东北石油大学化学化工学院和秦皇岛校区石油与化学工程系的大力支持和帮助；同时，本书还得到了石油工业出版社“石油教材出版基金”的支持，在此一并表示感谢。

由于编者水平有限，书中难免出现错误和疏漏，恳请读者批评指正。

编　者

2020 年 12 月

目　录

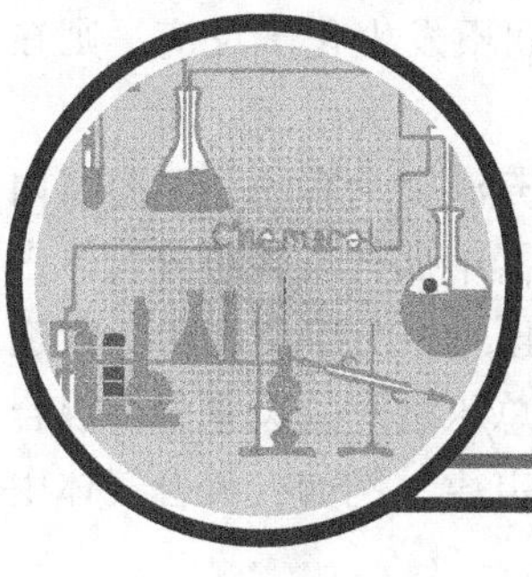

第一章　物质的聚集状态

物质总是以一定的聚集状态存在。常温、常压下，通常物质有气体、液体和固体三种存在状态，在一定条件下这三种状态可以相互转变。

第一节　气　　体

气体的基本特征是具有扩散性和可压缩性。物质处在气体状态时，分子彼此相距甚远，分子间的引力非常小，各个分子都在做无规则的快速运动。通常气体的存在状态几乎和它们的化学组成无关，致使气体具有许多共同性质，这为研究其存在状态带来了方便。气体的存在状态主要取决于四个因素，即体积、压力、温度和物质的量。反映这四个物理量之间关系的方程为气体状态方程。

一、理想气体状态方程

理想气体是一种假设的气体模型，它要求气体分子之间完全没有作用力。气体分子本身也只是一个几何点，只具有位置而不占有体积。实际使用的气体都是真实气体。只有在压力不太高和温度不太低的情况下，分子间的距离足够远，气体所占有的体积远远超过分子本身的体积，分子间的作用力和分子本身的体积均可忽略时，该状态下的实际气体才接近理想气体，用理想气体定律进行计算，才不会引起显著的误差。

理想气体状态方程的表达式为

$$pV=nRT \tag{1-1}$$

式中　p——气体压力，Pa；

V——气体体积，m^3；

n——气体物质的量，mol；

R——摩尔气体常数，8.314J·mol^{-1}·K^{-1}，实验证明其值与气体种类无关；

T——气体的热力学温度，K。

二、气体分压定律

在实际生活和工业生产中所遇到的气体大多为混合气体。空气就是一种混合气体，它含

有 N_2、O_2、少量 CO_2 和数种稀有气体。如果混合气体的各组分之间不发生化学反应，则在高温、低压下，可将其看作理想气体混合物。

气体具有扩散性。在混合气体中，每一种组分气体总是均匀地充满整个容器，对容器内壁产生压力，并且不受其他组分气体的影响，如同它单独存在于容器中那样。各组分气体占有与混合气体相同体积时所产生的压力叫作分压力（p_i），简称分压。1801 年英国科学家道尔顿（Dalton J.）从大量实验中归纳出组分气体的分压与混合气体总压之间的关系为：混合气体的总压等于各组分气体的分压之和。这一关系称为道尔顿分压定律。例如，混合气体由 A、B、C 三种气体组成，则分压定律可表示为

$$p=p_{\mathrm{A}}+p_{\mathrm{B}}+p_{\mathrm{C}} \tag{1-2}$$

式中　p——混合气体总压；

p_{A}，p_{B}，p_{C}——A、B、C 三种气体的分压。

图 1-1 是分压定律的示意图（图中四个容器体积相同），(a)、(b)、(c) 中的砝码表示 A、B、C 三种气体单独存在时所产生的压力，(d) 中的砝码表示 A、B、C 混合气体所产生的总压。

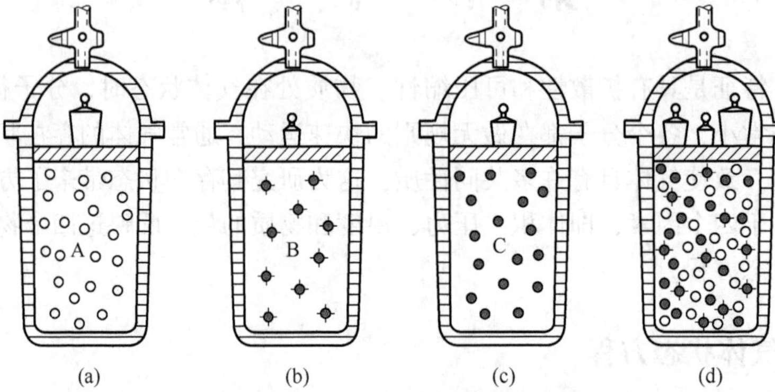

图 1-1　分压定律示意图

理想气体定律同样适用于气体混合物。如混合气体中各气体物质的量之和为 $n_{总}$，温度 T 时混合气体总压为 $p_{总}$，体积为 $V_{总}$，则

$$p_{总}V_{总}=n_{总}RT$$

如以 n_i 表示混合气体中气体 i 的物质的量，p_i 表示其分压，$V_{总}$ 为混合气体体积，温度为 T，则

$$p_iV_{总}=n_iRT$$

将以上两式相除，得

$$p_i/p_{总}=n_i/n_{总} \tag{1-3a}$$

或

$$p_i=p_{总}\times n_i/n_{总} \tag{1-3b}$$

混合气体中组分气体 i 的分压 p_i 与混合气体总压之比（即压力分数）等于混合气体中组分气体 i 的摩尔分数（x_i），或混合气体中组分气体的分压等于总压乘以组分气体的摩尔分数。这是分压定律的又一种表示方式。

【例 1-1】　在 0.0100m³ 容器中含有 2.50×10^{-3}mol H_2，1.0×10^{-3}mol He，3.00×10^{-4}mol Ne，则在 35℃时总压为多少？

解：$p(\mathrm{H_2})=\dfrac{n(\mathrm{H_2})RT}{V}=\dfrac{2.5\times10^{-3}\mathrm{mol}\times8.314\mathrm{J\cdot mol^{-1}\cdot K^{-1}}\times(273+35)\mathrm{K}}{0.0100\mathrm{m^3}}=640\mathrm{Pa}$

$$p(\mathrm{He})=\frac{n(\mathrm{He})RT}{V}=\frac{1.0\times10^{-3}\mathrm{mol}\times8.314\mathrm{J}\cdot\mathrm{mol}^{-1}\cdot\mathrm{K}^{-1}\times(273+35)\mathrm{K}}{0.0100\mathrm{m}^3}=256\mathrm{Pa}$$

$$p(\mathrm{Ne})=\frac{n(\mathrm{Ne})RT}{V}=\frac{3.00\times10^{-4}\mathrm{mol}\times8.314\mathrm{J}\cdot\mathrm{mol}^{-1}\cdot\mathrm{K}^{-1}\times(273+35)\mathrm{K}}{0.0100\mathrm{m}^3}=76.8\mathrm{Pa}$$

$$p_{总}=p(\mathrm{H_2})+p(\mathrm{He})+p(\mathrm{Ne})=(640+256+76.8)\mathrm{Pa}=973\mathrm{Pa}$$

【例 1-2】 用锌与盐酸反应制备氢气：$Zn(s)+2H^+ = Zn^{2+}+H_2(g)$。如果在 25℃时用排水法收集氢气，总压为 98.6kPa（已知 25℃时水的饱和蒸气压为 3.17kPa），体积为 $2.50\times10^{-3}\mathrm{m}^3$。试求：

（1）收集到的氢气的分压；

（2）收集到的氢气的质量。

解：（1）用排水法在水面上收集到的气体为被水蒸气饱和了的氢气，试样中水蒸气的分压为 3.17kPa，根据分压定律，则

$$p_{总}=p(\mathrm{H_2})+p(\mathrm{H_2O})$$

$$p(\mathrm{H_2})=p_{总}-p(\mathrm{H_2O})=(98.6-3.17)\mathrm{kPa}=95.4\mathrm{kPa}$$

（2）
$$p(\mathrm{H_2})V=n(\mathrm{H_2})RT=\frac{m(\mathrm{H_2})}{M(\mathrm{H_2})}RT$$

$$m(\mathrm{H_2})=\frac{p(\mathrm{H_2})VM(\mathrm{H_2})}{RT}=\frac{95.4\times10^3\mathrm{Pa}\times2.50\times10^{-3}\mathrm{m}^3\times2.02\mathrm{g}\cdot\mathrm{mol}^{-1}}{8.314\mathrm{J}\cdot\mathrm{mol}^{-1}\cdot\mathrm{K}^{-1}\times298\mathrm{K}}=0.194\mathrm{g}$$

三、气体分体积定律

在实际工作中，进行混合气体组分分析时，常采用量取组分气体体积的方法。当组分气体的温度和压力与混合气体相同时，组分气体单独存在时所占有的体积称为分体积，混合气体的总体积等于各组分气体的分体积之和：

$$V_{总}=V_A+V_B+V_C+\cdots$$

图 1-2 中（a）、（b）、（c）分别表示 A、B、C 三种组分气体的分体积，（d）表示混合气体的总体积。

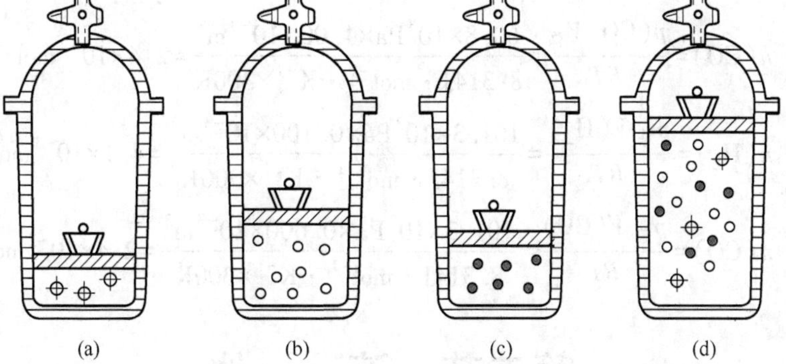

图 1-2　分体积定律示意图

例如，在某一温度和压力下，CO 和 CO_2 混合气体的体积为 100mL。将混合气体通过 NaOH 溶液，其中 CO_2 被吸收，量得剩余的 CO 在同温、同压下的体积为 40mL，则 CO_2 的

分体积为（100−40）mL＝60mL。定义混合气体中组分气体 i 的体积分数为

$$\text{体积分数}(\varphi)=\frac{\text{组分气体 } i \text{ 的分体积}(V_i)}{\text{混合气体的总体积}(V)}$$

上述混合气体中 CO 的体积分数为 40/100＝0.40，CO_2 的体积分数为 60/100＝0.60。

将分体积概念代入理想气体状态方程得

$$p_{\text{总}} V_i = n_i RT$$

式中 $p_{\text{总}}$——混合气体总压力；

V_i——组分气体 i 的分体积；

n_i——组分气体 i 物质的量。

用 $p_{\text{总}} V_{\text{总}} = n_{\text{总}} RT$ 除上式，则得

$$V_i/V_{\text{总}} = n_i/n_{\text{总}} \tag{1-4}$$

联立式（1-4）与式（1-3a）得

$$p_i/p_{\text{总}} = V_i/V_{\text{总}}$$

即

$$p_i = (V_i/V_{\text{总}})p_{\text{总}} \tag{1-5}$$

式(1-5) 说明混合气体中某一组分的体积分数等于其摩尔分数，组分气体分压等于总压乘以该组分气体的体积分数。混合气体的压力分数、体积分数与其摩尔分数均相等。

【例 1-3】 在 27℃、101.3kPa 下，取 1.00L 混合气体进行分析，各气体的体积分数为：CO 60.0%，$H_2$10.0%，其他气体 30.0%。试求混合气体中：

（1）CO 和 H_2 的分压；

（2）CO 和 H_2 的物质的量。

解：（1）根据式(1-5)，有

$$p(\text{CO}) = p_{\text{总}} \times \frac{V(\text{CO})}{V_{\text{总}}} = 101.3\text{kPa} \times 0.600 = 60.8\text{kPa}$$

$$p(\text{H}_2) = p_{\text{总}} \times \frac{V(\text{H}_2)}{V_{\text{总}}} = 101.3\text{kPa} \times 0.100 = 10.1\text{kPa}$$

$$n(\text{H}_2) = \frac{p(\text{H}_2)V_{\text{总}}}{RT} = \frac{10.1\times10^3\text{Pa}\times1.00\times10^{-3}\text{m}^3}{8.314\text{J}\cdot\text{mol}^{-1}\cdot\text{K}^{-1}\times300\text{K}} = 4.0\times10^{-3}\text{mol}$$

$$n(\text{CO}) = \frac{p(\text{CO})V_{\text{总}}}{RT} = \frac{60.8\times10^3\text{Pa}\times1.00\times10^{-3}\text{m}^3}{8.314\text{J}\cdot\text{mol}^{-1}\cdot\text{K}^{-1}\times300\text{K}} = 2.4\times10^{-2}\text{mol}$$

或

$$n(\text{H}_2) = \frac{p_{\text{总}}V(\text{H}_2)}{RT} = \frac{101.3\times10^3\text{Pa}\times0.100\times10^{-3}\text{m}^3}{8.314\text{J}\cdot\text{mol}^{-1}\cdot\text{K}^{-1}\times300\text{K}} = 4.1\times10^{-3}\text{mol}$$

$$n(\text{CO}) = \frac{p_{\text{总}}V(\text{CO})}{RT} = \frac{101.3\times10^3\text{Pa}\times0.600\times10^{-3}\text{m}^3}{8.314\text{J}\cdot\text{mol}^{-1}\cdot\text{K}^{-1}\times300\text{K}} = 2.4\times10^{-2}\text{mol}$$

第二节　液　　体

液体内部分子之间的距离比气体小得多，分子之间的作用力较强。液体具有流动性，有一定的体积而无一定的形状。与气体相比，液体的可压缩性小得多。

一、液体的蒸气压

在液体中分子运动的速度及分子具有的能量各不相同，速度有快有慢，大多处于中间状态。液体表面某些运动速度较大的分子所具有的能量足以克服分子间的吸引力而逸出液面，成为气态分子，这一过程叫作蒸发。在一定温度下，蒸发将以恒定速度进行。液体若处于一敞口容器中，则液态分子不断吸收周围的热量，使蒸发过程不断进行，液体将逐渐减少。若将液体置于密闭容器中，情况就有所不同，一方面，液态分子进行蒸发变成气态分子；另一方面，一些气态分子撞击液体表面会重新返回液体，这个与液体蒸发现象相反的过程叫作凝聚。初始时，由于没有气态分子，凝聚速度为零，随着气态分子逐渐增多，凝聚速度逐渐增大，直到凝聚速度等于蒸发速度，即在单位时间内脱离液面变成气体的分子数等于返回液面变成液体的分子数，达到蒸发与凝聚的动态平衡：

$$\text{液体} \underset{\text{凝聚}}{\overset{\text{蒸发}}{\rightleftharpoons}} \text{蒸气}$$

此时，在液体上部的蒸气量不再改变，蒸气便具有恒定的压力。在恒定温度下，与液体平衡的蒸气称为饱和蒸气，饱和蒸气的压力就是该温度下的饱和蒸气压，简称蒸气压。

蒸气压是物质的一种特性，常用来表征液态分子在一定温度下蒸发成气态分子倾向的大小。在某温度下，蒸气压大的物质为易挥发物质，蒸气压小的物质为难挥发物质。如25℃时，水的蒸气压为3.17kPa，酒精的蒸气压为5.95kPa，则酒精比水易挥发。如皮肤擦上酒精后，由于酒精迅速蒸发带走热量而使人感到凉爽。

液体的蒸气压随温度的升高而增大。图1-3表示几种液体物质的蒸气压与温度的关系。还须指出，只要某物质处于气—液共存状态，则该物质蒸气压的大小就与液体的质量及容器的体积无关。

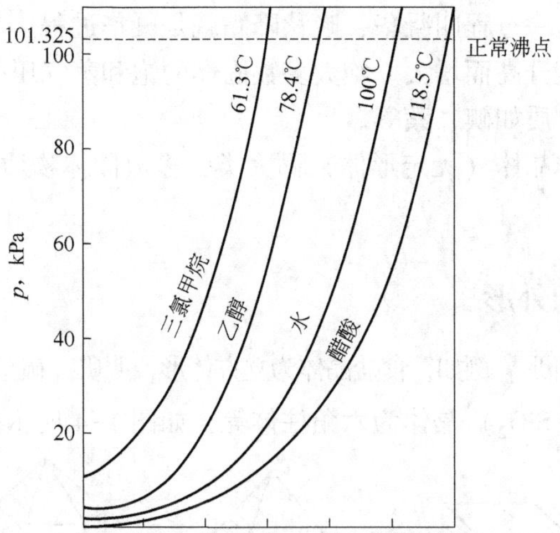

图1-3　液体物质的蒸气压与温度的关系

二、液体的沸点

在敞口容器内加热液体，最初会看到不少细小气泡从液体中逸出，这种现象是由于溶解在液体中的气体因温度升高，溶解度减小所引起的。当达到一定温度时，整个液体内部都冒出大量气泡，气泡上升至表面，随即破裂而逸出，这种现象叫作沸腾。此时，气泡内部的压力至少应等于液面上的压力，即外界压力（对敞口容器即大气压力），而气泡内部的压力为蒸气压。故液体沸腾的条件是液体的蒸气压等于外界压力，沸腾时的温度叫作该液体的沸点。换言之，液体的蒸气压等于外界压力时的温度即为液体的沸点。如果此时外界压力为 101.325kPa，液体的沸点就叫正常沸点。例如，水的正常沸点为 100℃，乙醇的正常沸点为 78.4℃。在图 1-3 中，从四条蒸气压曲线与一条平行于横坐标的压力为 101.325kPa 的直线的交点，就能找到四种物质的正常沸点。

显然，液体的沸点随外界压力而变化。若降低液面上的压力，液体的沸点就会降低。在海拔高的地方大气压力低，水的沸点不到 100℃，食品难煮熟。用真空泵将水面上的压力减至 3.2kPa 时，水在 25℃就能沸腾。利用这一性质，对于一些在正常沸点下易分解的物质，可在减压下进行蒸馏，以达到分离或提纯的目的。

第三节　固　体

固体可由原子、离子或分子组成。这些粒子排列紧凑，有强烈的作用力（化学键或分子间力），使它们只能在一定的平衡位置上振动。因此固体具有一定的体积、一定的形状以及一定程度的刚性（坚实性）。

多数固体物质受热时能熔化成液体，但有少数固体物质并不经过液体阶段而直接变成气体，这种现象叫作升华。如放在箱子里的樟脑精，过一段时间后就会变少或者消失，箱子里充满其特殊气味。在寒冷的冬天，冰和雪会因升华而消失。另一方面，一些气体在一定条件下也能直接变成固体，这一过程叫凝华，晚秋降霜就是凝华过程。与液体一样，固体物质也有饱和蒸气压，并随温度升高而增大。绝大多数固体的饱和蒸气压很小。利用固体的升华可以提纯一些挥发性固体物质如碘、萘等。

固体可分为晶体和非晶体（无定形体）两大类，多数固体物质是晶体。与非晶体比较，晶体有以下特征。

一、有一定的几何外形

晶体具有规则的几何外形。例如，食盐晶体为立方体形，明矾［硫酸铝钾 $KAl(SO_4)_2 \cdot 12H_2O$］晶体为八面体形，石英（SiO_2）晶体为六角柱体等，如图 1-4 所示。

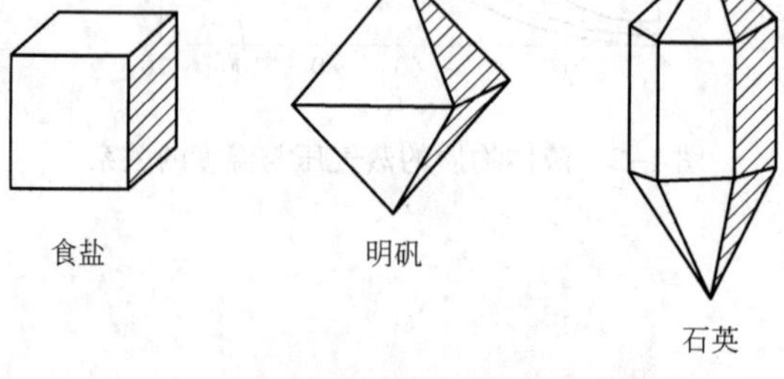

图 1-4　一些晶体形状

有些物质在外观上并不具备整齐的外形，但经结构分析证明它们是由微晶体组成的，仍属晶体范畴。常见的炭黑就是这类物质。

二、有固定的熔点

每种晶体在一定压力下加热到某一温度（熔点）时，就开始熔化。继续加热，在它没有完全熔化以前温度不会上升（这时外界供给的热量用于晶体从固体转变为液体），故晶体有固定的熔点。

三、各向异性

晶体的某些性质具有方向性，像导电性、传热性、光学性质、力学性质等，在晶体的不同方向表现出明显的差别。例如，石墨晶体是层状结构，在平行各层的方向上其导电、传热性好，易滑动。又如，云母沿着某一平面的方向很容易裂成薄片。

与晶体相反，首先，非晶体没有固定的几何外形，又称无定形体。例如，玻璃、橡胶、塑料等，它们的外形是随意性的。其次，非晶体没有固定的熔点。如将玻璃加热，它将先变软，然后慢慢地熔化成黏滞性很大的流体。在这一过程中温度是不断上升的，从软化到熔体，有一段温度范围。最后，非晶体没有各向异性的特点。

但是，晶体和非晶体并非不可互相转变。在不同条件下，同一种物质可以形成晶体，也可以形成非晶体。例如，二氧化硅能形成石英晶体（也称水晶），也能形成非晶体燧石及石英玻璃；玻璃在适当条件下，也可以转化成为晶态玻璃。

习题

一、填空题

1. 在任何温度、压力下均能服从 $pV=nRT$ 的气体称为________。

2. 摩尔气体常数 $R=$________。

3. 分体积是指混合气体中任一组分 B 单独存在，且具有与混合气体相同______、______条件下所占用的体积。

4. 在 298K 下，由相同质量的 CO_2、H_2、N_2、He 组成的混合气体总压力为 p，各组分气体分压由大到小的顺序为________。

二、选择题

1. 在 400kPa 下，由 CH_4、C_2H_6、C_3H_8 组成的气体混合物中，各组分的体积分数依次为 60%、30%、10%，则 CH_4 的分压力为（　　）。

A. 120kPa　　B. 240kPa

C. 40kPa　　D. 133kPa

2. 下列方程式中错误的是（　　）。

A. $p_{总}V_{总}=n_{总}RT$　　B. $p_iV_i=n_iRT$

C. $p_iV_{总}=n_iRT$　　D. $p_{总}V_{总}=n_iRT$

三、计算题

1. 在30℃时，一个10.0L的容器中，O_2、N_2和CO_2混合气体总压力为93.9kPa，分析结果得$p(O_2)=26.7kPa$，CO_2的含量为5.00g，试求：

(1) 容器中$p(CO_2)$；(2) 容器中$p(N_2)$；(3) O_2的摩尔分数。

2. 0℃时将同一初压的4.00L N_2和1.00L O_2压缩到一体积为2.00L的真空容器中，混合气体总压力为255.0kPa，试求：

(1) 两种气体的初压；(2) 混合气体中各组分气体的分压力；(3) 各气体的物质的量。

3. 在25℃和103.9kPa下，把1.308g锌与过量稀盐酸作用，可以得到干燥氢气多少升？如果上述氢气在相同条件下于水面上收集，它的体积应为多少升？(25℃时水的饱和蒸气压为3.17kPa)

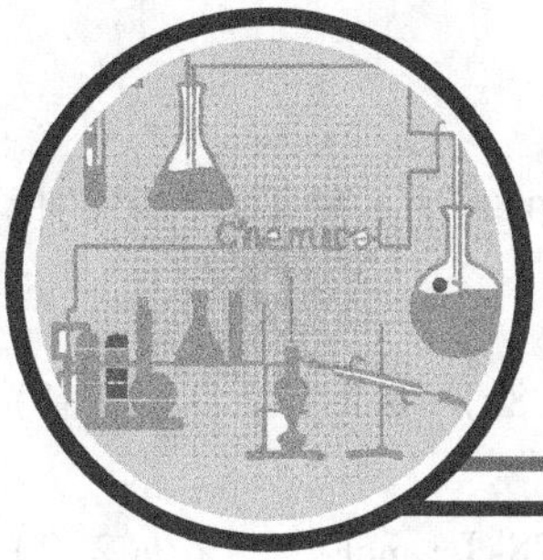

第二章　化学反应基本规律

化学是研究物质的组成、结构、性质及其变化规律的科学，化学反应是化学研究的核心部分，而研究化学反应最重要的是三个问题：（1）化学反应是否能够发生（即化学反应的热力学）；（2）化学反应进行的快慢（即化学反应速率的大小）；（3）化学反应进行的限度（即化学平衡）。这几个理论问题的研究，在化工生产中对产品的选择、生产效率和产品质量的提高，以及降低原料的消耗等均有指导意义。另外，化学反应的进行大都伴有能量（热、电、光能等）的变化，如煤燃烧时要放热，碳酸钙分解要吸热；原电池反应要产生电能，电解食盐水要消耗电能；镁条燃烧时会产生刺眼的亮光；叶绿素在光的作用下可使二氧化碳和水转化为糖类。研究化学反应及相变化过程中能量转换规律的科学称为化学热力学。本章主要讨论化学反应和相变化过程中的热效应以及热化学定律、化学反应速率及影响因素、化学反应限度（化学平衡及移动）。

第一节　热　化　学

一、反应热效应、焓变

化学反应的实质是化学键的重组。化学键的断裂需要吸收能量，而新键的生成又会放出能量。所以，化学变化过程中必然伴随着能量的变化。若旧键断裂所吸收的能量小于新键生成所放出的能量，在反应过程中会有能量放出。若化学反应时，系统不做非体积功，且反应终了（终态）与反应初始（初态）时的温度相同，则系统吸收或放出的能量，称作该反应的热效应。在化工生产或化学实验室中进行的化学反应，一般在恒容（即密闭容器）或恒压（即敞口容器）下进行，其反应热效应分别为恒容热效应 Q_V 或恒压热效应 Q_p。前者与系统的状态函数热力学能（也叫内能）U 有关，即

$$Q_V = U_2 - U_1 = \Delta U$$

后者与系统的另一状态函数焓 H 有关，即

$$Q_p = H_{生成物} - H_{反应物} = \Delta H$$

若生成物的焓小于反应物的焓，则反应过程中多余的焓将以热量形式放出，该反应为放热反应，$\Delta H<0$；反之，若生成物的焓大于反应物的焓，则反应过程中要吸收热量，该反应为吸热反应，则 $\Delta H>0$。反应系统中，ΔU 与 ΔH 有确定的关系。

二、热化学方程式

表示化学反应及其热效应的化学方程式称为热化学方程式。它的写法一般是在配平的化学反应方程式的右边加上反应的热效应，例如：

$$H_2(g)+\frac{1}{2}O_2(g) \longrightarrow H_2O(g) \qquad \Delta_r H_m^{\ominus}(298K)=-241.8kJ \cdot mol^{-1} \tag{2-1}$$

$$HgO(s) \longrightarrow Hg(s)+\frac{1}{2}O_2(g) \qquad \Delta_r H_m^{\ominus}(298K)=+90.78kJ \cdot mol^{-1} \tag{2-2}$$

$\Delta_r H_m^{\ominus}(298K)$ 读作温度在 298K 时的标准摩尔反应焓变；“$\ominus$”读作标准，表示反应系统中各物质都处于标准状态（简称标准态）。请注意标准态并未对温度做出规定；与前述简化不同，标准态符号$\ominus$不能省略、简化，至少写作 $\Delta H^{\ominus}$。

书写热化学方程式，需注意以下几点：

（1）需注明反应的温度和压力条件，如果反应是在 298K 下进行的，习惯上也可不予注明。

（2）反应的焓变（ΔH）值与反应式中的化学计量数有关。同一反应以不同的计量数表示时，则 ΔH 值也不相同。如将上述反应式(2-1）的计量数乘以 2，则其 ΔH 值也加倍。

$$2H_2(g)+O_2(g) \longrightarrow 2H_2O(g) \qquad \Delta_r H_m^{\ominus}(298K)=-483.6kJ \cdot mol^{-1} \tag{2-3}$$

可见，ΔH 数值是与具体反应相联系的，笼统地说 $H_2(g)$ 和 $O_2(g)$ 反应生成 $H_2O(g)$ 的反应热是多少，或只写 $\Delta_r H_m^{\ominus}(298K)$ 值为多少，而不与具体反应相联系，都是没有意义的。

此外，化学反应式中的配平系数只表示该反应的化学计量数，不表示分子数，因此也可以写成分数。

（3）需在反应式中注明物质的聚集状态。反应物或生成物的聚集状态改变时，总是伴随有相变的焓变，所以物质处于不同的聚集状态时，其反应的 $\Delta_r H_m^{\ominus}(298K)$ 也应该不同。例如：

$$2H_2(g)+O_2(g) \longrightarrow 2H_2O(l) \qquad \Delta_r H_m^{\ominus}(298K)=-572.0kJ \cdot mol^{-1} \tag{2-4}$$

由于 H_2O 的聚集状态不同，使反应式(2-3）和（2-4）的 $\Delta_r H_m^{\ominus}$ 值也不同，差值恰为反应中 2mol H_2O 由气态变为液态的焓变 $\Delta_{相变} H_m^{\ominus}(298K)$ 值。常用“s”表示固态，“l”表示液态，“g”表示气态。

（4）逆反应的热效应与正反应的热效应数值相同而符号相反，如反应式(2-4）与下面的反应式(2-5）即互为逆反应。

$$2H_2O(l) \longrightarrow 2H_2(g)+O_2(g) \qquad \Delta_r H_m^{\ominus}(298K)=572.0kJ \cdot mol^{-1} \tag{2-5}$$

三、热化学定律

热化学定律是化学家归纳总结大量实验事实后得出的化学反应中热量变化规律。它包含以下内容：

（1）在相同条件下，正反应与逆反应的 ΔH 数值相等，符号相反。如在 298K 时：

$$H_2(g)+\frac{1}{2}O_2(g) \longrightarrow H_2O(g) \qquad \Delta_r H_m^{\ominus}(298K)=-241.8kJ \cdot mol^{-1}$$

$$H_2O(g) \longrightarrow H_2(g) + \frac{1}{2}O_2(g) \qquad \Delta_r H_m^{\ominus}(298K) = 241.8kJ \cdot mol^{-1}$$

这说明 H_2 和 O_2 合成 1mol $H_2O(g)$ 时放出 241.8kJ 的热量。反之，欲将 1mol $H_2O(g)$ 分解成 $H_2(g)$ 和 $O_2(g)$，需要吸收 241.8kJ 的热量。

（2）一个反应若能分成两步或多步实现，则总反应的 ΔH 等于各步反应的 ΔH 之和。换言之，化学反应的热效应只与反应的始态和终态有关，而与反应的途径无关。该定律是 1840 年由瑞士化学家盖斯（Hess G. H.）提出的，又称盖斯定律。例如：

$$Sn(s) + Cl_2(g) \longrightarrow SnCl_2(s) \qquad \Delta_{r_1} H_m^{\ominus} = -349.8kJ \cdot mol^{-1} \tag{2-6}$$

$$SnCl_2(s) + Cl_2(g) \longrightarrow SnCl_4(l) \qquad \Delta_{r_2} H_m^{\ominus} = -195.4kJ \cdot mol^{-1} \tag{2-7}$$

式(2-6) 和式(2-7) 两式相加，得到由单质 Sn 生成 $SnCl_4(l)$ 的方程式(2-8)：

$$Sn(s) + 2Cl_2(g) \longrightarrow SnCl_4(l) \qquad \Delta_r H_m^{\ominus} = \Delta_{r_1} H_m^{\ominus} + \Delta_{r_2} H_m^{\ominus} = -545.2kJ \cdot mol^{-1} \tag{2-8}$$

反应过程如图 2-1 所示。

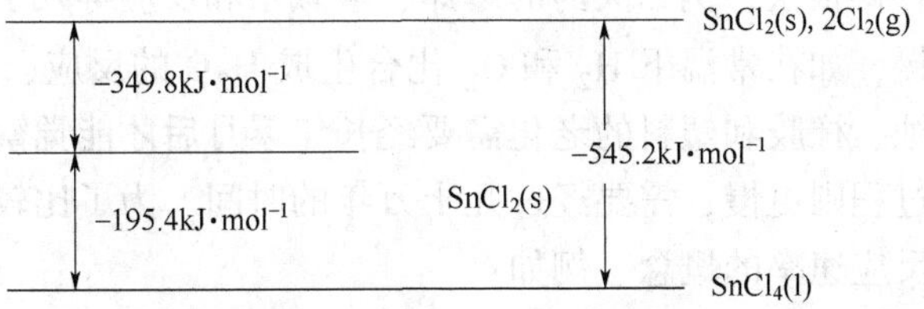

图 2-1　总反应的焓变为分步反应的焓变之和

运用盖斯定律，可以通过间接计算求得一些无法直接测定的反应的热效应。例如，反应 $C(s) + \frac{1}{2}O_2(g) \longrightarrow CO(g)$ 的热效应是冶金工业中很有用的数据。但碳燃烧时不可能完全变成 CO，故该反应的热效应不能直接测定，只能通过间接计算得到。

【例 2-1】 已知 298K 时有下列反应：

$$C(s) + O_2(g) \longrightarrow CO_2(g) \qquad \Delta_{r_1} H_m^{\ominus} = -393.51kJ \cdot mol^{-1}$$

$$CO(g) + \frac{1}{2}O_2(g) \longrightarrow CO_2(g) \qquad \Delta_{r_3} H_m^{\ominus} = -282.99kJ \cdot mol^{-1}$$

求反应 $C(s) + \frac{1}{2}O_2(g) \longrightarrow CO(g)$ 的热效应。

解： 反应

$$C(s) + O_2(g) \longrightarrow CO_2(g) \qquad \Delta_{r_1} H_m^{\ominus} \tag{2-9}$$

可看作是下列两步反应之和：

$$C(s) + \frac{1}{2}O_2(g) \longrightarrow CO(g) \qquad \Delta_{r_2} H_m^{\ominus} \tag{2-10}$$

$$CO(g) + \frac{1}{2}O_2(g) \longrightarrow CO_2(g) \qquad \Delta_{r_3} H_m^{\ominus} \tag{2-11}$$

反应式(2-9) = (2-10) + (2-11)

$$\Delta_{r_1} H_m^{\ominus} = \Delta_{r_2} H_m^{\ominus} + \Delta_{r_3} H_m^{\ominus}$$

$$\Delta_{r_2} H_m^{\ominus} = \Delta_{r_1} H_m^{\ominus} - \Delta_{r_3} H_m^{\ominus} = [-393.51 - (-282.99)]kJ \cdot mol^{-1} = -110.52kJ \cdot mol^{-1}$$

图 2-2 中，实线箭号表示的数据由实验直接测定，虚线箭号为从计算间接得到的热效应。

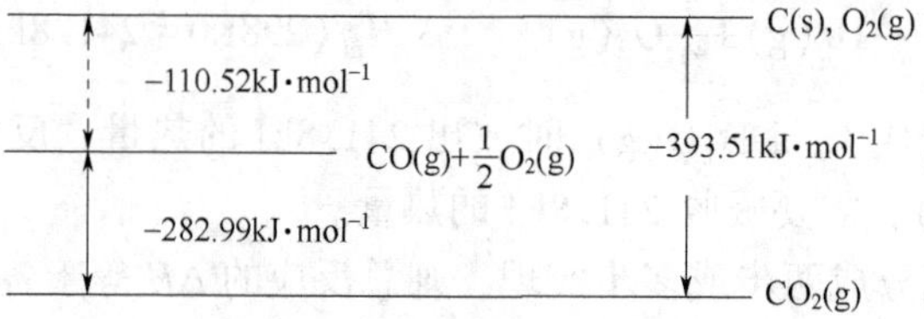

图 2-2　反应热的间接计算

第二节　化学反应速率及影响因素

一、化学反应速率

化学反应有的进行得很快，例如火药的爆炸、酸碱中和反应等几乎瞬间即可完成。有的化学反应则进行得很慢，如在常温下 H_2 和 O_2 化合生成 H_2O 的反应，从宏观上几乎觉察不出来；又如金属的腐蚀、橡胶和塑料的老化需要经长年累月后才能觉察到它们的变化；煤和石油在地壳内形成的过程则更慢，需要经过几十万年的时间。为了比较各种化学反应进行的快慢，需要引入化学反应速率的概念。例如：

$$aA+bB \longrightarrow cC+dD$$

在化学反应中，反应物 A 和 B 的浓度不断减少，生成物 C 和 D 的浓度不断增加。化学反应速率通常以单位时间内某一反应物或生成物浓度的变化的正值来表示。例如，以反应物 A 表示，则反应速率（v）为

$$v=-\Delta c(A)/\Delta t$$

式中　$\Delta c(A)$——在时间间隔 Δt 内，A 物质浓度的变化；

Δt——时间间隔。

由于 $\Delta c(A)$ 为负值，为了保持反应速率为正值，需要在前面加一个负号。如果以生成物 C 表示，则反应速率为 $v=\Delta c(C)/\Delta t$。

浓度的单位以 $mol \cdot L^{-1}$ 表示，时间单位可根据具体反应的快慢程度相应采用 s（秒）、min（分）或 h（小时）表示。这样，化学反应速率单位可为 $mol \cdot L^{-1} \cdot s^{-1}$、$mol \cdot L^{-1} \cdot min^{-1}$、$mol \cdot L^{-1} \cdot h^{-1}$。下面以 N_2O_5 在 CCl_4 溶液中的分解反应为例说明反应速率的表示方法。

298.15K 下 N_2O_5 的反应：

$$2N_2O_5(g) = 4NO_2(g)+O_2(g)$$

分解反应中各物质的浓度与反应时间的对应关系见表 2-1。

表 2-1　N_2O_5 在 CCl_4 溶液中的分解速率（25℃）

t, s	Δt, s	$c(N_2O_5)$, $mol \cdot L^{-1}$	$\Delta c(N_2O_5)$, $mol \cdot L^{-1}$	$\bar{v}(N_2O_5)$, $mol \cdot L^{-1} \cdot s^{-1}$
0	0	2.10	—	—
100	100	1.95	−0.15	1.5×10^{-3}
300	200	1.70	−0.25	1.3×10^{-3}
700	400	1.31	−0.39	9.8×10^{-4}

续表

t，s	Δt，s	$c(N_2O_5)$，mol·L^{-1}	$\Delta c(N_2O_5)$，mol·L^{-1}	$\bar{v}(N_2O_5)$，mol·L^{-1}·s^{-1}
1000	300	1.08	−0.23	7.7×10^{-4}
1700	700	0.76	−0.32	4.6×10^{-4}
2100	400	0.56	−0.20	3.5×10^{-4}
2800	700	0.37	−0.19	2.7×10^{-4}

在恒温条件下，其平均速率（$\bar{v}_i$）可表示为

$$\bar{v}_i=\frac{\Delta c_i}{\Delta t}$$

式中　$\bar{v}_i$——物质 i 在时间间隔（Δt）内的浓度变化。

平均速率 $\bar{v}_i$ 的计算，如在第一时间间隔 100s 内：

$$\bar{v}_i=-\frac{\Delta c(N_2O_5)}{\Delta t}=-\frac{(1.95-2.10)\,\text{mol}\cdot\text{L}^{-1}}{(100-0)\,\text{s}}=1.5\times10^{-3}\,\text{mol}\cdot\text{L}^{-1}\cdot\text{s}^{-1}$$

以下类推。

从表 2-1 可以看出，随着反应的进行，反应物 N_2O_5 的浓度在不断减小，各时间段内反应的平均速率在不断减小。如果将时间间隔取无限小，则平均速率的极限值即为在某时刻反应的瞬时速率。图 2-3 中曲线上某一点的斜率，即为该时间反应的瞬时速率，由图中可看出，随着反应的进行，瞬时速率也在逐渐减小。

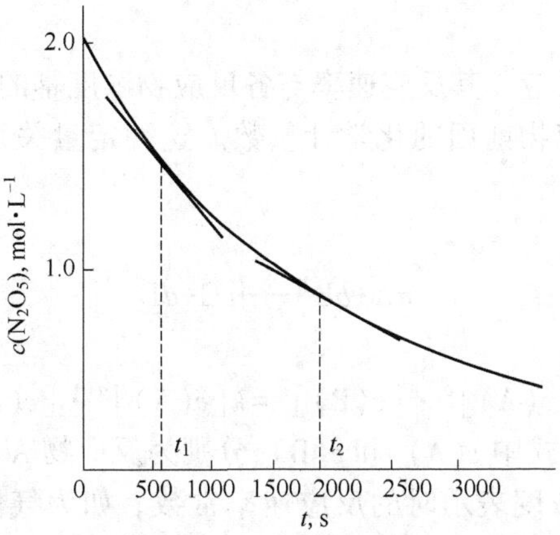

图 2-3　N_2O_5 在 CCl_4 中浓度随时间的变化

表 2-1 及图 2-3 均以 N_2O_5 浓度的减小来表示该反应的速率。该反应的速率也可用 NO_2 或 O_2 浓度的增加来表示。反应方程式表明，2 分子 N_2O_5 分解将生成 4 分子 NO_2 和 1 分子 O_2，故 NO_2 的生成速率必然是 N_2O_5 分解速率的 2 倍，而 O_2 的生成速率则为 N_2O_5 分解速率的 1/2。由此可得到分别用这三种物质表示的反应速率之间的关系为

$$v(N_2O_5)=\frac{1}{2}v(NO_2)=2v(O_2)$$

这种简单比例关系与化学反应的计量数有关。因此在表示反应速率时必须指明具体物质，以免混淆。通常用易于测定其浓度的物质来表示。还需指出，本书以后提到的反应速率均指瞬时速率。

二、影响反应速率的因素

化学反应速率的快慢，首先取决于反应物的本性。例如，无机物的反应一般比有机物之间的反应快得多，对于无机物之间的反应来说，分子之间进行的反应一般较慢，而溶液中离子之间进行的反应一般较快。除了反应物的本性外，反应速率还与反应物的浓度（或压力）、温度和催化剂等外界条件有关。

1. 浓度（或压力）对反应速率的影响

1）基元反应和非基元反应

实验表明，只有少数化学反应其反应物是一步直接转变为生成物的。这类一步能完成的化学反应称为基元反应。例如：

$$2NO_2(g) \longrightarrow 2NO(g) + O_2(g)$$

$$NO_2(g) + CO(g) \xrightarrow{>500K} NO(g) + CO_2(g)$$

而大多数化学反应其反应物要经过若干步骤（即通过若干个基元反应）才能转变为生成物。这类包含两个或两个以上基元反应的复杂反应，称为非基元反应，例如：

$$2NO(g) + 2H_2(g) \xrightarrow{1273K} N_2(g) + 2H_2O(g)$$

实际上是分两步进行的：

第一步　$2NO + H_2 \Longrightarrow N_2 + H_2O_2$

第二步　$H_2O_2 + H_2 \Longrightarrow 2H_2O$

每一步为一个基元反应，总反应即为两步反应的加和。

2）经验速率方程式

实验表明，对于基元反应，其反应速率与各反应物浓度幂的乘积成正比。浓度指数在数值上等于基元反应中各反应物前面的化学计量数。这种定量关系可用一经验速率方程（也称质量作用定律）来表示。

例如，对于基元反应：

$$aA + bB \longrightarrow cC + dD$$

反应速率

$$v \propto [c(A)]^a \cdot [c(B)]^b = k[c(A)]^a \cdot [c(B)]^b \tag{2-12}$$

式(2-12) 称为速率方程。式中 $c(A)$ 和 $c(B)$ 分别为反应物 A 和 B 的浓度，其单位通常采用 $mol \cdot L^{-1}$ 表示；k 为用浓度表示时的反应速率常数。如为气体反应，因体积恒定时，各组分气体的分压与浓度成正比，故速率方程也可表示为

$$v = k'[p(A)]^a \cdot [p(B)]^b \tag{2-13}$$

式中，$p(A)$ 和 $p(B)$ 分别为反应物 A 和 B 的分压，k'为用分压表示时的反应速率常数。k 或 k'是化学反应在一定温度下的特征常数。不同反应的 k 值不同，在浓度（或分压）相同的情况下，k 值大的反应，反应速率就大；反之则小。对于指定的反应来说，k 值与温度、催化剂等因素有关，而与浓度（或分压）无关。

对于非基元反应，由实验得到的速率方程中浓度（或分压）的指数，往往与反应式中的化学计量数不一致。速率方程大多是由实验确定的，故被称为经验速率方程。

2. 温度对反应速率的影响

温度是影响反应速率的重要因素之一。温度对反应速率的影响比较复杂。但一般来说，

升高温度可以增大反应速率。例如 H_2 和 O_2 化合成 H_2O 的反应，在常温下反应速率极小，几乎察觉不到反应的进行；但温度升高到 873K 以上时，反应则快速进行，甚至发生爆炸。1884 年荷兰人范特霍夫（J. H. Vant′t Hoff）根据实验结果归纳出一条经验规则：对一般反应来说，在反应物浓度（或分压）相同的情况下，温度每升高 10K，反应速率（或反应速率常数）一般增加 2~4 倍。表 2-2 列出了温度对 H_2O_2 与 HI 相对反应速率的影响。

表 2-2　温度对 H_2O_2 与 HI 相对反应速率的影响

t,℃	0	10	20	30	40	50
相对反应速率	1	2.08	4.32	8.38	16.19	39.95

对于每升高 10℃，反应速率增大一倍的反应，100℃时的反应速率约为 0℃时的 210 倍，即在 0℃需要 7d 才能完成的反应，在 100℃时只需 10min 左右。

3. 催化剂对反应速率的影响

如上所述，为了有效提高反应速率，可以通过升高温度的办法。但是对某些化学反应，即使在高温下，反应速率仍较慢。另外，有些反应升高温度常常会引起某些副反应的发生或加速副反应的进行（这对有机反应更为突出），也可能会使放热的主反应进行的程度降低。因此，在这些情况下采用升高温度的办法以加大反应速率，就受到了限制。如果采用催化剂，则可以有效提高反应速率。

催化剂是那些能显著改变反应速率，而在反应前后自身组成、数量和化学性质基本不变的物质。在现代工业生产中，催化剂担负着一个重要角色。据统计，化工生产中 80%以上的反应都采用了催化剂。例如，接触法生产硫酸的关键步骤是将 SO_2 转化为 SO_3，自从采用了 V_2O_5 作催化剂后，反应速率竟增加了 1.6 亿倍。甲苯为重要的化工原料，可从大量存在于石油的甲基环己烷脱氢而制得，但因该反应极慢，以至长时间不能用于工业生产，直到发现能显著加速反应的 Cu、Ni 催化剂后，它才有了工业价值。

催化剂具有选择性。一种催化剂往往只对某些特定的反应有催化作用，如 V_2O_5 宜于 SO_2 的氧化，铁宜于合成氨等。此外相同的反应如采用不同的催化剂，会得到不同的产物。例如以乙醇为原料，在不同条件下采用不同催化剂可以得到下列不同的产物：

$$2C_2H_5OH \xrightarrow{Ag\ (823K)} 2CH_3CHO+2H_2$$

$$C_2H_5OH \xrightarrow{Al_2O_3\ (623K)} CH_2{=}CH_2+H_2O$$

$$2C_2H_5OH \xrightarrow{ZnO \cdot Cr_2O_3\ (723K)} CH_2{=}CHCH{=}CH_2+2H_2O+H_2$$

$$2C_2H_5OH \xrightarrow{H_2SO_4\ (323K)} C_2H_5OC_2H_5+H_2O$$

根据催化剂的这一特性，可由一种原料制取多种产品。

4. 影响反应速率的其他因素

在非均相系统中进行的反应，如固体和液体、固体和气体或液体和气体的反应等，除了上述几种影响因素外，还与反应物接触面的大小和接触机会有关。对固液反应来说，如将大块固体破碎成小块或磨成粉末，反应速率必然增大。对于气液反应，可将液态物质采用喷淋的方式以扩大与气态物质的接触面，当然对反应物进行搅拌，同样可以增加反应物的接触机会。此外让生成物及时离开反应界面，也能增大反应速率。超声波、紫外、激光和高能射线等也会对某些反应的速率产生影响。

第三节　化学平衡

一、可逆反应与化学平衡

在众多的化学反应中，仅有少数反应能进行“到底”，即反应物几乎能完全转变为生成物，而在同样条件下，生成物几乎不能转回成反应物，例如：

$$2KClO_3 \xrightarrow{MnO_2\ (\triangle)} 2KCl+3O_2$$

$$HCl+NaOH \longrightarrow NaCl+H_2O$$

这种只能向一个方向进行的反应，称为不可逆反应。

对于多数化学反应来说，在一定条件下反应既能按反应方程式从左向右进行（正反应），也能从右向左进行（逆反应），这种能同时向正、逆两个方向进行的反应，称为可逆反应。例如 NO 和 O_2 相互作用生成 NO_2，同样条件下 NO_2 也可分解为 NO 和 O_2，这两个反应可用方程式表示为

$$2NO(g)+O_2(g) \rightleftharpoons 2NO_2(g)$$

在一定温度下把定量的 NO 和 O_2 置于一密闭容器中，反应开始后，每隔一定时间取样分析，会发现反应物 NO 和 O_2 的分压逐渐减小，而生成物 NO_2 的分压逐渐增大。若保持温度不变，待反应进行到一定时间，将发现混合气体中各组分的分压不再随时间而改变，维持恒定，此时即达到化学平衡状态。这一过程可用反应速率解释：反应刚开始，反应物浓度或分压最大，具有最大的正反应速率 $v_{正}$，此时尚无生成物，故逆反应速率为零 $v_{逆}=0$。随着反应进行，反应物不断消耗，浓度或分压不断减小，正反应速率随之减小。另一方面，生成物浓度或分压不断增加，逆反应速率逐渐增大，至某一时刻 $v_{正}=v_{逆}$（不等于零，如图 2-4），即单位时间内因正反应使反应物减小的量等于因逆反应使反应物增加的量。此时宏观上，各种物质的浓度或分压不再改变，达到平衡状态；微观上，反应并未停止，正、逆反应仍在进行，只是二者速率相等而已，故化学平衡是一种动态平衡。

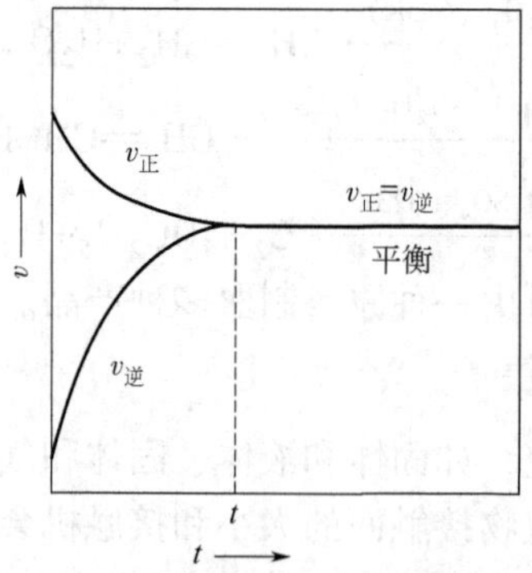

图 2-4　可逆反应的正逆反应速率变化示意图

必须指出，化学平衡是有条件的、相对的和可以改变的。当平衡条件改变时，系统内物质的浓度或分压就会发生变化，原平衡状态随之破坏。

二、标准平衡常数

标准平衡常数称为热力学平衡常数，以 $K^{\ominus}$ 表示，它只是温度的函数。由于最新的国家标准中将标准压力 $p^{\ominus}$ 定为 100kPa，所以本书进行热力学计算时均采用 100kPa 下的热力学数据。

1. 标准平衡常数表达式

对于既有固相 A，又有 B 和 D 的水溶液，以及气体 E 和 H_2O 参与的一般反应，其通式为

$$a\mathrm{A(s)}+b\mathrm{B(aq)} \rightleftharpoons d\mathrm{D(aq)}+e\mathrm{E(g)}+f\mathrm{H_2O}$$

系统到达平衡时，其标准平衡常数表达式为

$$K^{\ominus}=\frac{[c(\mathrm{D})/c^{\ominus}]^{d}[p(\mathrm{E})/p^{\ominus}]^{e}}{[c(\mathrm{B})/c^{\ominus}]^{b}}$$

即以配平后的化学计量数为指数的反应物的 $c/c^{\ominus}$（或 $p/p^{\ominus}$）的乘积除以生成物的 $c/c^{\ominus}$（或 $p/p^{\ominus}$）的乘积所得的商（对于溶液使用相对浓度 $c/c^{\ominus}$，对于气体使用分压 $p/p^{\ominus}$，其中 $c^{\ominus}$ 为标准浓度，$c^{\ominus}=1\mathrm{mol\cdot L^{-1}}$；$p^{\ominus}$ 为标准压力，$p^{\ominus}=100\mathrm{kPa}$）。

标准平衡常数 $K^{\ominus}$ 无压力平衡常数和浓度平衡常数之分，它是量纲一的量。在以后各章节中涉及的平衡常数均为标准平衡常数 $K^{\ominus}$。

2. 书写和应用平衡常数时注意事项

（1）写入平衡常数表达式中各物质的浓度或分压，必须是在系统达到平衡状态时的相应的值。生成物为分子项，反应物为分母项，式中各物质浓度或分压的指数，就是反应方程式中相应的计量数。

（2）平衡常数表达式必须与计量方程式相对应，同一化学反应以不同计量方程式表示时，平衡常数表达式不同，其数值也不同，例如：

$$2\mathrm{SO_2}+\mathrm{O_2} \rightleftharpoons 2\mathrm{SO_3}$$

$$K_1^{\ominus}=\frac{[p(\mathrm{SO_3})/p^{\ominus}]^2}{[p(\mathrm{SO_2})/p^{\ominus}]^2[p(\mathrm{O_2})/p^{\ominus}]}$$

如将反应方程式改写成

$$\mathrm{SO_2}+\frac{1}{2}\mathrm{O_2} \rightleftharpoons \mathrm{SO_3}$$

$$K_2^{\ominus}=\frac{p(\mathrm{SO_3})/p^{\ominus}}{[p(\mathrm{SO_2})/p^{\ominus}][p(\mathrm{O_2})/p^{\ominus}]^{\frac{1}{2}}}$$

$K_1^{\ominus}$ 与 $K_2^{\ominus}$ 的数值显然不同，两者之间存在以下关系：

$$K_1^{\ominus}=(K_2^{\ominus})^2 \quad 或 \quad K_2^{\ominus}=\sqrt{K_1^{\ominus}}$$

因此，在使用平衡常数的数据时，必须注意它所对应的反应方程式。

（3）方程式中若有纯固态、纯液态，它们的浓度在平衡常数表达式中不必列出，例如：

$$\mathrm{CaCO_3(s)} \rightleftharpoons \mathrm{CaO(s)}+\mathrm{CO_2}$$

$$K^{\ominus}=p(\mathrm{CO_2})/p^{\ominus}$$

在稀溶液中进行的反应，如反应有水参加，由于反应掉的水分子数与总的水分子数相比微不足道，故水的浓度可视为常数，合并入平衡常数，不必出现在平衡关系式中。例如：

$$NH_3+H_2O \rightleftharpoons NH_4^++OH^-$$

$$K^{\ominus}=\frac{[c(NH_4^+)/c^{\ominus}][c(OH^-)/c^{\ominus}]}{c(NH_3)/c^{\ominus}}$$

$$C_{12}H_{22}O_{11}(蔗糖)+H_2O \xrightarrow{H^+} C_6H_{12}O_6(葡萄糖)+C_6H_{12}O_6(果糖)$$

$$K^{\ominus}=\frac{[c(C_6H_{12}O_6)/c^{\ominus}][c(C_6H_{12}O_6)/c^{\ominus}]}{c(C_6H_{12}O_6)/c^{\ominus}}$$

（4）由于化学反应的平衡常数随温度而改变，使用时须注意相应的温度，见表 2-3 和表 2-4。

表 2-3　温度对放热反应的平衡常数的影响

$$2SO_2(g)+O_2(g) \rightleftharpoons 2SO_3(g) \quad \Delta_rH_m^{\ominus}=-197.7kJ \cdot mol^{-1}$$

t,℃	400	425	450	475	500	525	550	575	600
$K^{\ominus}$	434	238	136	80.8	49.6	31.4	20.4	13.7	9.29

表 2-4　温度对吸热反应的平衡常数的影响

$$CaCO_3(s) \rightleftharpoons CaO(s)+CO_2(g) \quad \Delta_rH_m^{\ominus}=178.2kJ \cdot mol^{-1}$$

t,℃	500	600	700	800	900	1000
$K^{\ominus}$	9.7×10^{-5}	2.4×10^{-3}	2.9×10^{-2}	2.2×10^{-1}	1.05	3.70

3. 平衡常数的意义

（1）平衡常数为一可逆反应的特征常数，是一定条件下可逆反应进行程度的标度。对同类反应而言，$K^{\ominus}$值越大，反应朝正方向进行的程度越大，反应进行得越完全。

（2）平衡常数可以判断反应是否处于平衡状态以及若处于非平衡状态时反应进行的方向。如在一容器中置入任意量的 A、B、C、D 四种物质，在一定温度下进行下列可逆反应：

$$aA(aq)+bB(g) \rightleftharpoons cC(aq)+dD(g)$$

此时系统是否处于平衡状态？如处于非平衡状态，则反应进行的方向如何？为了回答这一问题，引入反应商 Q 的概念。在一定温度下对于任一可逆反应（包括平衡态和非平衡态），将其各物质的浓度或分压按平衡常数的表达式列出即得到反应商 Q。

$$Q=\frac{[c(C)/c^{\ominus}]^c[p(D)/p^{\ominus}]^d}{[c(A)/c^{\ominus}]^a[p(B)/p^{\ominus}]^b}$$

当 $Q<K^{\ominus}$时，说明生成物的浓度（或分压）小于平衡浓度（或分压），反应处于不平衡状态，反应将正向进行。反之，当 $Q>K^{\ominus}$时，系统也处于不平衡状态，但这时生成物将转化为反应物，即反应逆向反应。只有当 $Q=K^{\ominus}$时，系统才处于平衡状态，这就是化学反应进行方向的反应商判据。

【例 2-2】　目前我国的合成氨工业多采用中温（500℃）、中压（2.03×10^4kPa）下操作。已知此条件下反应 $N_2(g)+3H_2(g) \rightleftharpoons 2NH_3(g)$ 的 $K^{\ominus}=1.57\times10^{-5}$。若反应进行至某一阶段时取样分析，其组分为 14.4% NH_3，21.4% N_2，64.2% H_2（体积分数），试判断此时合成氨反应是否已完成（是否达到平衡状态）。

解：要预测反应方向，需将反应 Q 与 $K^{\ominus}$ 进行比较。据题意由分压定律可求出该状态下系统中各组分的分压：

$$p_1 = p_{总} \times V_i / V_{总} \qquad p_{总} = 2.03 \times 10^4 \text{kPa}$$

$$p(NH_3) = 2.03 \times 10^4 \text{kPa} \times 14.4\% = 2.92 \times 10^3 \text{kPa}$$

$$p(N_2) = 2.03 \times 10^4 \text{kPa} \times 21.4\% = 4.34 \times 10^3 \text{kPa}$$

$$p(H_2) = 2.03 \times 10^4 \text{kPa} \times 64.2\% = 1.30 \times 10^4 \text{kPa}$$

$$Q = \frac{[p(NH_3)/p^{\ominus}]^2}{[p(N_2)/p^{\ominus}][p(H_2)/p^{\ominus}]^3} = \frac{(2.92 \times 10^3 \text{kPa}/100\text{kPa})^2}{(4.34 \times 10^3 \text{kPa}/100\text{kPa})(1.30 \times 10^4 \text{kPa}/100\text{kPa})^3}$$

$$= 8.94 \times 10^{-6}$$

$$Q < K^{\ominus}$$

说明系统尚未达到平衡状态，反应还需进行一段时间才能完成。

4. 多重平衡的平衡常数

在一个化学过程中若有多个平衡同时存在，并且一种物质同时参与几种平衡，这种现象叫作多重平衡。例如气态 SO_2、SO_3、O_2、NO 和 NO_2 共存于同一反应器中，此时至少有三种平衡同时存在：

$$SO_2(g) + \frac{1}{2}O_2(g) \rightleftharpoons SO_3(g) \qquad (2\text{-}14)$$

$$K_1^{\ominus} = \frac{[p(SO_3)/p^{\ominus}]}{[p(SO_2)/p^{\ominus}][p(O_2)/p^{\ominus}]^{\frac{1}{2}}}$$

$$NO_2(g) \rightleftharpoons NO(g) + \frac{1}{2}O_2(g) \qquad (2\text{-}15)$$

$$K_2^{\ominus} = \frac{[p(O_2)/p^{\ominus}]^{\frac{1}{2}}[p(NO)/p^{\ominus}]}{p(NO_2)/p^{\ominus}}$$

$$SO_2(g) + NO_2(g) \rightleftharpoons SO_3(g) + NO(g) \qquad (2\text{-}16)$$

$$K_3^{\ominus} = \frac{[p(SO_3)/p^{\ominus}][p(NO)/p^{\ominus}]}{[p(SO_2)/p^{\ominus}][p(NO_2)/p^{\ominus}]}$$

式(2-16)= 式(2-14)+式(2-15)。若将式(2-14)、式(2-15) 的平衡常数相乘：

$$K_1^{\ominus} \cdot K_2^{\ominus} = \frac{p(SO_3)/p^{\ominus}}{[p(SO_2)/p^{\ominus}][p(O_2)/p^{\ominus}]^{\frac{1}{2}}} \cdot \frac{[p(O_2)/p^{\ominus}]^{\frac{1}{2}}[p(NO)/p^{\ominus}]}{p(NO_2)/p^{\ominus}}$$

因为在同一系统中，同一物质的性质是相同的，上式中相同的项 $[p(O_2)/p^{\ominus}]^{\frac{1}{2}}$ 可消去，即得

$$K_1^{\ominus} \cdot K_2^{\ominus} = \frac{[p(SO_3)/p^{\ominus}][p(NO)/p^{\ominus}]}{[p(SO_2)/p^{\ominus}][p(NO_2)/p^{\ominus}]} = K_3^{\ominus}$$

由此得出多重平衡的规则：在相同的条件下，如有两个反应方程式相加（或相减）得到第三个反应方程式，则第三个反应方程式的平衡常数为前两个反应平衡常数之积（或商）。多重平衡规则在各种平衡系统的计算中颇为有用。

三、平衡常数与平衡转化率

可逆反应进行的程度可以用平衡常数来表示，但在实际工作中，人们常用更直观的平衡转化率来表示。平衡转化率有时也称为转化率，它是指反应达到平衡时，反应物转化为生成物的百分率，以 α 来表示：

$$\alpha=\frac{\text{反应物已转化的量}}{\text{反应物未转化前的总量}}\times 100\%$$

若反应前后体积不变，反应物的量又可用浓度表示：

$$\alpha=\frac{\text{反应物起始浓度}-\text{反应物平衡浓度}}{\text{反应物起始浓度}}\times 100\%$$

转化率越大，表示反应向右进行的程度越大。从实验测得的转化率，可用来计算平衡常数；反之，由平衡常数也可计算各物质的转化率。平衡常数和转化率虽然都能表示反应进行的程度，但二者有差别，平衡常数与系统的起始状态无关，只与反应温度有关；转化率除与温度有关外，还与系统起始状态有关，并须指明是哪种反应物的转化率，反应物不同，转化率的数值往往不同，见表 2-5。

表 2-5　反应 $C_2H_5OH+CH_3COOH \rightleftharpoons CH_3COOC_2H_5+H_2O$ 的转化率与平衡常数（100℃）

起始浓度 c，$mol \cdot L^{-1}$		α,%		$K^{\ominus}$
C_2H_5OH	CH_3COOH	以 C_2H_5OH 计	以 CH_3COOH 计	
3.0	3.0	67	67	4.0
3.0	6.3	83	42	4.0
6.3	3.0	42	83	4.0

【例 2-3】　$AgNO_3$ 和 $Fe(NO_3)_2$ 两种溶液会发生下列反应：

$$Fe^{2+}+Ag^{+} \rightleftharpoons Fe^{3+}+Ag$$

在 25℃时，将 $AgNO_3$ 和 $Fe(NO_3)_2$ 溶液混合，开始时溶液中 Fe^{2+} 和 Ag^{+} 浓度各为 $0.100mol \cdot L^{-1}$，达到平衡时 Ag^{+} 的转化率为 19.4%。求：（1）平衡时 Fe^{2+}、Ag^{+} 和 Fe^{3+} 各离子的浓度；（2）该温度下的平衡常数。

解：（1）

	Fe^{2+} +	Ag^{+} $\rightleftharpoons$	Fe^{3+} + Ag
起始浓度 c_0，$mol \cdot L^{-1}$	0.100	0.100	0
变化浓度 $c_{变}$，$mol \cdot L^{-1}$	$-0.100\times 19.4\%$ $=-0.0194$	$-0.100\times 19.4\%$ $=-0.0194$	$0.1\times 19.4\%$ $=0.0194$
平衡浓度 c，$mol \cdot L^{-1}$	$0.1-0.0194$ $=0.0806$	$0.1-0.0194$ $=0.0806$	0.0194

平衡时：$c(Fe^{2+})=c(Ag^{+})=0.0806mol \cdot L^{-1}$，$c(Fe^{3+})=0.0194mol \cdot L^{-1}$。

（2）$$K^{\ominus}=\frac{c(Fe^{3+})/c^{\ominus}}{[c(Fe^{2+})/c^{\ominus}][c(Ag^{+})/c^{\ominus}]}=\frac{0.0194}{0.0806^2}=2.99$$

四、化学平衡的移动

可逆反应在一定条件下达到平衡时，其特征是 $v_{正}=v_{逆}$，反应系统中各组分的浓度（或分压）不再随时间而改变。化学平衡状态是在一定条件下的一种暂时稳定状态，一旦外界条件（如温度、压力、浓度等）发生改变，这种平衡状态就会遭到破坏，其结果必然是在新的条件下建立起新的平衡状态。这种因外界条件改变，使可逆反应从原来的平衡状态转变到新的平衡状态的过程叫作化学平衡的移动。下面分别讨论影响平衡移动的几种因素。

1. 浓度对化学平衡的影响

在一定温度下，可逆反应：$aA+bB \rightleftharpoons yY+zZ$ 达到平衡时，若增加 A 的浓度，正反应速率将增加，$v_{正}>v_{逆}$（图 2-5），反应向正方向进行。随着反应的进行，生成物 Y 和 Z 的浓度不断增加，反应物 A 和 B 的浓度不断减小。因此，正反应速率随之下降，而逆反应速率随之上升，当正、逆反应速率再次相等，即 $v'_{正}=v'_{逆}$时，系统又一次达到平衡。显然在新的平衡中，各组分的浓度均已改变，但其比值$\dfrac{[c(Y)/c^{\ominus}]^{y}\cdot[c(Z)/c^{\ominus}]^{z}}{[c(A)/c^{\ominus}]^{a}\cdot[c(B)/c^{\ominus}]^{b}}$仍保持不变。

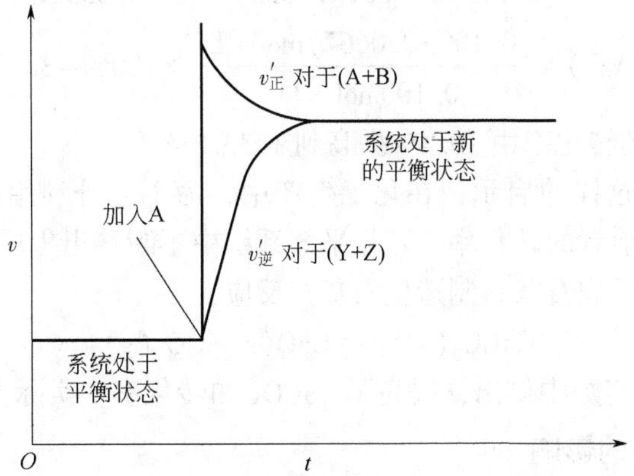

图 2-5　增大反应物浓度对平衡系统的影响

在上述新的平衡系统中，生成物 Y 和 Z 的浓度有所增加，反应物 A 的浓度比增加后的有所减小，而比未增加前也有一定增加，但反应物 B 的浓度有所减小，反应物向增加生成物的方向移动，即平衡向右移动。若增加生成物 Y 或 Z 的浓度，反应会向增加生成物 A 和 B 的方向移动，即平衡向左移动。若将生成物从平衡系统中取出，这时逆反应速率下降，平衡即向右移动。

前面提到的反应商判据，也可用来判断平衡移动的方向：

$Q=K^{\ominus}$　　系统处于平衡状态

$Q<K^{\ominus}$　　平衡向右移动

$Q>K^{\ominus}$　　平衡向左移动

【例 2-4】　在例 2-3 的平衡系统中，如再加入一定量的 Fe^{2+}，使加入后 Fe^{2+}浓度达到 $0.181mol\cdot L^{-1}$，维持温度不变。问：（1）平衡将向什么方向移动？（2）再次建立平衡时各物质的浓度；（3）Ag^{+}总的转化率。

解：（1）欲知平衡向什么方向移动，需将 Q 与 $K^{\ominus}$进行比较。因温度不变，$K^{\ominus}$与例 2-3 相同，为 $K^{\ominus}=2.99$，刚加入 Fe^{2+}时，溶液中各种离子的瞬时浓度为

$$c(Fe^{2+})=0.181mol\cdot L^{-1}$$
$$c(Fe^{3+})=0.0194mol\cdot L^{-1}$$
$$c(Ag^{+})=0.0806mol\cdot L^{-1}$$

$$Q=\frac{c(Fe^{3+})/c^{\ominus}}{[c(Fe^{2+})/c^{\ominus}][c(Ag^{+})/c^{\ominus}]}=\frac{0.0194}{0.181\times 0.0806}=1.33$$

由于 $Q<K^{\ominus}$，所以平衡向右移动。

(2)	Fe^{2+}	+	Ag^{+}	$\rightleftharpoons$	Fe^{3+}	+	Ag
起始浓度 c_0，$mol\cdot L^{-1}$	0.181		0.0806		0.0194		
平衡浓度 c，$mol\cdot L^{-1}$	$0.181-x$		$0.0806-x$		$0.0194+x$		

$$K^{\ominus}=\frac{c(Fe^{3+})/c^{\ominus}}{[c(Fe^{2+})/c^{\ominus}][c(Ag^{+})/c^{\ominus}]}=\frac{0.0194+x}{(0.181-x)\times(0.0806-x)}=2.99$$

$$x=0.0139$$

$$c(Fe^{2+})=(0.181-0.0139)mol\cdot L^{-1}=0.167mol\cdot L^{-1}$$

$$c(Ag^{+})=(0.0806-0.0139)mol\cdot L^{-1}=0.0667mol\cdot L^{-1}$$

$$c(Fe^{3+})=(0.0194+0.0139)mol\cdot L^{-1}=0.0333mol\cdot L^{-1}$$

(3)
$$\alpha(Ag^{+})=\frac{(0.100-0.0667)mol\cdot L^{-1}}{0.100mol\cdot L^{-1}}\times 100\%=33.3\%$$

加入 Fe^{2+}后，Ag^{+}的转化率由 19.4%提高到了 33.3%。

从例 2-4 可以得到这样的启示，在化工生产中，为了充分利用某一反应物，常常让另一反应物过量，以提高前者的转化率。若从平衡系统中不断移出生成物，也能使平衡向右移动，提高转化率。例如煅烧石灰石制造生石灰的反应：

$$CaCO_3(s)\rightleftharpoons CaO(s)+CO_2(g)$$

由于生成的 CO_2 不断从窑炉中排出，提高了 $CaCO_3$ 的转化率，实际上 $CaCO_3$ 能完全分解。

2. 压力对化学平衡的影响

压力的变化对液态或固态反应的平衡影响甚微，但对有气体参加的反应影响较大。若可逆反应：$aA(g)+bB(g)\rightleftharpoons yY(g)+zZ(g)$，在一密闭容器中达到平衡，维持温度恒定，如果将系统的体积缩小到原来的 $1/x(x>1)$，则系统的总压力为原来的 x 倍。这时各组分气体的分压也分别增至原来的 x 倍，反应商为

$$Q=\frac{[xp(Y)/p^{\ominus}]^{y}\cdot[xp(Z)/p^{\ominus}]^{z}}{[xp(A)/p^{\ominus}]^{a}\cdot[xp(B)/p^{\ominus}]^{b}}=\frac{[p(Y)/p^{\ominus}]^{y}\cdot[p(Z)/p^{\ominus}]^{z}}{[p(A)/p^{\ominus}]^{a}\cdot[p(B)/p^{\ominus}]^{b}}x^{(y+z)-(a+b)}=K^{\ominus}x^{\Delta v}$$

$$\Delta v=(y+z)-(a+b)$$

(1) 当 $\Delta v>0$，即生成物分子数大于反应物分子数时，$Q>K^{\ominus}$，平衡向左移动。例如反应：

$$N_2O_4(g,\text{无色})\rightleftharpoons 2NO_2(g,\text{红棕色})$$

增大压力，平衡向左移动，系统红棕色变浅。

(2) 当 $\Delta v<0$，即生成物分子数小于反应物分子数时，$Q<K^{\ominus}$，平衡向右移动。例如合成氨反应：

$$N_2+3H_2\rightleftharpoons 2NH_3$$

增大压力，有利于 NH_3 的合成。

(3) 当 $\Delta v=0$，反应前后分子总数相等，$Q=K^{\ominus}$，平衡不移动，例如反应：

$$H_2(g)+I_2(g)\rightleftharpoons 2HI(g)$$

上述讨论可以得出以下结论：一是压力变化只对反应前后气体分子数有变化的反应平衡

系统有影响。二是在恒温下增大压力，平衡向气体分子数减少的方向移动；减小压力，平衡向气体分子数增大的方向移动。

需要指出，在恒温条件下向已平衡系统加入不参与反应的其他气态物质（如稀有气体），则：(1) 若体积不变，但系统的总压力增加，这种情况下无论 $\Delta v>0$、$\Delta v<0$ 或 $\Delta v=0$，平衡都不移动。这是因为平衡系统的总压虽然增加，但各物质的分压并无改变，Q 和 $K^{\ominus}$ 仍相等，平衡状态不变。(2) 若总压维持不变，则系统体积增大（相当于系统原来的压力减小），此时，$\Delta v\neq 0$，$Q\neq K^{\ominus}$，平衡将移动。平衡移动情况与前述压力减小引起的平衡变化一样。

【例 2-5】 在 1000℃ 及总压为 3000kPa 下，反应：$CO_2(g)+C(s) \rightleftharpoons 2CO(g)$ 达到平衡时，CO_2 的摩尔分数为 0.17。求当总压减至 2000kPa 时，CO_2 的摩尔分数为多少？由此可得出什么结论？

解：设达到新的平衡时，CO_2 的摩尔分数为 x，CO 的摩尔分数为 $1-x$，则

$$p(CO_2)=p_{总}\,x(CO_2)=2000x\,\text{kPa}$$
$$p(CO)=p_{总}\,x(CO)=2000(1-x)\,\text{kPa}$$

将以上各值代入平衡常数表达式：

$$K^{\ominus}=\frac{[p(CO)/p^{\ominus}]^2}{p(CO_2)/p^{\ominus}}=\frac{[2000(1-x)/100]^2}{2000x/100}$$

若已知 $K^{\ominus}$，即可求得 x。因系统温度不变，降低压力时 $K^{\ominus}$ 值不变，故 $K^{\ominus}$ 可由原来的平衡系统求得。

原来平衡系统：

$$p(CO)=3000(1-0.17)\,\text{kPa}=2490\text{kPa}$$
$$p(CO_2)=3000\times 0.17\text{kPa}=510\text{kPa}$$
$$K^{\ominus}=\frac{[p(CO)/p^{\ominus}]^2}{p(CO_2)/p^{\ominus}}=\frac{(2494/100)^2}{510/100}=122$$

将 $K^{\ominus}$ 值代入上式：

$$\frac{[2000(1-x)/100]^2}{2000x/100}=122$$
$$x=0.126\approx 0.13$$

CO_2 的摩尔分数比原来减少，说明反应向右移动。此例又一次证实当气体总压力降低时，平衡将向分子数增多的方向移动。

3. 温度对化学平衡的影响

温度对化学平衡的影响与浓度、压力有本质区别。在一定温度下，浓度或压力改变时，因系统组成改变而使平衡发生移动，平衡常数并未改变。而温度变化时，主要改变了平衡常数，从而导致平衡的移动，可参看表 2-3 和表 2-4。

无论从实验测定或热力学计算，都能得到下述结论：对于放热反应（$\Delta H<0$），升高温度，会使平衡常数变小；此时，反应商大于平衡常数，平衡向左移动。反之，对于吸热反应（$\Delta H>0$），升高温度，平衡常数增大；此时，反应商小于平衡常数，平衡将向右移动。简言之，升高温度，平衡向吸热反应方向移动；降低温度，平衡向放热反应方向移动。

4. 催化剂与化学平衡

催化剂能降低反应的活化能，加快反应速率，缩短达到平衡的时间。由于它以同样倍数加快正、逆反应速率，平衡常数 $K^{\ominus}$ 并不改变，因此不会使平衡发生移动。

5. 平衡移动原理——吕 · 查德里原理

综上所述，如在平衡系统中增大反应浓度，平衡就会向着减小反应浓度的方向移动；在有气体参加反应的平衡系统中，增大系统的压力，平衡就会向着减少气体分子数的方向移动，即向减小系统压力的方向移动；升高温度，平衡向着吸热反应方向移动，即向着降低系统温度的方向移动。这些结论于 1884 年由法国科学家吕 · 查德里（Le Chêtelier）归纳为一普遍规律：如以某种形式改变一个平衡系统的条件（如浓度、压力、温度），平衡会向着减弱这个改变的方向移动。这个规律叫作吕 · 查德里原理，它适用于所有的动态平衡系统。但必须指出，它只适用于已达平衡的系统，对于未达平衡的系统则不适用。

习题

一、填空题

1. 某一化学反应 $2A+B \longrightarrow C$ 是一步完成的，则该反应的速率方程为__________。

2. 基元反应 $N_2(g)+3H_2(g) \longrightarrow 2NH_3(g)$，在密闭容器中进行，若压力最大到原来的 2 倍，则反应速率将最大是原来的____倍。

3. 反应 $2NO(g)+2H_2(g) \longrightarrow N_2(g)+2H_2O(g)$ 的速率方程为：$v=Kp^2(NO) \cdot p(H_2)$

（1）NO 的分压增大一倍，反应速率是原来的________倍。

（2）反应容器的体积增大一倍，反应速率是原来的________倍。

（3）氢气的分压减小一半，反应速率是原来的________倍。

（4）降低温度，反应速率将________（增大，减小）。

4. 化学反应的标准平衡常数仅仅是________的函数，而与________无关。

5. 将 Cl_2、H_2O、HCl 和 O_2 四种气体置于一容器中，发生如下反应：

$$2Cl_2(g)+2H_2O(g) \rightleftharpoons 4HCl(g)+O_2(g) \quad \Delta_r H_m^{\ominus}>0$$

反应达到平衡后，如按下列各项改变条件，则在其他条件不变的情况下，各题后半部分所指项目将有何变化。

（1）最大容器体积，$n(O_2)$ ____，$K^{\ominus}$ ____，$p(Cl_2)$ ____；

（2）加入氮气，总压不变，$n(HCl, g)$ ____；

（3）加入 O_2，$n(Cl_2, g)$ ____，$n(HCl, g)$ ____；

（4）升高温度，$K^{\ominus}$ ____，$n(HCl, g)$ ____；

（5）加入催化剂，$n(HCl, g)$ ____。

二、选择题

1. 正反应与逆反应的平衡常数之间的关系是（　）。

A. 两者相等　　　　B. 两者之积等于 1

C. 没有关系　　　　D. 都随温度的升高而增大

2. 反应 $CaCO_3 \rightleftharpoons CaO+CO_2(g)$，850℃时，$K^{\ominus}=0.5$，下列情况不能达到平衡的是（　　）。

A. 只存在 $CaCO_3$　　B. 有 CaO 和 $CO_2(g)[p(CO_2)=10kPa]$

C. 有 CaO 和 $CO_2(g)[p(CO_2)=100kPa]$　　D. 有 $CaCO_3$ 和 $CO_2(g)[p(CO_2)=10kPa]$

3. 反应 $NO(g)+CO(g) \rightleftharpoons 1/2N_2(g)+CO_2(g)$，$\Delta_r H_m^{\ominus}=-427kJ \cdot mol^{-1}$，下列条件有利于 NO 和 CO 取得较高转化率的是（　　）。

A. 低温、高压　　B. 高温、高压　　C. 低温、低压　　D. 高温、低压

4. 对于反应 $CO(g)+H_2O(g) \rightleftharpoons CO_2(g)+H_2(g)$，若要提高 CO 的转化率则可以采用（　　）。

A. 增加 CO 的量　　B. 增加 $H_2O(g)$ 的量　　C. 两种方法都可以　　D. 两种方法都不可以

5. 某反应在一定条件下的转化率 25.7%，若加入催化剂，则该反应的转化率将（　　）。

A. 大于 25.7%　　B. 小于 25.7%　　C. 不变　　D. 无法判断

6. 气体反应 $A(g)+B(g) \rightleftharpoons C(g)$ 在密闭容器中建立化学平衡，若温度不变，但体积缩小了 2/3，则平衡常数 $K^{\ominus}$ 为原来的（　　）。

A. 3 倍　　B. 9 倍　　C. 2 倍　　D. 不变

7. 下列改变能使任何反应达到平衡时产物增加的是（　　）。

A. 升高温度　　B. 增加起始反应物浓度　　C. 加入催化剂　　D. 增加压力

三、简答题

1. 已知锌和稀硫酸的反应为放热反应，该反应先是逐渐加快，后又逐渐变慢，为什么？

2. 有 A 和 D 两种气体参加反应，若 A 的分压增大 1 倍，反应速率增加 3 倍；若 D 的分压增加 1 倍，反应速率只增加 1 倍。

（1）写出该反应速率方程。

（2）将总压减小至原来的 1/2，反应速率如何变化？

3. 写出下列反应标准平衡常数 $K^{\ominus}$ 的表达式

（1）$NH_3(g) \rightleftharpoons \frac{1}{2}N_2(g)+\frac{3}{2}H_2(g)$

（2）$BaCO_3(s) \rightleftharpoons BaO(s)+CO_2(g)$

（3）$Fe_2O_3(s)+4H_2(g) \rightleftharpoons 3Fe(s)+4H_2O(g)$

4. 已知反应 $CaCO_3(s) \rightleftharpoons CaO(s)+CO_2(g)$ 在 700℃时的 $K^{\ominus}=2.92\times10^{-2}$，在 900℃时 $K^{\ominus}=1.05$，问：（1）上述反应是吸热反应还是放热反应？（2）在 700℃和 900℃时 CO_2 分压各为多少？

四、计算题

1. 在某一容器中 A 与 B 反应，实验测得数据如下：

$c(A)$, $mol \cdot L^{-1}$	$c(B)$, $mol \cdot L^{-1}$	v, $mol \cdot L^{-1} \cdot s^{-1}$	$c(A)$, $mol \cdot L^{-1}$	$c(B)$, $mol \cdot L^{-1}$	v, $mol \cdot L^{-1} \cdot s^{-1}$
1.0	1.0	1.2×10^{-2}	1.0	1.0	1.2×10^{-2}
2.0	1.0	2.3×10^{-2}	1.0	2.0	4.8×10^{-2}
4.0	1.0	4.9×10^{-2}	1.0	4.0	1.9×10^{-1}
8.0	1.0	9.6×10^{-2}	1.0	8.0	7.6×10^{-1}

写出该反应速率方程。

2. 反应：$Sn+Pb^{2+} \rightleftharpoons Sn^{2+}+Pb$ 在25℃时的平衡常数为2.18，若

(1) 反应开始时只有 Pb^{2+}，其浓度 $c(Pb^{2+})=0.100mol \cdot L^{-1}$，求平衡时溶液中剩下的 Pb^{2+} 浓度。

(2) 反应开始时 $c(Pb^{2+})=c(Sn^{2+})=0.100mol \cdot L^{-1}$，达到平衡时剩余的 Pb^{2+} 浓度又为多少？

3. 在一密闭容器中，反应：$CO+H_2O(g) \rightleftharpoons CO_2+H_2$ 的平衡常数 $K^{\ominus}=2.6(476℃)$，求

(1) 当 H_2O 和 CO 的物质的量之比为1时，CO 转化率为多少？

(2) 当 H_2O 和 CO 的物质的量之比为3时，CO 转化率为多少？

(3) 根据以上计算结果，能得到什么结论？

4. HI 的分解反应为 $2HI(g) \rightleftharpoons H_2(g)+I_2(g)$，在425.6℃下于密闭容器中三种气体混合物达到平衡时的分压为 $p(H_2)=p(I_2)=2.78kPa$，$p(HI)=20.5kPa$，在恒温下，假设向容器中加入 HI，使 $p(HI)$ 突然增大到81.0kPa，当系统重新建立平衡时，各种气体的分压是多少？

5. 在10L容器中还有相等物质量的 PCl_3 和 Cl_2 进行合成反应

$$PCl_3(g)+Cl_2(g) \rightleftharpoons PCl_5(g)$$

已知250℃时 $K^{\ominus}=0.533$，达平衡时 PCl_5 的分压为100kPa，计算原来 $PCl_3(g)$ 和 $Cl_2(g)$ 物质的量。

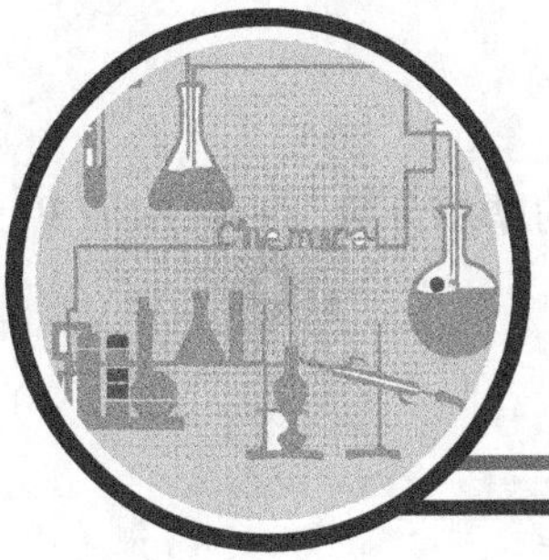

第三章 溶液与胶体

第一节 分散体系

在自然界和工农业生产中，经常遇到一种或几种物质分散在另一种物质中的体系，称为分散体系。例如，烟就是由各种未燃尽的燃料微粒、燃料产物微粒及尘埃等分散在空气中形成的分散体系；雾则是由细小的水滴分散在空气中形成的分散体系；海水则是多种盐类及有机物、无机物、微生物等分散在水中所形成的分散体系。我们熟悉的溶液、乳浊液、胶体都是分散体系。分散体系中被分散的物质叫作分散相（或分散质）；另一种物质叫分散介质（或分散剂）。例如，对于雾这样一种分散体系而言，水是分散相，空气是分散介质。对于泥浆而言，细小的泥沙颗粒是分散相，水是分散介质。

通常按照分散粒子的大小，或者说分散程度的不同将分散体系分为三类，如表3-1所示。

表3-1 分散体系分类

分散体系 项目	粗分散系	胶体分散系	真溶液
分散相颗粒大小	>100nm	1~100nm	0.1~1nm
性质	（1）透不过滤纸 （2）多相体系	（1）能透过滤纸 （2）多相或单相体系	（1）能透过滤纸 （2）单相体系
实例	悬浮物，如泥浆	胶体，如 $Fe(OH)_3$ 溶液	盐水、糖水、空气

由两种或多种组分组成的均匀体系叫溶液，这个定义可以适用于任何聚集状态，包括气体混合物、液态溶液和固态溶液（固溶液）。一般所谓溶液是指液态溶液。根据溶质在水中解离（又称为离解）成离子的程度将溶液分为强电解质和弱电解质。本章在上一章化学平衡的基础上主要讨论弱电解质解离平衡、盐的水解平衡和难溶电解质的沉淀溶解平衡的相关计算以及胶体的基本知识。

第二节 溶液组成的各种表示方法及拉乌尔定律

一、溶液组成的各种表示方法

溶液的性质，在很大程度上与其组成密切相关，组成改变，其性质也随之改变。组成的表示方法很多，常用的有以下几种。

1. 摩尔分数

溶液中组分 B 的物质的量与总的物质的量之比，称为组分 B 的摩尔分数，一般用 $x(\mathrm{B})$ 表示（气体常用 y_{B} 表示）。

$$x(\mathrm{B})=\frac{n(\mathrm{B})}{\sum n(\mathrm{B})} \tag{3-1}$$

式中 $n(\mathrm{B})$——溶液中组分 B 的物质的量，mol；

$\sum n(\mathrm{B})$——溶液中各组分的总物质的量，mol。

2. 质量分数

溶液中组分 B 的质量与总质量之比，称为组分 B 的质量分数，常以 $\omega(\mathrm{B})$ 表示。

$$\omega(\mathrm{B})=\frac{m(\mathrm{B})}{\sum m(\mathrm{B})} \tag{3-2}$$

式中 $m(\mathrm{B})$——物质 B 的质量，kg；

$\sum m(\mathrm{B})$——溶液的总质量，kg。

3. 质量摩尔浓度

在溶液中，每千克溶剂 A 中所含溶质 B 的物质的量，称为 B 的质量摩尔浓度，其单位为 $\mathrm{mol \cdot kg^{-1}}$，常以 $b(\mathrm{B})$ 表示。

$$b(\mathrm{B})=\frac{n(\mathrm{B})}{m(\mathrm{A})} \tag{3-3}$$

式中 $n(\mathrm{B})$——溶液中溶质 B 物质的量，mol；

$m(\mathrm{A})$ ——溶液中溶剂 A 的质量，kg。

4. 物质的量浓度

单位体积溶液所含物质 B 的物质的量，称为物质 B 的物质的量浓度，单位为 $\mathrm{mol \cdot m^{-3}}$，常以 $c(\mathrm{B})$ 表示。

$$c(\mathrm{B})=\frac{n(\mathrm{B})}{V} \tag{3-4}$$

式中 $n(\mathrm{B})$——溶液中溶质 B 的物质的量，mol；

V——溶液的体积，$\mathrm{m^3}$。

【例 3-1】 30g 乙醇（B）溶于 50g 四氯化碳（A）中形成溶液，其密度为 $\rho=1.28\times10^3\mathrm{kg \cdot m^{-3}}$，试用质量分数、摩尔分数、物质的量浓度和质量摩尔浓度来表示该溶液的组成。

解：质量分数 $$\omega(\mathrm{B})=\frac{m(\mathrm{B})}{\sum m(\mathrm{B})}=\frac{30}{30+50}=0.375$$

摩尔分数 $$x(\mathrm{B})=\frac{n(\mathrm{B})}{\sum n(\mathrm{B})}=\frac{30/46}{30/46+50/154}=0.668$$

物质的量浓度 $$c(\mathrm{B})=\frac{n(\mathrm{B})}{V}=\frac{30/46}{[(30+50)\times10^{-3}]/1.28\times10^3}=10.44\times10^3(\mathrm{mol \cdot m^{-3}})$$

质量摩尔浓度 $$b_{\mathrm{B}}=\frac{n_{\mathrm{B}}}{m_{\mathrm{A}}}=\frac{30/46}{50\times10^{-3}}=13.04\ (\mathrm{mol \cdot kg^{-1}})$$

二、拉乌尔定律

溶剂中加入少量的溶质就形成了稀溶液。拉乌尔总结了多次试验结果，得出如下规律：在一定温度下，溶入了非电解质溶质的稀溶液，其溶剂的饱和蒸气压与溶剂的摩尔分数成正比，比例系数为该溶剂在此温度下的饱和蒸气压。这就是拉乌尔定律，其数学表达式为

$$p(A)=p^*(A)\cdot x(A) \tag{3-5}$$

式中 $p(A)$——稀溶液上溶剂A的蒸气压，kPa；

$p^*(A)$——某温度下纯溶剂的饱和蒸气压，kPa；

$x(A)$——溶液中溶剂的摩尔分数。

一般来说，只有稀溶液的溶剂才适用于拉乌尔定律。因为在稀溶液中，溶质的分子很少，溶剂周围几乎都是与自己相同的分子，其所处环境与纯溶剂情况几乎相同。

第三节　水的解离平衡和溶液的酸碱性

一、水的解离平衡

纯水是弱电解质，能微弱地解离出 H^+ 和 OH^-。因此纯水中总存在下述解离平衡：

$$H_2O \rightleftharpoons H^+ + OH^-$$

其平衡常数如下：

$$K^{\ominus}=\frac{[c(H^+)/c^{\ominus}][c(OH^-)/c^{\ominus}]}{c(H_2O)/c^{\ominus}}=\frac{c'(H^+)\cdot c'(OH^-)}{c'(H_2O)}$$

需指出，式中 c' 为系统中物质的浓度 c 与标准浓度 $c^{\ominus}$ 的比值，由于 $c^{\ominus}=1\text{mol}\cdot L^{-1}$，所以 c 与 c' 数值完全相同，只是量纲不同，c' 为量纲一的量，因此 $K^{\ominus}$ 也是量纲一的量。以后关于其他平衡常数的表示将经常使用这种方法。注意 c 和 c' 的不同。由于大部分水仍以水分子形式存在，因此可将 $c'(H_2O)$ 看作一个常数，合并入 $K^{\ominus}$ 项，记作 $K_{\omega}^{\ominus}$。

$$K_{\omega}^{\ominus}=c'(H^+)\cdot c'(OH^-)$$

在一定温度下 $K_{\omega}^{\ominus}$ 为一常数，称为水的离子积常数。25℃时，实验测得 $K_{\omega}^{\ominus}=10^{-14}$。不同温度下水的离子积常数见表3-2，由该表可以看出，温度升高，$K_{\omega}^{\ominus}$ 显著增大。室温下做计算时可以不考虑温度的影响。

表3-2　不同温度下水的离子积常数

t,℃	0	10	20	25	40	50	90	100
$K_{\omega}^{\ominus}$，10^{-14}	0.1138	0.2917	0.6808	1.009	2.917	5.47	38.02	54.95

水的离子积不仅适用于纯水，在任何对于电解质的稀溶液同样适用。水溶液中，不管其实际上是酸性还是碱性，$c(H^+)$ 和 $c(OH^-)$ 乘积总是一个定值。若 $c(H^+)$ 增加了，$c(OH^-)$ 必然相应减少，保持两者乘积恒定，$c(H^+)$ 和 $c(OH^-)$ 都不可能为零。水的离子积常数是计算水溶液中 $c(H^+)$ 和 $c(OH^-)$ 的重要依据。

二、溶液的酸碱性

1. 溶液的酸碱性与 pH 值

由上所述，可以把水溶液的酸碱性和 H^+ 和 OH^- 浓度的关系归纳如下：

$c(H^+)=c(OH^-)=10^{-7}mol \cdot L^{-1}$ 溶液为中性

$c(H^+)>c(OH^-), c(H^+)>10^{-7}mol \cdot L^{-1}$ 溶液为酸性

$c(H^+)<c(OH^-), c(H^+)<10^{-7}mol \cdot L^{-1}$ 溶液为碱性

溶液中的 H^+ 和 OH^- 的浓度可以表示溶液的酸碱性，但因水的离子积是一个很小的数值，在稀溶液中 c（H^+）和 c（OH^-）也很小，直接使用不方便，1909 年索伦森提出用 pH 值表示溶液的酸碱性。pH 值是溶液中 $c'(H^+)$ 的负对数：$pH=-\lg c'(H^+)$。溶液的酸碱性与 pH 值的关系为：

酸性溶液 $c'(H^+)>10^{-7}mol \cdot L^{-1}$，$pH<7$

中性溶液 $c'(H^+)=10^{-7}mol \cdot L^{-1}$，$pH=7$

碱性溶液 $c'(H^+)<10^{-7}mol \cdot L^{-1}$，$pH>7$

可见，pH 值越小，溶液的酸性就越强；反之，pH 值越大，溶液的碱性就越强，同样也可以用 pOH 值表示溶液的酸碱度，定义为：$pOH=-\lg c'(OH^-)$。

常温下，在水溶液中对 $K_\omega^\ominus=c'(H^+)\cdot c'(OH^-)$ 两边分别取负对数：

$$-\lg[c'(H^+)\cdot c'(OH^-)]=-\lg K_\omega^\ominus$$

$$-\lg c'(H^+)-\lg c'(OH^-)=-\lg K_\omega^\ominus$$

因为 $K_\omega^\ominus=10^{-14}$，所以 $pH+pOH=14$。还需指出，pH 值和 pOH 值一般在溶液中 $c(H^+)\leqslant 1mol \cdot L^{-1}$ 或 $c(OH^-)\leqslant 1mol \cdot L^{-1}$ 的情况下，即 pH 在 1~14 范围内，否则使用物质的量浓度更方便。

【例 3-2】 计算 $0.05mol \cdot L^{-1}$ KOH 溶液的 pH 值和 pOH 值。

解：KOH 为强碱，水溶液中全部解离，则

$$KOH \longrightarrow K^+ + OH^-$$

$$c(OH^-)=0.05mol \cdot L^{-1}$$

$$pOH=-\lg c(OH^-)=-\lg 0.05=1.3$$

$$pH=14-1.3=12.7$$

2. 测定 pH 值的方法

测定 pH 值的方法很多，常用的有酸碱指示剂、pH 试纸及 pH 计（酸度计）。酸碱指示剂大多是一些有机染料，它们属于有机的弱酸或弱碱。随着溶液 pH 值的改变，酸碱指示剂本身结构发生变化而引起颜色变化。每一种指示剂都有一定的变色范围。表 3-3 为甲基橙、石蕊和酚酞三种常用指示剂的变色范围。

表 3-3 常用酸碱指示剂的变色范围

指示剂	变色范围（pH 值）		
甲基橙	<3.1 红色	3.1~4.4 橙色	>4.4 黄色
石蕊	<5.0 红色	5.0~8.0 紫色	>8.0 蓝色
酚酞	<8.0 无色	8.0~10.0 粉色	>10.0 玫瑰红色

pH 试纸是将试纸用多种酸碱指示剂的混合溶液浸透后经晾干制成，它对不同 pH 值的溶液能显示不同的颜色，据此可以迅速地判断溶液的酸碱性。常用的 pH 试纸有广泛 pH 试纸和精密 pH 试纸，前者的 pH 范围为 1~14，可以识别的 pH 差值为 1，后者可以判别 0.2~0.3 的差值。

pH 计是通过电学系统用数码管直接显示溶液 pH 值的电子仪器，由于其快速、准确，所以广泛用于科研和生产中。

第四节　弱酸弱碱的解离平衡

一、一元弱电解质的解离平衡

1. 弱电解质的特点

（1）弱电解质溶液的导电能力较弱。

（2）在溶液中形成解离平衡。在水分子的作用下，可部分解离生成正、负离子，与未解离的弱电解质分子达成平衡，这种平衡叫解离平衡。例如，在醋酸溶液中存在下列解离平衡：

$$HAc \rightleftharpoons H^+ + Ac^-$$

由于弱电解质在水溶液中生成的离子不多，因而溶液的导电能力弱。

（3）一般浓度时，解离度较小。电解质的解离度是电解质在水溶液中解离成离子而处于平衡状态时的定量描述。达到解离平衡时，已解离的溶质分子数与原有溶质分子总数之比（或已解离的溶质摩尔数与未解离时溶质摩尔数之比）叫作解离度，通常用 α 表示。

$$解离度\ \alpha = \frac{已解离的溶质分子总数}{原有溶质分子总数} \times 100\%$$

解离度的大小和电解质的本性有关，此外还和溶液浓度、温度、溶剂有关。

2. 解离常数

弱电解质在水溶液中只有一部分分子解离，因而始终存在未解离的分子与解离出来的离子间的平衡。例如在醋酸（HAc）溶液及氨水中分别存在下述平衡：

$$HAc + H_2O \rightleftharpoons H_3O^+ + Ac^- \qquad （即\ HAc \rightleftharpoons H^+ + Ac^-）$$

$$NH_3 + H_2O \rightleftharpoons NH_4^+ + OH^- \qquad （即\ NH_3 + H_2O \rightleftharpoons NH_4^+ + OH^-）$$

这种平衡即为弱酸弱碱的解离平衡，也称酸碱解离平衡或酸碱平衡。酸碱平衡与化学平衡一样，具有平衡的一切特征，符合平衡的共同规律。因此每个酸碱平衡都有其平衡常数，通常用 $K_i^{\ominus}$ 表示其标准平衡常数。标准平衡常数是由热力学导出的常数，无量纲，只随平衡体系的温度而变，当体系温度指定时，即为一定值。由于通常研究弱酸弱碱溶液中的酸碱平衡总是在室温条件下，因而一般情况下，如不特别标明，$K_i^{\ominus}$ 总是指 298K 时的平衡常数。当温度在室温范围内变化时，相应的 $K_i^{\ominus}(T)$ 的变化值很小，在一般不是很精确的计算中可以直接用 $K_i^{\ominus}(298K)$ 进行运算。通常用 $K_a^{\ominus}$、$K_b^{\ominus}$ 分别表示弱酸弱碱的解离常数，$K_a^{\ominus}$ 称为弱酸解离常数，$K_b^{\ominus}$ 称为弱碱解离常数。按照平衡常数的定义及热力学原理，$K_a^{\ominus}$ 和 $K_b^{\ominus}$ 可由平衡体系中各个组分的相对平衡浓度求得：

对 $HAc \rightleftharpoons H^+ + Ac^-$ 而言，

$$K_a^\ominus = \frac{(c_{H^+}/c^\ominus)\cdot(c_{Ac^-}/c^\ominus)}{c_{HAc}/c^\ominus}$$

对 $NH_3 + H_2O \rightleftharpoons NH_4^+ + OH^-$ 而言，

$$K_b^\ominus = \frac{(c_{NH_4^+}/c^\ominus)\cdot(c_{OH^-}/c^\ominus)}{(c_{NH_3}/c^\ominus)\cdot(c_{H_2O}/c^\ominus)}$$

由于酸碱平衡都是在水溶液中进行的，水作为溶剂是过量的，其浓度在整个平衡过程中可认为不变，水的浓度项可并入常数项中，所以在计算水溶液中的平衡过程的平衡常数时，水的浓度项一律不参与计算，即

$$K_b^\ominus = \frac{(c_{NH_4^+}/c^\ominus)\cdot(c_{OH^-}/c^\ominus)}{c_{NH_3}/c^\ominus}$$

为了简化计算式，在本教材中，借用符号［ ］来表示溶液中平衡体系的某一组分的相对浓度。例如：$c_{HAc}/c^\ominus=[HAc]$，$c_{H^+}/c^\ominus=[H^+]$，$c_{Ac^-}/c^\ominus=[Ac^-]$。若 $c_{HAc}=1\text{mol}\cdot L^{-1}$，则

$$[HAc]=c_{HAc}/c^\ominus=1\text{mol}\cdot L^{-1}/1\text{mol}\cdot L^{-1}=1$$

解离常数的大小表示弱电解质的解离程度，$K^\ominus$ 值越大，解离程度越大，该弱电解质相对较强。如温度为25℃时的醋酸的解离常数 1.75×10^{-5}，次氯酸的解离常数为 2.8×10^{-8}，可见，在相同温度下，醋酸的酸度较次氯酸为强。通常把 $K^\ominus$ 在 $10^{-2}\sim10^{-3}$ 之间的称为中强电解质；$K^\ominus<10^{-4}$ 为弱电解质，$K^\ominus<10^{-7}$ 为极弱电解质。

3. 稀释定律

解离度、解离常数和浓度之间有一定的关系。以一元弱酸 HA 为例，设浓度为 c，解离度为 α，推导如下：

	$HA \rightleftharpoons$	$H^+ + A^-$
起始浓度	c	0　0
平衡浓度	$c(1-\alpha)$	$c\alpha$　$c\alpha$

代入平衡浓度表达式中：

$$K_a^\ominus = \frac{[H^+]\cdot[A^-]}{[HA]} = \frac{c\alpha\times c\alpha}{c(1-\alpha)} = \frac{c\alpha^2}{1-\alpha}$$

即

$$c\alpha^2 + K_a^\ominus\alpha - K_a^\ominus = 0$$

$$\alpha = \frac{-K_a^\ominus+\sqrt{(K_a^\ominus)^2+4cK_a^\ominus}}{2c}$$

$$[H^+]=c\alpha=\frac{-K_a^\ominus+\sqrt{(K_a^\ominus)^2+4cK_a^\ominus}}{2}$$

当电解质很弱（即对应的 $K^\ominus$ 较小）时，解离度很小，可认为 $1-\alpha\approx1$，做近似计算时，得以下简式：

$$K_a^\ominus = c\alpha^2$$

$$\alpha=\sqrt{K_a^\ominus/c} \tag{3-6a}$$

$$[H^+]=\sqrt{K_a^\ominus\times c} \tag{3-6b}$$

同样对于一元弱碱溶液，得到：

$$K_b^\ominus = c\alpha^2$$

$$\alpha = \sqrt{K_b^\ominus / c} \tag{3-7a}$$

$$[OH^-] = \sqrt{K_b^\ominus \times c} \tag{3-7b}$$

式(3-6a) 和式(3-7a) 是针对某一指定的弱电解质而言，因此，$K_a^\ominus$ 或 $K_b^\ominus$ 为定值，可见当浓度越稀时，解离度越大，该关系称为稀释定律。但 $[H^+]$ 或 $[OH^-]$ 并不因为浓度稀释、解离度增大而增大。

需要指出的是：在弱酸或弱碱溶液中，同时还存在着水的解离平衡，两个平衡相互联系、相互影响。但当 $K_a^\ominus$ 或 $K_b^\ominus$ 远大于 $K_\omega^\ominus$，弱酸（弱碱）又不是很稀时，溶液中 H^+ 或 OH^- 主要是由弱酸或弱碱产生的，计算时可忽略水的解离。

4. 一元弱酸、弱碱溶液中离子浓度及 pH 值的计算

【例 3-3】 已知 25℃时，$K_{HAc}^\ominus = 1.75 \times 10^{-5}$。（1）计算该温度下 0.10mol · L^{-1} 的 HAc 溶液中 H^+、Ac^- 的浓度以及溶液的 pH 值，并计算该浓度下 HAc 的解离度；（2）如将此溶液稀释至 0.010mol · L^{-1}，求此时溶液的 H^+ 浓度及解离度。

解：（1）HAc 为弱电解质，解离平衡式为

	HAc ⇌	H^+ +	Ac^-
起始浓度 c_0，mol · L^{-1}	0.10	0	0
平衡浓度 c，mol · L^{-1}	0.10$-x$	x	x

$$K_a^\ominus = \frac{[H^+] \cdot [Ac^-]}{[HAc]} = \frac{x \cdot x}{0.10-x} = \frac{x^2}{0.10-x} = 1.75 \times 10^{-5}$$

$K_a^\ominus$(HAc) 很小，可近似认为 0.10$-x$≈0.10，则

$$x = \sqrt{1.75 \times 10^{-5} \times 0.10} = 1.3 \times 10^{-3}$$

$$[H^+] = [Ac^-] = 1.3 \times 10^{-3} (\text{mol} \cdot L^{-1})$$

$$pH = -\lg[H^+] = -\lg 1.3 \times 10^{-3} = 2.89$$

$$\alpha = (1.3 \times 10^{-3} / 0.10) \times 100\% = 1.3\%$$

（2）

$$[H^+] = \sqrt{1.75 \times 10^{-5} \times 0.010} = 4.2 \times 10^{-4} (\text{mol} \cdot L^{-1})$$

$$\alpha = (4.2 \times 10^{-3} / 0.010) \times 100\% = 4.2\%$$

从此例可看出，当弱酸溶液被稀释时，它的解离度虽然增大，但 H^+ 浓度反而减小。所以不能错误地认为随着解离度的增大，溶液的 H^+ 浓度必然增加。

【例 3-4】 25℃时，实验测得 0.020mol · L^{-1} 氨水溶液的 pH 为 10.78，求它的解离常数和解离度。

解：pH = 10.78，pOH = 14 − 10.78 = 3.22，$[OH^-] = 6.0 \times 10^{-4}$ mol · L^{-1}。

氨水的解离平衡式为

	NH_3 + H_2O ⇌	NH_4^+ +	OH^-
起始浓度 c_0，mol · L^{-1}	0.020	0	0
平衡浓度 c，mol · L^{-1}	0.020-6.0×10^{-4}	6.0×10^{-4}	6.0×10^{-4}

$$\alpha = \frac{[OH^-]}{[NH_3]} \times 100\% = \frac{6.0 \times 10^{-4}}{0.020} \times 100\% = 3\%$$

$$K_b^{\ominus}(NH_3)=\frac{[NH_4^+]\cdot[OH^-]}{[NH_3]}=\frac{6.0\times10^{-4}\times6.0\times10^{-4}}{0.020-6.0\times10^{-4}}=1.8\times10^{-5}$$

二、多元弱酸解离平衡

多元弱酸在水中的解离是分步进行的，例如 H_2CO_3 在水中的解离（25℃）：

$$H_2CO_3 \rightleftharpoons H^+ + HCO_3^-$$

$$K_{a1}^{\ominus}=\frac{[H^+]\cdot[HCO_3^-]}{[H_2CO_3]}=4.4\times10^{-7}$$

$$HCO_3^- \rightleftharpoons H^+ + CO_3^{2-}$$

$$K_{a2}^{\ominus}=\frac{[H^+]\cdot[CO_3^{2-}]}{[HCO_3^-]}=4.7\times10^{-11}$$

由以上数据可以看出，分步解离常数 $K_{a1}^{\ominus} \gg K_{a2}^{\ominus}$，$H^+$浓度主要来自一级解离，当求 H^+浓度或者比较多元弱酸相对强弱时，只考虑一级解离即可。

【例 3-5】 室温下，H_2S 饱和溶液的浓度为 $0.10 mol \cdot L^{-1}$，求 H^+和 S^{2-}的浓度。

解：已知 H_2S 的 $K_{a1}^{\ominus} \gg K_{a2}^{\ominus}$，求 H^+浓度时只考虑一级解离

	H_2S	$\rightleftharpoons$	H^+	+	HS^-
平衡浓度，$mol \cdot L^{-1}$	$0.10-x$		x		x
近似认为	$0.10-x \approx 0.10$				

故 $$x=\sqrt{1.32\times10^{-7}\times0.10}=1.1\times10^{-4}$$

$$[H^+]=1.1\times10^{-4}$$

溶液中 S^{2-}是由第二步解离产生的，根据第二步解离平衡：

$$HS^- \rightleftharpoons H^+ + S^{2-}$$

$$K_{a2}^{\ominus}=\frac{[H^+]\cdot[S^{2-}]}{[HS^-]}=7.10\times10^{-15}$$

$$[S^{2-}]=K_{a2}^{\ominus}\times[HS^-]/[H^+]$$

因为 $K_{a1}^{\ominus} \gg K_{a2}^{\ominus}$，所以 $[HS^-] \approx [H^+]$，故

$$[S^{2-}]=K_{a2}^{\ominus}=7.10\times10^{-15}$$

$$S^{2-}=7.10\times10^{-15} mol \cdot L^{-1}$$

三、同离子效应和缓冲溶液

1. 同离子效应

一定温度下弱酸如 HAc 在溶液中存在以下解离平衡：

$$HAc \rightleftharpoons H^+ + Ac^-$$

若在此平衡系统中加入 NaAc，由于它是易溶强电解质，在溶液中溶解度大且能全部解离，因此，溶液中的 Ac^-浓度大大增加，使 HAc 的解离平衡向左移动。结果 H^+浓度减小，HAc 的解离度降低；如果在 HAc 溶液中加入强酸 HCl，则 H^+浓度增加，平衡也向左移动。此时，Ac^-浓度减小，HAc 的解离度也降低。同样，在弱碱溶液中加入含有相同离子的易溶

强电解质（盐类或强碱）时，也会使弱碱的解离平衡向左移动，降低弱碱的解离度。这种在弱电解质溶液中，加入跟弱电解质含有相同离子的易溶强电解质，使弱电解质解离度下降的现象叫作同离子效应。

【例3-6】 向1.0L、浓度为0.10mol·L^{-1}的HAc溶液中加入固体NaAc 0.10mol（假定溶液体积不变），此时溶液中的H^+浓度为多少？HAc的离解度为多少？将结果与例3-3中的（1）比较，可得出什么结论？

解：已知NaAc在溶液中全部解离，由NaAc解离所提供的Ac^-浓度为0.10mol·L^{-1}，设此时由HAc解离出来的Ac^-浓度为x，则

$$HAc \rightleftharpoons H^+ + Ac^-$$

平衡浓度c，mol·L^{-1}　　0.10−x　　x　　0.1+x

$$K_a^{\ominus}(HAc)=\frac{[H^+]\cdot[Ac^-]}{[HAc]}=\frac{x\times(0.10+x)}{0.10-x}$$

由于HAc的$K_a^{\ominus}$值很小，加之存在同离子效应，HAc解离出来的H^+和Ac^-浓度很小，且与NaAc解离出来的Ac^-浓度相比，可以忽略不计，因此，

$$0.10+x\approx0.1 \qquad 0.10-x\approx0.1$$

代入上式得

$$K_a^{\ominus}(HAc)=\frac{x\times0.10}{0.10}=1.75\times10^{-5}$$

$$x=1.75\times10^{-5}$$

则

$$[H^+]=1.75\times10^{-5}\text{mol}\cdot L^{-1}$$

$$\alpha=[H^+]/c(HAc)\times100\%=(1.75\times10^{-5}/0.10)\times100\%=0.0175\%$$

与例3-3中的（1）中的解离度1.3%相比，降低为原来的1/74。

2. 缓冲溶液

1）缓冲作用原理

许多化学反应（包括生物化学反应）需要在一定的pH范围内进行，然而某些反应有H^+或OH^-的生成或消耗，溶液的pH值会随反应的进行而发生变化，从而影响反应的正常进行。在这种情况下，就要借助缓冲溶液来稳定溶液的pH，以维持反应的正常进行。

表3-4为纯水和水溶液加入缓冲溶液后pH值的变化，这些数据说明，纯水中加入少量强酸或强碱，pH发生显著的变化；而由HAc和NaAc或者NH_3和NH_4Cl组成的混合溶液，当加入纯水或加入少量的强酸或强碱时，其pH值改变很小。这种能保持pH值相对稳定的溶液称为缓冲溶液，这种作用称为缓冲作用。缓冲溶液通常由弱酸及其盐或弱碱及其盐所组成。

表3-4　纯水或水溶液加入缓冲溶液后pH值的变化

序号	纯水或水溶液	加入1.0mL 1.0mol·L^{-1}的HCl溶液	加入1.0mL 1.0mol·L^{-1}的NaOH溶液
1	1.0L纯水	pH从7.0变为3.0，改变4个单位	pH从7.0变为11.0，改变4个单位
2	1.0L溶液中含有0.10mol HAc和0.10mol NaAc	pH从4.76变为4.75，改变0.01个单位	pH从4.76变为4.77，改变0.01个单位
3	1.0L溶液中含有0.10mol NH_3和0.10mol NH_4Cl	pH从9.26变为9.25，改变0.01个单位	pH从9.26变为9.27，改变0.01个单位

现以 HAc—NaAc 混合溶液为例说明缓冲作用的原理。在 HAc—NaAc 混合溶液中存在以下解离过程：

$$HAc \rightleftharpoons H^+ + Ac^-$$

$$NaAc \longrightarrow Na^+ + Ac^-$$

由于 NaAc 完全解离，所以溶液中存在着大量的 Ac^-。弱酸 HAc 只有较少部分解离，加上由 NaAc 解离出的大量 Ac^-产生的同离子效应使 HAc 的解离度变得更小，因此溶液中除大量的 Ac^-外，还存在大量的 HAc 分子。这种在溶液中同时存在大量的弱酸分子及该弱酸酸根离子（或大量弱碱分子及该弱碱的阳离子），就是缓冲溶液组成上的特征。缓冲溶液中的弱酸及其盐（或弱碱及其盐）称为缓冲对。

当向此溶液中加入少量强酸时，溶液中大量的 Ac^-将与加入的 H^+结合而生成难解离的 HAc 分子，以致溶液 H^+的浓度几乎不变。换句话说，Ac^-起了抗酸的作用。当加入少量强碱时，由于溶液中的 H^+将与 OH^-结合并生成 H_2O，使 HAc 的解离平衡向右移动，继续解离出的 H^+仍与 OH^-结合，致使溶液中的 OH^-浓度也几乎不变，因而 HAc 分子在这里起了抗碱的作用。由此可见，缓冲溶液同时具有抵抗外来少量强酸或强碱的作用，其抗酸、抗碱作用是由缓冲对的不同部分来担负的。

2）*缓冲溶液的 pH 值的计算*

设缓冲溶液有一元弱酸 HA 和相应的盐 MA 组成，一元弱酸的浓度为 c(酸)，盐的浓度为 c(盐)，由 HA 解离得 $[H^+]=x\text{mol}\cdot L^{-1}$，则

$$\begin{array}{ccccc} MA & \longrightarrow & M^+ & + & A^- \\ & & c(\text{盐}) & & c(\text{盐}) \end{array}$$

$$\begin{array}{lccccc} & HA & \rightleftharpoons & H^+ & + & A^- \\ \text{平衡浓度，mol}\cdot L^{-1} & c(\text{酸})-x & & x & & c(\text{盐})+x \end{array}$$

$$K_a^{\ominus}=\frac{[H^+]\cdot[A^-]}{[HA]}=\frac{x[c(\text{盐})+x]}{c(\text{酸})-x}$$

$$x=K_a^{\ominus}\frac{c(\text{酸})-x}{c(\text{盐})+x}$$

由于 $K_a^{\ominus}$ 值较小，且因存在同离子效应，此时 x 值很小，因而 $c(\text{酸})-x\approx c(\text{酸})$，$c(\text{盐})+x\approx c(\text{盐})$，则

$$[H^+]=x=K_a^{\ominus}\frac{c(\text{酸})}{c(\text{盐})} \quad (3-8a)$$

$$pH=-\lg[H^+]=-\lg K_a^{\ominus}-\lg\frac{c(\text{酸})}{c(\text{盐})}=pK_a^{\ominus}-\lg\frac{c(\text{酸})}{c(\text{盐})} \quad (3-8b)$$

这就是计算一元弱酸及其盐组成的缓冲溶液中 H^+浓度及 pH 值的通式。

同样也可以推导出一元弱碱及其盐组成的缓冲溶液 pH 值的通式（其缓冲对中，何者抗酸，何者抗碱?）：

$$[OH^-]=x=K_b^{\ominus}\frac{c(\text{碱})}{c(\text{盐})} \quad (3-9a)$$

$$pOH=pK_b^{\ominus}-\lg\frac{c(\text{碱})}{c(\text{盐})} \quad (3-9b)$$

实际上这种计算方法与同离子效应的计算是相同的。

【例 3-7】 0.10L 0.10mol·L^{-1} 的 HAc 溶液中含有 0.010mol 的 NaAc，求该缓冲溶液的 pH 值。[已知 $K_a^{\ominus}(HAc)=1.75\times10^{-5}$]

解：此为一元弱酸 HAc 及其盐 NaAc 组成的缓冲溶液，其 pH 值可按式(3-8b) 进行计算。

$$c(\text{酸})=0.10\text{mol}\cdot\text{L}^{-1},\ c(\text{盐})=0.1\text{mol}\cdot\text{L}^{-1}$$

$$\text{pH}=\text{p}K_a^{\ominus}-\lg\frac{c(\text{酸})}{c(\text{盐})}=-\lg(1.75\times10^{-5})-\lg(0.10/0.10)=4.76$$

除了弱酸—弱酸盐、弱碱—弱碱盐的混合溶液可作为缓冲溶液外，某些正盐和它的酸式盐（如 Na_2CO_3—$NaHCO_3$），或者同一种多元酸的两种酸式盐，如 KH_2PO_4—K_2HPO_4 等，也可以组成缓冲溶液，这里不再详述。

【例 3-8】 在 1.0L 浓度为 0.10mol·L^{-1} 的氨水溶液中加入 0.050mol 的 $(NH_4)_2SO_4$ 固体，该溶液的 pH 值为多少？将该溶液平均分成两份，在每份溶液中分别加入 1.0mL 1.0mol·L^{-1} 的 HCl 和 NaOH 溶液，pH 值各为多少？

解：这是一个弱碱 NH_3 及其盐 $(NH_4)_2SO_4$ 组成的混合溶液，其中 $c(\text{碱})=0.10\text{mol}\cdot\text{L}^{-1}$，$c(\text{盐})=0.1\text{mol}\cdot\text{L}^{-1}$，查表得 $K_b^{\ominus}(NH_3)=1.8\times10^{-5}$。

根据式(3-9b)：

$$\text{pH}=14-\text{pOH}=14+\lg K_b^{\ominus}+\lg\frac{c(\text{碱})}{c(\text{盐})}=14+\lg(1.8\times10^{-5})+\lg(0.10/0.10)=9.26$$

加入 HCl 后，H^+ 与氨水作用生成 NH_4^+，使氨水浓度降低，使 NH_4^+ 浓度增加，即

$$H^+ + NH_3 \rightleftharpoons NH_4^+$$

$$c(\text{碱})=(0.50\times0.10-0.001\times1.0)/0.501=0.098(\text{mol}\cdot\text{L}^{-1})$$

$$c(\text{盐})=(0.50\times0.10+0.001\times1.0)/0.501=0.102(\text{mol}\cdot\text{L}^{-1})$$

$$\text{pH}=14-\text{pOH}=14+\lg(1.8\times10^{-5})+\lg(0.098/0.102)=9.24$$

加入碱后，OH^- 与 NH_4^+ 结合生成氨水，使浓度降低，NH_3 浓度增加，即

$$OH^- + NH_4^+ \rightleftharpoons NH_3\cdot H_2O$$

$$c(\text{碱})=(0.50\times0.10+0.001\times1.0)/0.501=0.102(\text{mol}\cdot\text{L}^{-1})$$

$$c(\text{盐})=(0.50\times0.10-0.001\times1.0)/0.501=0.098(\text{mol}\cdot\text{L}^{-1})$$

$$\text{pH}=14-\text{pOH}=14+\lg(1.8\times10^{-5})+\lg(0.102/0.098)=9.28$$

3）缓冲范围

缓冲溶液的缓冲能力是有限的，当加入的强酸或强碱的量比较大时，缓冲溶液中的抗酸或抗碱组分被反应消耗殆尽，缓冲溶液将失去缓冲作用。

（1）缓冲溶液本身的 pH 值主要取决于弱酸或弱碱的解离常数 $K_a^{\ominus}$ 或 $K_b^{\ominus}$。

（2）缓冲溶液对 pH 值的控制作用体现在 $c(\text{酸})/c(\text{盐})$ 或 $c(\text{碱})/c(\text{盐})$，比值接近于 1 时缓冲能力最大。

（3）通常 $c(\text{酸})/c(\text{盐})$ 或 $c(\text{碱})/c(\text{盐})$ 在 0.1～10 的范围内时，缓冲溶液具有能力。缓冲范围为

$$\text{pH}=\text{p}K_a^{\ominus}\pm1\ (\text{或}\ 14-\text{p}K_b^{\ominus}\pm1)。$$

（4）在选择缓冲溶液时，须使弱酸或弱碱的 $K_a^{\ominus}$ 与所需的 pH 相接近。然后通过调节 $c(\text{酸})/c(\text{盐})$ 或 $c(\text{碱})/c(\text{盐})$ 的比值以达到要求。

4）缓冲溶液的应用

缓冲溶液在化学领域的应用颇为广泛，如离子的分离、提纯以及分析检验，经常需要控制溶液的 pH 值。例如，欲除去镁盐中的杂质 Al^{3+}，可采用氢氧化物沉淀的方法。但因 $Al(OH)_3$ 具有两性，如果加入 OH^- 过多，不仅 $Al(OH)_3$ 会溶解，达不到分离的目的，而且 $Mg(OH)_2$ 也可能沉淀，造成损失；反之，若加入 OH^- 太少，则 Al^{3+} 沉淀不完全。这时，如采用 NH_3—NH_4Cl 的混合溶液作为缓冲溶液，保持溶液 pH 在 9 左右，就能使 Al^{3+} 沉淀完全，而 Mg^{2+} 仍留在溶液中，达到分离的目的。

第五节　盐类的水解

某些盐的组分中并不一定含有 H^+ 或 OH^-，但其水溶液却呈现出一定的酸性或碱性，这是由于盐的阴离子或阳离子和水解离出来的 H^+ 或 OH^- 结合生成了弱酸或者弱碱，使水的平衡发生移动，导致溶液中 H^+ 和 OH^- 不相等而表现出酸碱性，这种作用叫作盐的水解。实际上盐的水解是中和反应的逆反应，并且这种中和反应中的酸或碱之一为弱电解质或两者都是弱电解质。

一、盐的水解平衡与水解度

1. 弱酸强碱盐的水解

NaAc、KCN、NaClO 等属于这一类盐。现以 NaAc 为例说明这类盐的水解，NaAc 在水溶液中的 Ac^- 和由水解离出来的 H^+ 结合，生成弱酸 HAc。由于 H^+ 浓度的减少，使水的解离平衡向右移动：

$$NaAc \longrightarrow Na^+ + Ac^- \qquad (3-10a)$$

$$H_2O \rightleftharpoons H^+ + OH^- \qquad K_1^{\ominus} = K_{\omega}^{\ominus}$$

$$Ac^- + H^+ \rightleftharpoons HAc \qquad K_2^{\ominus} = 1/K_a^{\ominus} \qquad (3-10b)$$

当式(3-10a) 和式(3-10b) 同时解离平衡时，溶液中 $[OH^-] > [H^+]$，即 pH>7，此时，溶液呈碱性。Ac^- 的水解方程式为

$$Ac^- + H_2O \rightleftharpoons HAc + OH^-$$

弱酸强碱盐的水解，实质上是阴离子发生水解，是（3-10a）和（3-10b）两个平衡的加和，水解平衡的标准平衡常数称为水解常数 $K_h^{\ominus}$，其表达式如下：

$$K_h^{\ominus} = K_1^{\ominus} \times K_2^{\ominus} = K_{\omega}^{\ominus}/K_a^{\ominus} = \frac{[HAc]\cdot[OH^-]}{[Ac^-]} \qquad (3-11a)$$

可见，组成盐的酸越弱，水解常数就越大，相应盐的水解程度也就越大。盐的水解程度也可以用水解度 h 来表示：

$$h = \frac{\text{已水解盐的浓度}}{\text{盐的起始浓度}} \times 100\%$$

水解度 h、水解常数 $K_h^{\ominus}$ 和盐浓度 c 之间有一定关系，仍以 NaAc 为例：

	Ac^- + H_2O $\rightleftharpoons$	HAc	OH^-
起始浓度	c	0	0
平衡浓度	$c(1-h)$	ch	ch

$$K_h^{\ominus}=\frac{[HAc]\cdot[OH^-]}{[Ac^-]}=\frac{c^2h^2}{c(1-h)}$$

由于 $K_h^{\ominus}$ 较小，$1-h\approx1$，则

$$K_h^{\ominus}=ch^2$$

$$h=\sqrt{K_h^{\ominus}/c}=\sqrt{K_{\omega}^{\ominus}/(K_a^{\ominus}\cdot c)} \tag{3-11b}$$

可见，水解度除了与组成盐的弱酸强弱（$K_a^{\ominus}$）有关外，还与盐的浓度有关。浓度越小，其水解程度越大。

2. 强酸弱碱盐的水解

以 NH_4Cl 为例，它在水溶液中的 NH_4^+ 与水解离出的 OH^-结合生成弱碱氨水，使水的解离平衡向右移动：

$$NH_4Cl \longrightarrow NH_4^+ + Cl^- \tag{3-12a}$$

$$H_2O \rightleftharpoons H^+ + OH^- \qquad K_1^{\ominus}=K_{\omega}^{\ominus}$$

$$NH_4^+ + OH^- \rightleftharpoons NH_3\cdot H_2O \qquad K_2^{\ominus}=1/K_b^{\ominus} \tag{3-12b}$$

当式(3-12a)和式(3-12b)同时解离平衡时，溶液中$[H^+]>[OH^-]$，即 $pH<7$，此时，溶液呈酸性。NH_4^+ 的水解方程式为

$$NH_4^+ + H_2O \rightleftharpoons NH_3\cdot H_2O + H^+$$

强酸弱碱盐的水解实质上是其阳离子发生水解，与弱酸强碱盐同样处理，得到强酸弱碱盐的水解常数和水解度：

$$K_h^{\ominus}=K_{\omega}^{\ominus}/K_b^{\ominus} \tag{3-13a}$$

$$h=\sqrt{K_{\omega}^{\ominus}/(K_b^{\ominus}\cdot c)} \tag{3-13b}$$

从式(3-13b)可以看出，组成盐的碱越弱，水解常数、水解度就越大，相应盐的水解程度也就越大。同一种盐，浓度越小，水解度就越大。

3. 弱酸弱碱盐的水解

弱酸弱碱盐溶于水时，它的阳离子和阴离子都发生水解，以 NH_4Ac 为例，NH_4Ac 解离出来的 NH_4^+ 与水解离出来的 OH^-结合生成氨水，而 Ac^-与 H^+结合生成 HAc，由于 H^+和 OH^-都在减少，水的解离平衡更加向右移动，所以弱酸弱碱盐的水解度较上面两种要大。

$$NH_4Ac \longrightarrow NH_4^+ + Ac^-$$

(1) $$H_2O \rightleftharpoons H^+ + OH^- \qquad K_1^{\ominus}=K_{\omega}^{\ominus} \tag{3-14a}$$

(2) $$Ac^- + H^+ \rightleftharpoons HAc \qquad K_2^{\ominus}=1/K_a^{\ominus} \tag{3-14b}$$

(3) $$NH_4^+ + OH^- \rightleftharpoons NH_3\cdot H_2O \qquad K_2^{\ominus}=1/K_b^{\ominus} \tag{3-14c}$$

当式(3-14a)、式(3-14b)和式(3-14c)同时达到解离平衡时，NH_4Ac 水解达到平衡，其水解平衡方程式为

$$NH_4^+ + Ac^- + H_2O \rightleftharpoons NH_3\cdot H_2O + HAc$$

溶液的酸碱性由生成的弱酸或弱碱的强度而决定。如果 $K_a^{\ominus}\approx K_b^{\ominus}$，则溶液呈中性，如 NH_4Ac；如果 $K_a^{\ominus}>K_b^{\ominus}$，溶液呈酸性，如 $HCOONH_4$；如果 $K_a^{\ominus}<K_b^{\ominus}$，溶液呈碱性，如 NH_4CN。水解常数 $K_h^{\ominus}=K_{\omega}^{\ominus}/(K_a^{\ominus}\cdot K_b^{\ominus})$。

4. 强酸强碱盐

强酸强碱盐中的阴离子和阳离子不能与水解离出来的 H^+ 和 OH^- 结合，水的解离平衡未被破坏，故溶液呈中性，即强酸强碱盐不发生水解。

二、多元弱酸盐、弱碱盐的水解

同多元弱酸弱碱的分步解离一样，多元弱酸盐、弱碱盐的水解也是分步进行的。以二元弱酸盐 Na_2CO_3 为例：

第一步水解　$CO_3^{2-}+H_2O \rightleftharpoons HCO_3^-+OH^-$　　$K_{h1}^{\ominus}=K_{\omega}^{\ominus}/K_{a2}^{\ominus}$

第二步水解　$HCO_3^-+H_2O \rightleftharpoons H_2CO_3+OH^-$　　$K_{h2}^{\ominus}=K_{\omega}^{\ominus}/K_{a1}^{\ominus}$

由于 $K_{a1}^{\ominus} \gg K_{a2}^{\ominus}$，所以 $K_{h1}^{\ominus} \gg K_{h2}^{\ominus}$，所以多元弱酸盐的水解以第一步水解为主，在计算溶液酸碱性时，通常按一元弱酸盐来处理。

多元弱碱盐的水解也是分步进行的，最终生成氢氧化物，如 Fe^{3+} 水解分三步进行，最终生成 $Fe(OH)_3$。但是多元弱碱盐的水解比较复杂，有的金属离子未水解到最后一步就析出沉淀，有的金属离子在水解的过程中发生聚合、脱水等作用，所以水解产物并不是氢氧化物。如：

$$SnCl_2+H_2O \longrightarrow Sn(OH)Cl\downarrow+HCl$$
$$SbCl_3+H_2O \longrightarrow SbOCl\downarrow+HCl$$

三、盐溶液 pH 值的计算

由盐溶液的水解平衡常数和水解度计算溶液的 pH 值。

【例 3-9】 计算 $0.1mol \cdot L^{-1}(NH_4)_2SO_4$ 溶液的 pH 值。

解：$(NH_4)_2SO_4$ 为强酸弱碱盐，水解方程式为

$$NH_4^+ \quad + \quad H_2O \quad \rightleftharpoons \quad NH_3 \cdot H_2O+H^+$$

起始浓度，$mol \cdot L^{-1}$　　0.10×2　　　0　　0

平衡浓度，$mol \cdot L^{-1}$　　$0.20-x$　　　x　　x

$$K_h^{\ominus}=K_{\omega}^{\ominus}/K_b^{\ominus}=1.4\times10^{-14}/1.8\times10^{-5}$$

$$K_h^{\ominus}=\frac{[NH_3 \cdot H_2O]\cdot[H^+]}{[NH_4^+]}=x^2/(0.20-x)$$

由于 $K_h^{\ominus}$ 很小，可做近似计算，$0.20-x\approx0.20$，则

$$x=\sqrt{K_h^{\ominus}\times0.20}=\sqrt{5.6\times10^{-10}\times0.20}=1.1\times10^{-5}$$

$$[H^+]=1.1\times10^{-5}mol \cdot L^{-1}$$

$$pH=-lg[H^+]=-lg[1.1\times10^{-5}]=4.96$$

【例 3-10】 比较 $0.10mol \cdot L^{-1}$ 的 NaAc 与 $0.10mol \cdot L^{-1}$ 的 NaCN 溶液的 pH 值和水解度。

解：NaAc 为强碱弱酸盐，水解方程式为

$$Ac^- \quad + \quad H_2O \quad \rightleftharpoons \quad HAc+OH^-$$

起始浓度，$mol \cdot L^{-1}$　　0.10　　　0　　0

平衡浓度，$mol \cdot L^{-1}$　　$0.10-x$　　　x　　x

$$K_h^{\ominus}=K_{\omega}^{\ominus}/K_a^{\ominus}=1.4\times10^{-14}/1.75\times10^{-5}=5.7\times10^{-10}$$

$$K_h^{\ominus}=\frac{[HAc]\cdot[OH^-]}{[Ac^-]}=x^2/(0.10-x)$$

由于 $K_h^{\ominus}$ 很小，可做近似计算，$0.10-x\approx0.10$，则

$$x=\sqrt{K_h^{\ominus}\times0.10}=\sqrt{5.7\times10^{-10}\times0.10}=7.5\times10^{-6}$$

$$[OH^-]=7.5\times10^{-6}mol\cdot L^{-1}$$

$$pH=14-pOH=14+\lg(7.5\times10^{-6})=8.88$$

$$h_1=(7.5\times10^{-6}/0.10)\times100\%=7.5\times10^{-3}\%$$

NaCN 也是强碱弱酸盐，水解方程式为

$$CN^-+H_2O\rightleftharpoons HCN+OH^-$$

同上计算，则

$$x=\sqrt{[10\times10^{-14}/6.2\times10^{-10}]\times0.10}=1.3\times10^{-3}mol\cdot L^{-1}$$

$$pH=14-pOH=14+\lg(1.3\times10^{-3})=11.11$$

$$h_2=(1.3\times10^{-3}/0.10)\times100\%=1.3\%$$

由此可以看出，当盐的浓度相同时，组成弱酸强碱盐的酸越弱，水解程度就越大。

第六节　沉淀和溶解平衡

根据溶解度的大小，大体上可将电解质分为易溶电解质和难溶电解质，但它们之间没有明显的界线。一般把溶解度小于 $0.01g\cdot100g^{-1}$ H_2O 的电解质称为难溶电解质。在含有难溶电解质固体的饱和溶液中存在着固体电解质与由它溶解所生成的离子之间的平衡，这是涉及固相与液相离子两相间的平衡，称为多相离子平衡。下面仍以平衡原则为基础，讨论难溶电解质的沉淀—溶解之间的平衡及其应用。

一、沉淀溶解平衡——溶度积

氯化银虽是难溶物，如将它的晶体放入水中，或多或少仍有所溶解。这是由于晶体表面的 Ag^+ 及 Cl^-，在水分子的作用下，逐渐离开晶体表面进入水中，成为自由运动的水合离子，此过程称为溶解；与此同时，进入水中的 Ag^+ 和 Cl^- 在不断运动过程中会碰到固体表面，受到表面分子的吸引，重新回到固体表面，此过程称为结晶（或沉淀）。当溶解和结晶的速率相等时，建立起平衡，即为沉淀—溶解平衡，此时的溶液为饱和溶液。沉淀—溶解平衡是一种动态平衡，即固体在不断溶解，沉淀也在不断生成。固体氯化银和氯化银饱和溶液之间的平衡可表示为

$$AgCl(s)\underset{沉淀}{\overset{溶解}{\rightleftharpoons}}Ag^++Cl^-$$

显然,这是一种多相离子平衡。与化学平衡一样,固体物质的浓度不列入平衡常数表达式中,其标准平衡常数为

$$K_{sp}^{\ominus}(AgCl)=[c(Ag^+)/c^{\ominus}][c(Cl^-)/c^{\ominus}]=[Ag^+][Cl^-]$$

式中，$K_{sp}^{\ominus}$ 称为溶度积常数，简称溶度积。它反映了物质的溶解能力。

现用通式来表示难溶电解质的溶度积常数：

$$A_mB_n(s) \rightleftharpoons mA^{n+} + nB^{m-}$$

$$K_{sp}^{\ominus}(A_nB_m) = [A^{n+}]^m[B^{m-}]^n \tag{3-15}$$

式中，m、n 分别表示沉淀—溶解方程式中 A^{n+}、B^{m-} 的化学计量数。例如：

$$Ag_2CrO_4(s) \rightleftharpoons 2Ag^+ + CrO_4^{2-} \qquad m=2, n=1$$

$$K_{sp}^{\ominus}(Ag_2CrO_4) = [Ag^+]^2[CrO_4^{2-}]$$

又如：

$$Ca_3(PO_4)_2(s) \rightleftharpoons 3Ca^{2+} + 2PO_4^{3-}$$

$$K_{sp}^{\ominus}[Ca_3(PO_4)_2] = [Ca^{2+}]^3[PO_4^{3-}]^2 \qquad m=3, n=2$$

溶度积常数 $K_{sp}^{\ominus}$ 可用实验方法测定。和其他平衡常数一样，$K_{sp}^{\ominus}$ 也只受温度的影响，但影响不太大，通常可采用常温下测得的数据。

溶度积常数仅适用于难溶电解质的饱和溶液，对中等或易溶电解质不适用。

二、溶解度与溶度积的相互换算

溶解度和溶度积的大小都能表示难溶电解质的溶解能力。因此，它们之间必然有某种联系，可以进行相互换算。换算时应注意溶度积中所采用的浓度单位为 $mol \cdot L^{-1}$，而从一些手册上查到的溶解度常以 $g \cdot 100g^{-1}\ H_2O$ 表示，所以首先需要进行换算。计算时考虑到难溶电解质饱和溶液中溶质的量很少，溶液很稀，溶液的密度近似等于纯水的密度（$1g \cdot L^{-1}$），这样可使计算简化。

【例 3-11】 已知 25℃ 时，AgCl 的溶解度为 $1.92\times10^{-3}g \cdot L^{-1}$，试求该温度下 AgCl 溶度积。

已知 AgCl 的摩尔质量为 $143.4g \cdot L^{-1}$，设 AgCl 溶解度为 $x mol \cdot L^{-1}$。

$$x = \frac{1.92\times10^{-3}}{143.4} = 1.34\times10^{-5}$$

AgCl 饱和溶液的沉淀—溶解平衡如下：

$$AgCl(s) \rightleftharpoons Ag^+ + Cl^-$$

平衡浓度，$mol \cdot L^{-1}$ $\qquad x \qquad x$

$$K_{sp}^{\ominus}(AgCl) = [Ag^+][Cl^-] = x^2 = (1.34\times10^{-5})^2 \approx 1.80\times10^{-10}$$

【例 3-12】 已知室温下 Ag_2CrO_4 的溶度积为 1.1×10^{-12}，试求 Ag_2CrO_4 在水中的溶解度（以 $mol \cdot L^{-1}$ 表示）。

解：设 Ag_2CrO_4 的溶解度为 $x mol \cdot L^{-1}$，且溶解的部分全部解离，因此

$$Ag_2CrO_4(s) \rightleftharpoons 2Ag^+ + CrO_4^{2-}$$

平衡浓度 c，$mol \cdot L^{-1}$ $\qquad 2x \qquad x$

$$K_{sp}^{\ominus}(Ag_2CrO_4) = [Ag^+]^2[CrO_4^{2-}] = (2x)^2x = 4x^3$$

$$x = \sqrt[3]{K_{sp}^{\ominus}/4} = \sqrt[3]{1.1\times10^{-12}/4} = 6.5\times10^{-5}$$

Ag_2CrO_4 的溶解度为 $6.5\times10^{-5} mol \cdot L^{-1}$。

【例 3-13】 已知室温下 $Mn(OH)_2$ 的溶解度为 $3.6\times10^{-5} mol \cdot L^{-1}$，求室温时 $Mn(OH)_2$ 的溶度积。

解：溶解的 $Mn(OH)_2$ 全部解离，溶液中［OH^-］是［Mn^{2+}］的二倍，因此

$$[Mn^{2+}]=3.6\times10^{-5}mol\cdot L^{-1}$$

$$[OH^-]=7.2\times10^{-5}mol\cdot L^{-1}$$

$$K_{sp}^{\ominus}[Mn(OH)_2]=[Mn^{2+}]\cdot[OH^-]^2=(3.6\times10^{-5})(7.2\times10^{-5})^2=1.3\times10^{-13}$$

将以上三例中 AgCl、Ag_2CrO_4、$Mn(OH)_2$ 及 AgBr 的溶解度和溶度积列于表 3-5，其中 AgCl、AgBr 中阴、阳离子的个数比为 1∶1，称为 AB 型难溶电解质。$Ag_2C_rO_4$ 和 $Mn(OH)_2$ 阴、阳离子个数比为 2∶1 及 1∶2，称为 A_2B 型和 AB_2 型难溶电解质，它们属于相同类型。

表 3-5　几种难溶电解质的溶度积与溶解度

电解质类型	难溶物	溶解度，$mol\cdot L^{-1}$	$K_{sp}^{\ominus}$	溶度积表达式
AB	AgCl	1.3×10^{-5}	1.8×10^{-10}	$K_{sp}^{\ominus}=[Ag^+]\cdot[Cl^-]$
AB	AgBr	7.1×10^{-7}	5.0×10^{-13}	$K_{sp}^{\ominus}=[Ag^+]\cdot[Br^-]$
A_2B	Ag_2CrO_4	6.5×10^{-5}	1.1×10^{-12}	$K_{sp}^{\ominus}=[Ag^+]^2\cdot[CrO_4^{2-}]$
AB_2	$Mn(OH)_2$	3.6×10^{-5}	1.9×10^{-13}	$K_{sp}^{\ominus}=[Mn^{2+}]\cdot[OH^-]^2$

从表 3-5 中数据看出，对于相同类型的电解质，溶度积大的溶解度也大。因此，通过溶度积数据可以直接比较溶解度大小。对于不同类型的电解质如 AgCl 与 Ag_2CrO_4，前者溶度积大而溶解度反而小，因此，不能通过溶度积的数据直接比较溶解度的大小。

三、溶度积规则

应用化学平衡移动原理可以判断沉淀—溶解反应进行的方向。下面以 $CaCO_3$ 为例予以说明。在一定温度下，把过量的 $CaCO_3$ 固体放入纯水中，溶解达到平衡时，在 $CaCO_3$ 的饱和溶液中 $[Ca^{2+}]=[CO_3^{2-}]$，$[Ca^{2+}]\cdot[CO_3^{2-}]=K_{sp}^{\ominus}(CaCO_3)$。

（1）在上述平衡系统中，如果再加入 Ca^{2+} 或 CO_3^{2-}，此时，$[Ca^{2+}]\cdot[CO_3^{2-}]>K_{sp}^{\ominus}(CaCO_3)$，沉淀—溶解平衡被破坏，平衡向生成 $CaCO_3$ 的方向移动，故有 $CaCO_3$ 析出。与此同时，溶液中 Ca^{2+} 或 CO_3^{2-} 浓度不断减少，直至 $[Ca^{2+}]\cdot[CO_3^{2-}]=K_{sp}^{\ominus}(CaCO_3)$ 时，沉淀不再析出，在新的条件下重新建立起平衡，注意此时 $[Ca^{2+}]\neq[CO_3^{2-}]$：

$$CaCO_3 \rightleftharpoons Ca^{2+}+CO_3^{2-}$$

平衡移动方向 ←

（2）在上述平衡系统中，降低 Ca^{2+} 或 CO_3^{2-} 的浓度，或者两者都降低，使 $[Ca^{2+}]\cdot[CO_3^{2-}]<K_{sp}^{\ominus}(CaCO_3)$，平衡将向溶解方向移动。如在平衡系统中加入 HCl，则 H^+ 与 CO_3^{2-} 结合生成 H_2CO_3，H_2CO_3 立即分解为 H_2O 和 CO_2，从而大大降低了 CO_3^{2-} 的浓度，致使 $CaCO_3$ 逐渐溶解，并重新建立起平衡，此时 $[Ca^{2+}]\neq[CO_3^{2-}]$：

$$CaCO_3 \rightleftharpoons Ca^{2+}+CO_3^{2-}$$

平衡移动方向 →

根据上述的沉淀与溶解情况，可以归纳出沉淀的生成和溶解规律。将离子积 Q 与 $K_{sp}^{\ominus}$ 比较，有以下三种情况：

（1）$Q>K_{sp}^{\ominus}$，溶液呈过饱和状态，有沉淀从溶液中析出，直到溶液呈饱和状态。

（2）$Q<K_{sp}^{\ominus}$，溶液是不饱和状态，无沉淀析出。若系统中原来有沉淀，则沉淀开始溶解，直到溶液饱和。

（3）$Q=K_{sp}^{\ominus}$，溶液是饱和状态，沉淀和溶解处于动态平衡。
此即溶度积规则，它是判断沉淀的生成和溶解的重要依据。

四、溶度积规则应用

1. 生成沉淀的条件

根据溶度积规则，难溶电解质溶液中生成沉淀的条件是离子积大于溶度积。

【例 3-14】 根据溶度积规则，将 $0.020mol \cdot L^{-1}$ 的 $CaCl_2$ 溶液与等体积同浓度的 Na_2CO_3 溶液混合，是否有沉淀生成？

解：两种溶液等体积混合后，体积增大一倍，浓度各自减小至原来的 1/2。

$c(Ca^{2+})=0.020mol \cdot L^{-1}/2=0.010mol \cdot L^{-1}$

$c(CO_3^{2-})=0.020mol \cdot L^{-1}/2=0.010mol \cdot L^{-1}$

$CaCO_3$ 的沉淀溶解平衡为

$$CaCO_3 \rightleftharpoons Ca^{2+}+CO_3^{2-}$$

$$Q=c(Ca^{2+}) \cdot c(CO_3^{2-})=0.010\times 0.010=1\times 10^{-4}$$

查表得 $K_{sp}^{\ominus}(CaCO_3)=2.8\times 10^{-9}$，则 $Q>K_{sp}^{\ominus}$，故有 $CaCO_3$ 生成。

2. 沉淀的完全程度

当用沉淀反应制备产品或分离杂质时，沉淀完全与否是人们最关心的问题，由于难溶电解质存在沉淀—溶解平衡，即没有一种沉淀反应是绝对完全的，通常认为残留在溶液中的离子浓度小于 $1\times 10^{-5}mol \cdot L^{-1}$ 时，沉淀达到完全，即该离子已被除尽。

3. 同离子效应

在已达到沉淀—溶解平衡中，加入含有相同离子的易溶强电解质而使沉淀的溶解度降低的效应，叫沉淀—溶解平衡中的同离子效应。

【例 3-15】 欲除去溶液中的 Ba^{2+}，常加入 SO_4^{2-} 作为沉淀剂，溶液中 Ba^{2+} 在下面两种情况下是否沉淀完全？（1）将 0.10L $0.020mol \cdot L^{-1}$ 的 $BaCl_2$ 与 0.10L $0.020mol \cdot L^{-1}$ 的 Na_2SO_4 溶液混合；（2）将 0.10L $0.020mol \cdot L^{-1}$ 的 $BaCl_2$ 与 0.10L $0.040mol \cdot L^{-1}$ 的 Na_2SO_4 溶液混合。

解：（1）已知反应前两溶液中的 Ba^{2+} 与 SO_4^{2-} 的物质的量相等，两者作用后，可认为生成等物质的量的 $BaSO_4$ 沉淀。当反应达到平衡时溶液中残留的 Ba^{2+}、SO_4^{2-} 也可看作是由 $BaSO_4$ 溶解得到的，两者浓度相同，可由 $K_{sp}^{\ominus}$ 求得。

$$BaSO_4 \rightleftharpoons Ba^{2+}+SO_4^{2-} \qquad K_{sp}^{\ominus}(BaSO_4)=1.1\times 10^{-10}$$

$$[Ba^{2+}]=[SO_4^{2-}]=\sqrt{K_{sp}^{\ominus}(BaSO_4)}=1.05\times 10^{-5}(mol \cdot L^{-1})$$

所得浓度大于 $1\times 10^{-5}mol \cdot L^{-1}$，说明此时 Ba^{2+} 没有沉淀完全。

（2）此题中 SO_4^{2-} 过量，先考虑 Ba^{2+} 与 SO_4^{2-} 等物质的量互相作用，然后计算剩余的 SO_4^{2-} 浓度为

$$c(SO_4^{2-})=[(0.040\times 0.010-0.020\times 0.010)/0.20]=0.010mol \cdot L^{-1}$$

$$BaSO_4 \rightleftharpoons Ba^{2+}+SO_4^{2-}$$

平衡浓度，$mol \cdot L^{-1}$　　　　x　　$x+0.010$

$$K_{sp}^{\ominus}=[Ba^{2+}][SO_4^{2-}]=x(x+0.010)$$

由（1）中计算得知 x 很小，可认为 $x+0.010\approx0.010$，则

$$[Ba^{2+}]=K_{sp}^{\ominus}/[SO_4^{2-}]=1.1\times10^{-10}/0.010=1.1\times10^{-8}(mol\cdot L^{-1})$$

此时 Ba^{2+} 已沉淀完全。

由例 3-15 可以看出，加入的沉淀剂越多，可使被沉淀离子沉淀的越完全。但需指出，过多的沉淀剂反而会使溶解度增大。

五、沉淀的溶解

根据溶度积规则，要使沉淀溶解，就必须使难溶电解质的离子积小于溶度积，即 $Q<K_{sp}^{\ominus}$。沉淀的转化是指借助于某一试剂的作用，将一种沉淀转化为另一种沉淀的过程。使沉淀溶解或转化的常用方法如下。

1. 生成弱电解质使沉淀溶解

利用酸、碱或某些盐类与难溶电解质组分离子结合形成弱电解质（弱酸、弱碱或水），弱电解质的生成减少了溶液中组分离子的浓度，从而使 $Q<K_{sp}^{\ominus}$，沉淀会溶解。

例如，向 $Mg(OH)_2$ 沉淀中，加入酸使其溶解：

$$\begin{array}{rl} Mg(OH)_2(s) \rightleftharpoons & Mg^{2+}+2OH^- \\ & \qquad\quad + \\ 2HCl = & 2Cl^-+2H^+ \\ & \qquad\quad \Downarrow \\ & \qquad\quad 2H_2O \end{array}$$

又如向 $Mg(OH)_2$ 沉淀中加入 NH_4Cl，生成弱电解质 $NH_3\cdot H_2O$，破坏了 $Mg(OH)_2$ 的沉淀—溶解平衡，使其溶解。

2. 发生氧化还原反应使沉淀溶解

利用氧化还原反应可以降低难溶电解质组分离子的浓度，从而使难溶电解质溶解。例如，CuS 难溶于非氧化性酸，但易溶于氧化性的硝酸：

$$\begin{array}{l} Cu^{2+}+S^{2-} \\ \quad \big| \xrightarrow{HNO_3} S\downarrow+NO_2\uparrow+4H_2O \end{array}$$

由于 HNO_3 将 S^{2-} 氧化生成 S，使 S^{2-} 浓度不断降低，因而 CuS 不断溶解。

3. 生成配合物使沉淀溶解

加入配位剂，使难溶电解质组分离子形成稳定的配离子，降低难溶电解质组分离子的浓度，使 $Q<K_{sp}^{\ominus}$，沉淀溶解。例如，AgCl 能溶于氨水：

$$\begin{array}{rl} AgCl(s) \rightleftharpoons & Ag^+ + Cl^- \\ & \;\; + \\ & NH_3\cdot H_2O \\ & \;\; \Downarrow \\ & [Ag(NH_3)_2]^+ + 2H_2O \end{array}$$

4. 生成更难溶的物质而使沉淀转化

有些沉淀既不溶于水也不溶于酸，也不能用形成配合物和氧化还原方法直接溶解，这时可以借助某一试剂的作用，把一种难溶电解质转化为另一种难溶电解质，这个过程称为沉淀的转化。例如，要除去锅炉内壁锅垢的主要成分 $CaSO_4$（$K_{sp}^{\ominus}=7.10\times10^{-5}$），可以加入 Na_2CO_3 溶液，使 $CaSO_4$ 转变为溶解度更小的 $CaCO_3$（$K_{sp}^{\ominus}=4.96\times10^{-9}$）。转化反应如下：

$$\begin{array}{ccc} CaSO_4(s) \rightleftharpoons & Ca^{2+} & +SO_4^{2-} \\ & + & \\ Na_2CO_3 \longrightarrow & CO_3^{2-} & +2Na^+ \\ & \Updownarrow & \\ & CaCO_3(s) & \end{array}$$

由于 $K_{sp}^{\ominus}(CaSO_4)<K_{sp}^{\ominus}(CaCO_3)$，所以 CO_3^{2-} 比 SO_4^{2-} 更易与 Ca^{2+} 生成沉淀，因而使 $CaSO_4$ 不断溶解，转化为更难溶的 $CaCO_3$。

六、分步沉淀

如果溶液中含有两种以上的离子能与同一试剂发生沉淀反应，那么沉淀将按一定的顺序先后析出，这种现象叫作分步沉淀。

【例 3-16】 向含有浓度均为 $0.010mol\cdot L^{-1}$ 的 Cl^- 和 I^- 溶液中，逐滴加入 $AgNO_3$ 溶液，问（1）哪一种离子先沉淀？（2）第二种离子开始沉淀时，溶液中第一种离子的浓度是多少？（3）能否用分步沉淀将两者分离？已知 $K_{sp}^{\ominus}(AgCl)=1.8\times10^{-10}$，$K_{sp}^{\ominus}(AgI)=8.3\times10^{-17}$。

解：（1）根据溶度积规则，计算 AgCl 和 AgI 开始沉淀所需的 $[Ag^+]$ 分别为

$$[Ag]=\frac{K_{sp}^{\ominus}(AgCl)}{[Cl^-]}=\frac{1.8\times10^{-10}}{0.01}=1.8\times10^{-8}(mol\cdot L^{-1})$$

$$[Ag]=\frac{K_{sp}^{\ominus}(AgI)}{[I^-]}=\frac{8.3\times10^{-17}}{0.01}=8.3\times10^{-15}(mol\cdot L^{-1})$$

通过计算可知，AgI 开始沉淀时，需要的 $[Ag^+]$ 低，所以 I^- 首先沉淀出来。

（2）当 Cl^- 开始沉淀时，溶液对 AgCl 来说也已达到饱和，这时 Ag^+ 的浓度必须满足能够使 AgCl 沉淀的浓度，即 $[Ag^+]\geqslant1.8\times10^{-8}mol\cdot L^{-1}$。

此时溶液中剩余的 $[I^-]$ 为

$$[I^-]=\frac{K_{sp}^{\ominus}(AgI)}{[Ag^+]}=\frac{8.3\times10^{-17}}{1.8\times10^{-8}}=4.6\times10^{-9}(mol\cdot L^{-1})$$

即 $c(I^-)=4.6\times10^{-9}mol\cdot L^{-1}<1.0\times10^{-5}mol\cdot L^{-1}$，可以认为该离子已经沉淀完全。

（3）通过（2）计算结果可知，当 AgCl 开始沉淀时，I^- 早已沉淀完全，利用分步沉淀可将二者分离。

一般来说，当溶液中存在几种离子，若是同种类型的难溶电解质，则它们的溶度积相差越大，混合离子就越容易实现分离。此外，沉淀的次序也与溶液中各种离子的浓度有关，若两种难溶电解质的溶度积相差不大时，则适当改变溶液中被沉淀离子的浓度，也可以使沉淀的次序发生变化。

第七节　胶体的结构与特性

一、胶体的特性

胶体在自然界普遍存在，对工农业生产和科学技术都起着重要的作用。例如石油、造纸、纺织、制药、食品、橡胶、印刷等工业，以及吸附剂、润滑剂、催化剂、感光材料和塑料的生产等，在一定程度上都需要胶体化学知识。

由于胶体分散体系中分散相微粒的平均粒径比分子或离子大得多，所以分散相以一定的界面和周围的介质分开，组成一个多相体系，因此它具有与真溶液（均相体系）不同的许多性质。

1. 光学性质——丁达尔效应

如果将一束被聚光镜会聚的强光通过置于暗处的胶体溶液时，就可以从侧面看到胶体中有一条发亮的光柱，这种现象叫作丁达尔（Tyndall）效应，如图 3-1 所示。丁达尔效应的产生，是由于胶体离子对光的散射而形成的。当光线射到分散相颗粒上时，可以发生两种情况，如颗粒直径大于入射光波长，光就从离子的表面上按一定的角度反射，在离子粗大的悬浮体中可以观察到这种现象；如果颗粒直径小于入射光的波长，就发生入射光的散射，这时颗粒本身好像是一个小光源，向各个方向“发射”出光线，人们就能在光线传播方向的侧面看到一条光柱。如分散体系中分散相的颗粒太小（$<1nm$），则光的散射极弱。

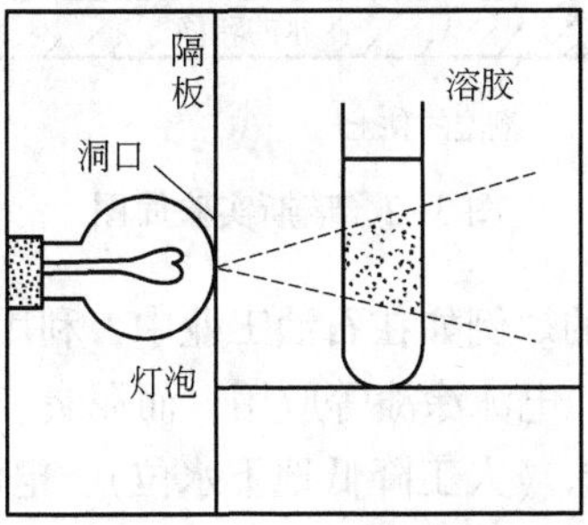

图 3-1　丁达尔效应

因此，在真溶液中看不到丁达尔效应。我们在夜空中能看到明亮的探照灯光，正是由于丁达尔效应的作用。

2. 动力学性质——布朗运动

在超显微镜下观察胶体溶液，可以看到胶体颗粒在不断做着无规则运动，这是生物学家布朗（Brown）首先发现的，即称为布朗运动。这是由于周围分散介质的分子不均匀地撞击胶体粒子，使其不断改变运动方向和运动速率所造成的。

当然，胶体粒子在胶体溶液中并不是完全处于被动状态，胶体粒子本身也有热运动。人们观察到的布朗运动实际上是胶体粒子本身热运动和分散介质分子对它撞击的结果。

3. 电学性质——电泳和电渗

在电解质溶液中插入两个电极，接上直流电源，就会发生离子的迁移。如果在胶体溶液中插入两个电极，也可以观察到类似的现象，即胶体粒子的迁移。有些胶体粒子（如硫化砷溶胶）向阳极移动，有些胶体粒子（如氢氧化铁）向阴极移动。这种在外加电场作用下，分散相粒子在分散相介质中定向迁移的现象称为电泳。而分散介质在外加电场作用下，通过多孔固体的迁移叫电渗。

1809 年，莫斯科大学教授瑞斯用两只玻璃管插在一块湿的黏土上，再用洗净的细砂覆盖两管底部，加水使两管内水面高度相等。管内各插一电极，通以电流，发现在正极管中，黏土微粒透过细砂层上升，而水面高度却下降；在负极管中，水面却在升高，如图 3-2 所示。这个实验说明黏土微粒带负电荷，所以向正极迁移，而水溶液带正电荷，所以向负极迁移。前者是电泳，后者是电渗。一般情况下，当分散相被固定不动或因粒子太大而迁移缓慢时，容易观察到电渗现象的发生。

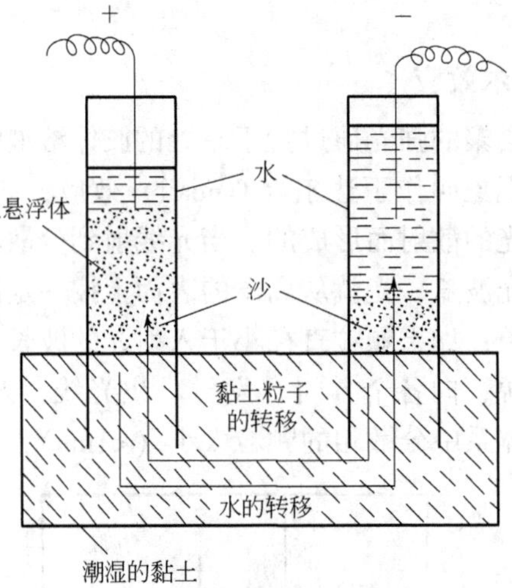

图 3-2　瑞斯实验简图

电泳和电渗的应用是多方面的。例如在石油工业中，利用电泳破坏石油的乳状液以提取汽油和煤油；此外，还有电泳除尘、电泳涂漆等应用，而泥炭、纸浆和泥土等的脱水则要借助于电渗，在建筑工程中有电渗法排水（人工降低地下水位）、电渗沉桩以及电化加固地基等应用。

4. 表面性质——吸附作用

吸附是指物质（主要是固体物质）表面吸附周围介质（液体或气体）中的分子或离子的现象。在多相分散系中，相与相之间存在界面，由于界面上的粒子和固体内部的粒子所处的情况不同从而能产生吸附现象（图 3-3）。

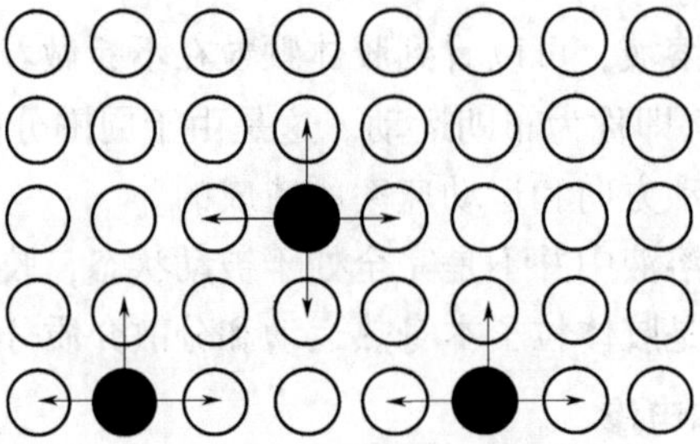

图 3-3　固体界面示意图

在固体内部，每个粒子被周围的粒子包围着，各个方面的吸引力是平衡的；但是在表面层上的每个粒子情况却不同，它们向内的引力没有平衡，这就是固体表面产生的吸附力，把周围介质中的某些离子或分子吸附在它的表面上。被吸附的离子或分子由于振动或热运动可以脱离表面而解吸，同时又有另一些离子被固体表面吸附，从而形成吸附和解吸的动态平衡。

由此可见，吸附作用和物质的表面积有关。表面积越大，吸附能力越强。把任何固体粉碎，其表面积大大增加。例如边长 1cm 的立方体，其总表面积为 $6cm^2$，如将其分割为边长 1nm（$1cm=10^7nm$）的小立方体，则总表面积变为 $6\times10^7cm^2$，总表面积增加了 1000 万倍。

在胶体溶液中，胶体粒子（固体）和分散介质之间存在一定的界面，胶体粒子比较小，具有很大的比表面，因此表现出强烈的吸附作用。由于胶体溶液内存在不同的电解质，所以吸附表现出选择性。一般来说，固体优先吸附与它的组成有关、同时在周围环境中又比较多的那些物质。例如 $AgNO_3$ 和 KI 制备 AgI 溶胶时的反应式如下：

$$AgNO_3+KI = AgI+KNO_3$$

溶液中存在的 Ag^+和 I^-都是胶体的组成离子，它们都能被吸附在胶粒表面。如果形成胶体时 KI 过量，则 AgI 胶体吸附 I^-而带负电；反之，当 $AgNO_3$ 过量时，则 AgI 胶粒吸附 Ag^+而带正电，所以 AgI 胶粒在不同的情况下可以带相反的电荷。

二、胶团的结构

胶体的许多性质与其内部结构有关，根据大量的实验事实，人们提出了胶体的扩散双电层结构。现以 AgI 胶体为例说明如下：

在 $AgNO_3$ 过量时形成的 AgI 胶体，由大量的 AgI 聚集成为 1~100nm 范围的颗粒，它们是胶体粒子的核心，称为胶核。此时溶液中还有 Ag^+、K^+、NO_3^- 等离子，由于胶核选择性吸附了与它组成相近的 Ag^+，胶核带上正电荷，Ag^+是电位离子（使胶体带有电荷的离子）。溶液中与电位离子电荷相反的 NO_3^- 是反离子，它们一方面受带电胶核的吸引有靠近胶核的趋势；另一方面由于本身的热运动又有远离胶核的趋势，在这种情况下，一部分反离子 NO_3^- 受电位离子的吸引而被束缚在固体表面，形成吸附层（图 3-4），胶核和吸附层构成胶粒。由于胶粒中反离子所带电荷比电位离子少，所以胶粒带正电荷。在吸附层外面，还有一部分反离子疏散地分散在胶粒周围，形成一个扩散层。胶粒和扩散层形成的整体称为胶团，$AgNO_3$ 过量时形成的 AgI 的胶团结构可用图 3-5 示意。图中 *m* 为胶核中 AgI 的分子数，*n* 为胶粒吸附的电位离子数，*n* 比 *m* 的数值小得多，是吸附层中的反离子数。

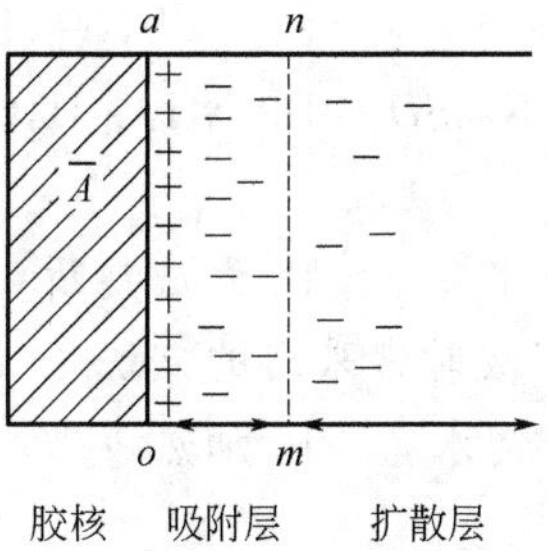

图 3-4　AgI 胶粒表面的扩散双电层结构示意图

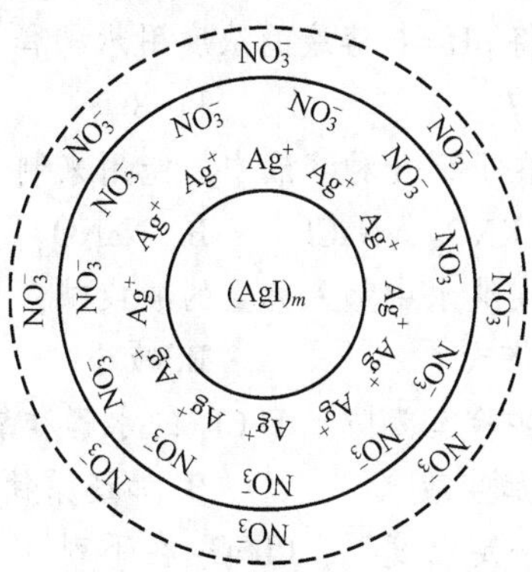

图 3-5　$AgNO_3$ 过量时形成的 AgI 胶团结构示意图

从 AgI 胶体的结构可以看出，胶粒是带电的，但整个胶团则是电中性的。在外电场的作用下，胶粒向某一电极移动，而扩散层的反离子则向另一电极移动。因此胶团在电场作用下的行为与电解质相似。

习题

一、填空题

1. 将电解质分为强电解质和弱电解质，是根据它们________的不同来划分的。强电解质是在水溶液中________的电解质，弱电解质是在水溶液中________的电解质，大多数盐都是________电解质。

2. 同离子效应使难溶电解质的溶解度______。

3. 在定性分析中，通常认为离子浓度小于______ $mol \cdot L^{-1}$，沉淀已完全。

4. 已知氨水的浓度 $0.1mol \cdot L^{-1}$，$K^{\ominus}(NH_3 \cdot H_2O) = 1.8\times10^{-5}$，则 OH^- 的浓度为______。

5. 能抵抗外加的少量____、____或____，而保持____基本不变的溶液称为缓冲溶液。

6. 离子积和溶度积的区别：前者是____时溶液离子浓度幂的乘积，而后者是____时溶液离子浓度幂的乘积，在一定温度下，后者为一常数。

7. 在含有 Cl^-、Br^- 和 I^- 三种离子的混合溶液中，已知其浓度都为 $0.01mol \cdot L^{-1}$，而 AgCl、AgBr 和 AgI 的 $K_{sp}^{\ominus}$ 分别为 1.8×10^{-10}、5.0×10^{-13}、8.3×10^{-17}。向混合溶液中滴加 $AgNO_3$ 溶液，首先析出的是____，最后析出的是____，当 AgBr 开始沉淀析出之时，溶液中 Ag^+ 浓度是____；

二、选择题

1. 下列叙述正确的是（　　）。

A. H^+ 浓度越大，酸性越强，溶液的 pH 值越大

B. 若 $[H^+]=[OH^-]$ 浓度相等，则溶液为中性

C. 若 pH=0，则表示溶液中的 $[H^+]=0mol \cdot L^{-1}$

D. 若 $[OH^-]>10^{-7}$，则溶液呈酸性

2. 区别强弱电解质的根本标准是（　　）。

A. 解离程度　　B. 化学键类型　　C. 物质的状态　　D. 溶液的导电能力

3. 将 pH=6 溶液的浓度用水稀释 100 倍，其 pH 值是（　　）。

A. 7　　B. 8　　C. 13.32　　D. 14

4. 在下列几种溶液中，能用来制备缓冲溶液的是（　　）。

A. KNO_3，NaCl　　B. $NaNO_3$，$BaCl_2$　　C. K_2SO_4，Na_2SO_4　　D. $NH_3 \cdot H_2O$，NH_4Cl

5. 在纯水中加入大量的酸或碱，水的离子积（　　）。

A. 增大　　B. 减小　　C. 不发生变化　　D. 无法判断

6. 实验室为防止 $FeCl_3$ 的水解和氧化，在配置 $FeCl_3$ 溶液时常采用的方法是（　　）。

A. 加盐酸　　B. 加还原铁粉　　C. 加大量蒸馏水　　D. 加热

7. 一定温度下，$PbSO_4$ 在下列（　　）中溶解度最大。

A. H_2O　　B. Na_2SO_4　　C. KNO_3 溶液　　D. $PbCl_2$ 溶液

8. 下列关于分步沉淀的叙述中正确的是（　　）。

A. 溶度积小者一定先沉淀出来　　B. 沉淀时所需沉淀试剂浓度小者先沉淀出来

C. 溶解度小的物质先沉淀　　D. 被沉淀离子浓度大的先沉淀

三、计算题

1. 在 HAc 溶液中分别加入下列物质时，对它的解离度和溶液的 pH 值有何影响。

物质	NaAc	HCl	NaOH	H_2O
解离度变化				
pH 值变化				

2. 已知 25℃时，某一元弱酸 0.010mol · L^{-1}，溶液的 pH 为 4.00，求

（1）该酸的 $K_a^{\ominus}$；（2）该浓度下酸的解离度 α。

3. （1）在 0.1mol · L^{-1} 的 HAc 溶液中通入 0.10mol HCl 气体（不考虑溶液体积改变），试求 HAc 的解离度，并与未通入 HCl 前作比较。

（2）在 1.0L 0.10mol · L^{-1} 的 $NH_3 \cdot H_2O$ 溶液中，加入 0.2mol 的 NaOH 后（设溶液体积不变），求 $NH_3 \cdot H_2O$ 的解离度，并与未通入 NaOH 前作比较。

4. 计算下列缓冲溶液的 pH（设加入固体后溶液体积不变）

（1）在 100mL、0.1mol · L^{-1} 的 HAc 中加入 2.8g KOH；

（2）6.6g $(NH_4)_2SO_4$ 溶于 0.50L 浓度为 1.0mol · L^{-1} 的氨水。

5. 描述下列过程中溶液的 pH 变化，并解释之。

（1）将 $NaNO_3$ 溶液加入 HNO_3 中；

（2）将 NH_4NO_3 溶液加入氨水中。

6. 现有 125mL 0.10mol · L^{-1} NaAc 溶液，欲配置 250mL pH = 5.00 的缓冲溶液，需加入 6.0mol · L^{-1} 的 HAc 多少毫升？

7. 取 50.0mL 0.100mol · L^{-1} 某一弱酸溶液与 25.0mL 0.10mol · L^{-1} KOH 溶液混合，将混合溶液稀释至 100mL，测得此溶液 pH 为 5.25，求此一元弱酸的解离常数。

8. 向浓度为 0.30mol · L^{-1} 的 HCl 溶液中，通入 H_2S 过饱和溶液（此时 H_2S 浓度为 0.10mol · L^{-1}），求此溶液的 pH 值和 S^{2-} 浓度。

9. 已知下列给定条件，计算其溶度积常数。

（1）$CaCO_3$：溶解度 = 5.3×10^{-2} g · L^{-1}；

（2）Ag_2CrO_4：溶解度 = 2.2×10^{-2} g · L^{-1}；

（3）$Mg(OH)_2$ 饱和溶液的 pH = 10.52。

10. 向浓度为 0.10mol · L^{-1} 的 $CuSO_4$ 溶液中不断通入 H_2S，保持溶液被 H_2S 饱和，假定溶液体积不变，求溶液中的 Cu^{2+} 浓度。

11. 用 $(NH_4)_2S$ 溶液处理使 AgI 沉淀转化为 Ag_2S 沉淀。已知 $K_{sp}^{\ominus}(AgI) = 8.3 \times 10^{-17}$，$K_{sp}^{\ominus}(Ag_2S) = 6.3 \times 10^{-50}$。问

（1）该转化反应的平衡常数是多少？

（2）若在 1.0L $(NH_4)_2S$ 溶液中转化 0.010mol AgI，$(NH_4)_2S$ 溶液的最初浓度应为多少？

12. 向 H_3AsO_3 的稀溶液通入 H_2S 气体，生成 As_2S_3 溶液，已知 H_2S 过量，并在溶液中主要为 H^+ 和 HS^-，试写出该溶胶中 As_2S_3 胶团的结构。

第四章　电化学与金属腐蚀

第一节　氧化还原反应的基本概念

一、氧化值

1970年国际纯粹与应用化学联合会（IUPAC）定义氧化值为：氧化值是指某元素一个原子的电荷数，该电荷数是假定把每一个化学键中的电子指定给电负性大的原子而求得的。例如，在NaCl分子中，Cl电负性比Na大，成键时Cl原子夺取了Na原子的一个电子，变成带一个单位负电荷的氯离子（Cl^-），氧化值为-1；Na原子变成带一个单位正电荷的钠离子（Na^+），氧化值为+1。与IUPAC规定把NaCl中离子键的电子指定给电负性大的Cl原子是一致的，故在离子化合物中离子所带的电荷数就等于其氧化值。在共价化合物如HCl中，H原子与Cl原子成键时虽然没有电子得失，但有电子对的偏移，由于这一对共用电子偏向电负性大的Cl原子，故指定Cl原子带一个单位负电荷，H原子带一个单位正电荷，它们的氧化值分别为-1和+1。确定氧化值的一般原则如下：

（1）在单质中，元素氧化值为零。

（2）在单原子离子中，元素的氧化值等于离子所带的电荷数。

（3）氢在化合物中的氧化值一般为+1，只有在与活泼金属生成的氢化物（如NaH、CaH_2）中，氢的氧化值为-1。氧在化合物中的氧化值一般为-2，在过氧化物（如H_2O_2、Na_2O_2）中为-1。

（4）在中性分子中，各元素氧化值的代数和一般为零。在多原子离子中，离子所带的电荷数等于各元素的氧化值的代数和。

一种元素在化合物中的氧化值通常是在该元素符号的右上方用$+x$和$-x$来表示，如$Fe^{+2}SO_4$、$Fe_2^{+3}O_3$。有时也写成罗马数字加上括号放在元素符号之后，如$FeSO_4$中的Fe(Ⅱ)；Fe_2O_3中的Fe(Ⅲ)。

【例4-1】 计算$K_2Cr_2O_7$、Fe_3O_4中Cr及Fe的氧化值。

解：设在$K_2Cr_2O_7$中Cr的氧化值为x，氧的氧化值为-2，K的氧化值为+1，则

$$2\times1+2x+7\times(-2)=0$$

$$x=+6$$

设在Fe_3O_4中Fe的氧化值为y，则

$$3y+4\times(-2)=0$$

$$y=+8/3$$

由上述例子可以看出，氧化值除整数外，还可以为分数。

二、氧化还原电对

在氧化还原反应中，失电子的过程称为氧化，失电子物种称为还原剂，还原剂失电子后即为其氧化产物；得到电子的过程称为还原，得电子物质为氧化剂，氧化剂得电子后即为其还原产物。氧化过程与还原过程必然同时发生，例如：

$$Fe+Cu^{2+}\longrightarrow Fe^{2+}+Cu$$

此反应也可表示为一个氧化过程和一个还原过程：

$$Fe\longrightarrow Fe^{2+}+2e \qquad (4-1a)$$

$$Cu^{2+}+2e\longrightarrow Cu \qquad (4-1b)$$

反应式(4-1a)、式(4-1b) 都称为半反应。式(4-1a) 中 Fe 失去两个电子，氧化值由 0 升至+2，此过程称为氧化过程，Fe 为还原剂，Fe^{2+}为氧化产物；式(4-1b) 中 Cu^{2+}得到两个电子，氧化值由+2 降至 0，此过程称为还原过程，Cu^{2+}为氧化剂，Cu 为还原产物。氧化还原反应则是两个半反应之和。

从上式可以看出，每个半反应都包含着同一种元素的两种不同氧化态物质，如 Fe^{2+}和 Fe、Cu^{2+}和 Cu。它们被称为氧化还原电对，简称电对。电对中氧化值较大的物种为氧化型，氧化值较小的物种为还原型，通常用氧化型/还原型表示电对。上例的电对为 Fe^{2+}/Fe 和 Cu^{2+}/Cu。半反应式都可以表示为还原过程：

$$氧化型+ne\longrightarrow 还原型$$

任一氧化还原反应至少包含两个电对，有时多于两个。

三、氧化还原反应方程式的配平

氧化还原反应方程式一般比较复杂，除氧化剂和还原剂外，还有第三种物质参加，这种物质在反应过程中氧化值不发生变化，称为介质，介质常为酸或碱。此外，H_2O 也常常作为反应物或生成物存在于反应方程式中。反应式中的反应物与生成物的计量数有时较大，因此需按一定的方法将其配平。氧化还原反应方程式的配平的基本原则是：（1）质量守恒，反应前后各元素的原子总数相等；（2）电荷守恒，还原剂失去的电子总数等于氧化剂得到的电子总数。最常用的配平方法有氧化值法和离子—电子法。

1. 氧化值法

此法中学已经学过，不再重复。此处配平几个反应作为复习。

Zn的氧化值升高了2×4

（1） $\overset{0}{Zn}+\underset{+5}{HNO_3}(稀)\longrightarrow \overset{+2}{Zn}(NO_3)_2+\underset{-3}{NH_4}NO_3+H_2O$

N的氧化值降低了8×1

$$4Zn+HNO_3(稀)\longrightarrow 4Zn(NO_3)_2+NH_4NO_3+H_2O$$

$$4Zn+10HNO_3(稀)=\!=\!=4Zn(NO_3)_2+NH_4NO_3+3H_2O$$

（2）

$$\overset{+7}{KMnO_4} + \overset{-1}{H_2O_2} + H_2SO_4 \longrightarrow \overset{+2}{MnSO_4} + K_2SO_4 + \overset{0}{O_2} + H_2O$$

（上标注：$(1\times2)\times5$，-1×2，5×2）

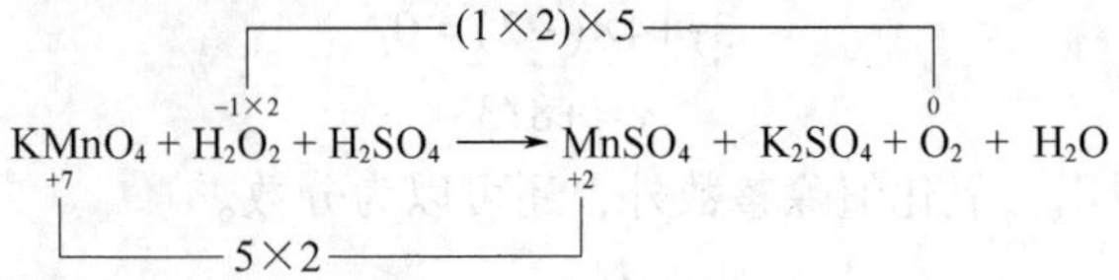

$$2KMnO_4 + 5H_2O_2 + H_2SO_4 \longrightarrow 2MnSO_4 + K_2SO_4 + 5O_2\uparrow + H_2O$$

$$2KMnO_4 + 5H_2O_2 + 3H_2SO_4 =\!\!= 2MnSO_4 + K_2SO_4 + 5O_2\uparrow + 8H_2O$$

（3）

$$3\ \overset{0}{Cl_2} + KOH \longrightarrow \overset{-1}{KCl} + \overset{+5}{KClO_3} + H_2O$$

（上标注：5×1，1×5）

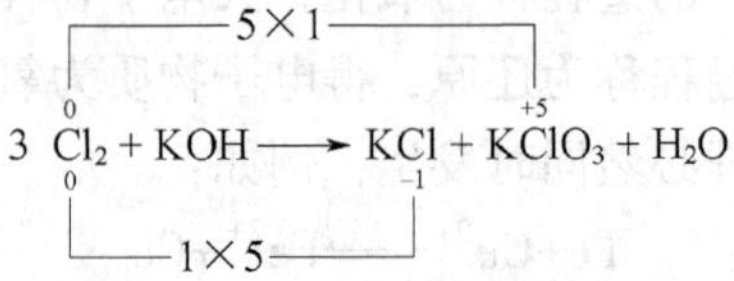

$$Cl_2 + KOH \longrightarrow 5KCl + KClO_3 + H_2O$$

$$3Cl_2 + 6KOH =\!\!= 5KCl + KClO_3 + 3H_2O$$

2. 离子—电子法

离子—电子法配平的原则如下：

（1）质量守恒，反应前后各元素的原子总数相等；

（2）电荷守恒，还原剂失去的电子总数等于氧化剂得到的电子总数。

需要指出，反应物或生成物若为难溶物或难解离的物质，应写成分子式或化学式而不能写成离子，如 PbO_2（难溶物）和 $H_2C_2O_4$（弱电解质）等。

下面用实例说明离子—电子法的配平步骤。

【例 4-2】 配平反应方程式：

$$KMnO_4 + K_2SO_3 \longrightarrow MnSO_4 + K_2SO_4$$

解：（1）用离子式写出主要的反应物和生成物：

$$MnO_4^- + SO_3^{2-} \longrightarrow Mn^{2+} + SO_4^{2-}$$

（2）将上式分解为两个半反应式，一个代表氧化剂的还原反应，另一个代表还原剂的氧化反应：

$$氧化剂被还原\qquad MnO_4^- \longrightarrow Mn^{2+}$$

$$还原剂被氧化\qquad SO_3^{2-} \longrightarrow SO_4^{2-}$$

（3）分别配平两个半反应式，使两边的原子数和电荷数都相等。

前一半反应：MnO_4^- 被还原为 Mn^{2+} 时，要减少 4 个 O 原子，在酸性介质中可以加入 8 个 H^+，使之结合生成 4 分子 H_2O：

$$MnO_4^- + 8H^+ \longrightarrow Mn^{2+} + 4H_2O$$

再配平电荷数，左边正、负电荷抵消后净剩正电荷数为 +7，右边为 +2，因此需要在左边加上 5 个电子，达到左右两边电荷相等：

$$MnO_4^- + 8H^+ + 5e \longrightarrow Mn^{2+} + 4H_2O \tag{4-2a}$$

后一个半反应：SO_3^{2-} 氧化成 SO_4^{2-} 时需增加一个 O 原子，酸性溶液中可由 H_2O 提供，同时生成两个 H^+：

$$SO_3^{2-} + H_2O \longrightarrow SO_4^{2-} + 2H^+$$

上式中左边的电荷数为 -2，右边正、负电荷抵消为 0，因此需在右边加上 2 个电子：

$$SO_3^{2-} + H_2O \longrightarrow SO_4^{2-} + 2H^+ + 2e \tag{4-2b}$$

（4）根据整个反应得失电子总数应相等的原则，找出两个半反应中电子得失的最小公倍数，然后将两式相加并消去电子，有些反应还应抵消参与反应的某些介质，如 H_2O、H^+ 等，即得配平的离子方程式。

式(4-2a）和式(4-2b）中电子得失的最小公倍数为 10，将 2×(4-2a）+5×(4-2b）则得：

$$2MnO_4^- + 16H^+ + 10e = 2Mn^{2+} + 8H_2O$$

$$5SO_3^{2-} + 5H_2O = 5SO_4^{2-} + 10H^+ + 10e$$

$$2MnO_4^- + 5SO_3^{2-} + 6H^+ = 2Mn^{2+} + 5SO_4^{2-} + 3H_2O \quad (4\text{-}2c)$$

检查方程式(4-2c）两边的原子数和电荷数均相等，式(4-2c）即为配平的离子方程式。

将离子方程式改写为分子或化学式的方程式时，由于该反应在酸性介质中进行，对于所引入的酸，首先应考虑该酸的酸根离子不会参与氧化还原反应。其次，尽量不引入其他杂质。故此例中宜选用稀 H_2SO_4 作为介质，最后的配平方程式如下：

$$2KMnO_4 + 5K_2SO_3 + 3H_2SO_4 = 2MnSO_4 + 5K_2SO_4 + 3H_2O$$

【例 4-3】 将氯气通入热的氢氧化钠溶液中，生成氯化钠和氯酸钠（氯既作氧化剂，又作还原剂），配平此反应方程式。

解： $Cl_2 + NaOH \longrightarrow NaCl + NaClO_3$

离子方程式 $Cl_2 + OH^- \longrightarrow Cl^- + ClO_3^-$

Cl_2 作氧化剂被还原 $Cl_2 \longrightarrow 2Cl^-$

半反应为 $Cl_2 + 2e \longrightarrow 2Cl^- \quad (4\text{-}3a)$

Cl_2 作还原剂被氧化 $Cl_2 \longrightarrow ClO_3^-$

从 Cl_2 生成 2 个 ClO_3^- 要增加 6 个氧原子，若按例 4-2 同样加入 6 个 H_2O，则得

$$Cl_2 + 6H_2O \longrightarrow 2ClO_3^- + 12H^+ + 10e$$

反应式中出现了 H^+，显然与题意强碱性介质不符，故上式不正确，增加的 O 原子也可从 OH^- 中得到，因两个 OH^- 提供一个 O 原子后生成一分子 H_2O，因此提供的 OH^- 数目应为所需 O 原子数的二倍，且在右边加 10e 以配平两边的电荷，即得：

$$Cl_2 + 12OH^- = 2ClO_3^- + 6H_2O + 10e \quad (4\text{-}3b)$$

将 5×(4-3a)+(4-3b）得：

$$5Cl_2 + 10e = 10Cl^-$$

$$Cl_2 + 12OH^- = 2ClO_3^- + 6H_2O + 10e$$

$$6Cl_2 + 12OH^- = 10Cl^- + 2ClO_3^- + 6H_2O \quad (4\text{-}3c)$$

约简式(4-3c) $3Cl_2 + 6OH^- = 5Cl^- + ClO_3^- + 3H_2O$

转化为分子或化学式的反应方程式：

$$3Cl_2 + 6NaOH = 5NaCl + NaClO_3 + 3H_2O$$

需要强调：在考虑产物时，酸性介质中进行的反应，产物中不能出现 OH^-；碱性介质中进行的反应，产物中则不应有 H^+ 出现。

在离子—电子法中，自始至终不必知道任何元素的氧化值，它是通过氧化或还原半反应的前后电荷应相等来配平，这是该法的一个优点或特点。

第二节　原　电　池

一、原电池的组成

将一块锌片放入 $CuSO_4$ 溶液中，立即发生如下反应：

$$Zn+Cu^{2+} \longrightarrow Zn^{2+}+Cu$$

在该反应中，Zn 失去电子为还原剂，Cu^{2+}得到电子为氧化剂，Zn 把电子直接传递给了 Cu^{2+}。在反应过程中，溶液温度上升，化学能转变成热能。如果设计一种装置，使还原剂失去的电子通过液体间接传递给氧化剂，那么在外电路中就有电流产生。这种借助于氧化还原反应产生电流的装置称为原电池。在原电池反应中化学能转变成电能。

下面以锌铜原电池为例进行介绍。原电池装置如图 4-1 所示，在一个烧杯中装有 $ZnSO_4$ 溶液，并插入锌片。另一个烧杯中装有 $CuSO_4$ 溶液，插入铜片。两个烧杯之间用一个盐桥连通起来。盐桥为一倒置的 U 形管，其中盛有电解质溶液（一般用饱和 KCl 溶液和琼脂作成胶冻，溶液不致流出，而离子又可以在其中自由流动）。将铜片和锌片用导线连接，其间串联一个电流计。

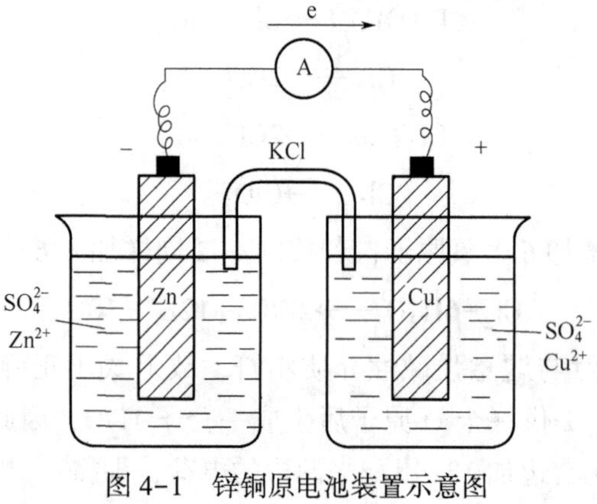

图 4-1　锌铜原电池装置示意图

当电路接通后，可以看到电流计的指针发生了偏移，根据指针偏转的方向，得知电子由锌片流向铜片（与电流方向相反）。同时观察到锌片逐渐溶解，铜片上有铜沉积。因此在这两个烧杯中发生的反应分别为：$Zn \longrightarrow Zn^{2+}+2e$，锌变成 Zn^{2+} 进入溶液；$Cu^{2+}+2e \longrightarrow Cu$，$Cu^{2+}$变成单质 Cu 析出。该装置中电子是通过导线由锌片流向铜片而不是在 Zn 和 Cu^{2+}之间直接传递的，故外电路中产生了电流。把锌片和铜片叫作电极，上面发生的两个半反应叫作电极反应。

上述原电池由两个半电池组成，每个半电池包含一个氧化还原电对。在锌铜原电池中电对分别为 Zn^{2+}/Zn 和 Cu^{2+}/Cu。半电池中的锌片和铜片叫作电极。有些电极既起导电作用，又参与电极反应，如锌铜原电池中的锌片、铜片。另有些如 Fe^{3+}/Fe^{2+}、Cl_2/Cl^- 等无固体电极的电对，没有电极，只能采用惰性电极，惰性电极只传导电子不参与电极反应，常用的有金属铂和石墨。

半电池所发生的反应称为半电池反应或电极反应。在原电池中，给出电子的电极称为负极，发生氧化反应，对应于电池氧化还原反应的还原剂与其氧化产物；接受电子的电极称为正极，发生还原反应，对应于电池氧化还原反应的氧化剂与其还原产物。在锌铜原电池中，锌极为负极，反应为 $Zn \longrightarrow Zn^{2+}+2e$；铜为正极，反应为 $Cu^{2+}+2e \longrightarrow Cu$。原电池的总反应为两个电极反应之和：$Zn+Cu^{2+}=\!=\!=Zn^{2+}+Cu$。

原电池装置可以用电池符号来表示，如

$$(-)Zn|ZnSO_4(c_1)\|CuSO_4(c_2)Cu(+)$$

习惯上把负极写在左边，(-) 表示由 Zn 和 $ZnSO_4$ 溶液组成负极；正极写在右边，(+) 表示由 Cu 和 $CuSO_4$ 溶液组成正极。其中“|”表示两相（此处为固相和液相）之间的界面，正、负两极之间的“‖”表示两溶液用盐桥连结，通常还需注明电池中离子的浓度。若溶液中含有两种离子参与电极反应，可用逗号把它们分开。有气体参与的反应，需注明气体的压力，且气体靠近电极。对于同种元素不同价态的电对，高价靠近盐桥，低价靠近电极。若外加惰性电极也需注明。例如，由 H^+/H_2 电对和 Fe^{3+}/Fe^{2+} 电对组成的原电池，电池符号为

$$(-)Pt|H_2(p)|H^+(c_1)\|Fe^{3+}(c_2),Fe^{2+}(c_3)|Pt(+)$$

负极反应 $H_2 =\!=\!= 2H^+ +2e$

正极反应 $Fe^{3+}+e =\!=\!= Fe^{2+}$

原电池反应 $H_2+2Fe^{3+} =\!=\!= 2H^+ +2Fe^{2+}$

二、原电池的电动势

当用导线连接原电池的两极时就有电流通过，说明两极之间存在着电势差，用电位差计所测得的正极与负极间的电势差就是原电池的电动势，电动势用符号 E 表示。例如，锌铜电池的标准电动势经测定为 1.10V。原电池电动势的大小主要取决于组成原电池物质的本性。如果改变溶液中离子的浓度，也会引起电动势的变化。此外，电动势还与温度有关，一般是在 25℃（即室温）下测定。为了比较各种原电池电动势的大小，通常在标准状态下测定，所测得的电动势为标准电动势，标准电动势以 $E^{\ominus}$ 表示。

第三节 电极电势

一、标准电极电势及其测定

原电池的电动势是两个电极（电对）之间的电势差。如果已知各电极的电势值，即可方便地计算出原电池的电动势。但是到目前为止，电极电势的绝对值尚无法测定。通常选定一个电极作为参比标准，人为的规定该电极的电势数值，然后与其他电极进行比较，得出各种电极的电势值（用符号 φ 表示）。目前采用的参比电极是标准氢电极。

标准氢电极的装置如图 4-2 所示。将镀有海绵状铂黑的铂片（图中阴影部分，它能吸附氢气）插入 $c(H^+)=1mol \cdot L^{-1}$ 的硫酸溶液中，不断通入压力为 100kPa 的纯氢气，此时被铂黑表面吸附的 H_2 与溶液中的 H^+ 建立起一个 H^+/H_2 电对，该电对的平衡式为：

$$2H^+ +2e \longrightarrow H_2(g)$$

由于此时电对中的物质都处于标准状态，此电极即为标准氢电极，规定在 298.15K 时，

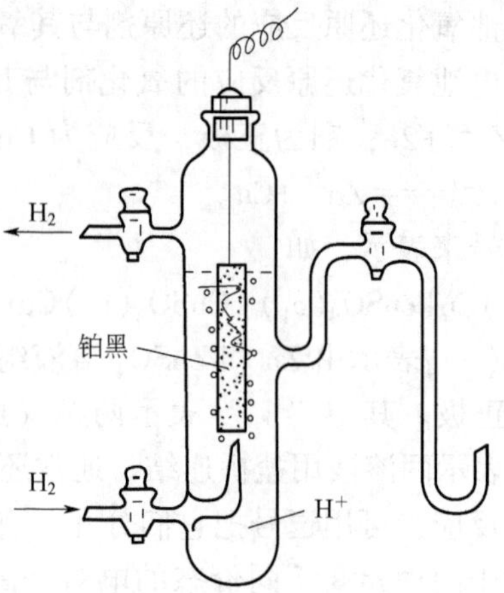

图 4-2　氢电极

标准氢电极的电极电势为零，即 $\varphi^{\ominus}_{(298.15K)}$ $(H^+/H_2) = 0V$

任何电对处于标准状态时的电极电势，称为该电对的标准电极电势，符号也为 $\varphi^{\ominus}$。

欲测定某电极的标准电极电势，可以将处在标准状态下的该电极与标准氢电极组成一个原电池，测定该原电池的电动势。由电流方向判断正、负极，再按 $E^{\ominus} = \varphi^{\ominus}_{正} - \varphi^{\ominus}_{负}$ 的关系式，即可求出被测电极的标准电极电势。

例如，欲测定锌电极（Zn^{2+}/Zn）的标准电极电势，可组成下列原电池：

$$(-)Zn|Zn^{2+}(1mol \cdot L^{-1}) \| H^+(1mol \cdot L^{-1})|H_2(100kPa)|Pt(+)$$

实验测得该原电池的电动势 $E^{\ominus}$ 为 0.763V，并知电流是由氢电极通过导线流向锌电极，所以氢电极为正极，锌电极为负极。

由

$$E^{\ominus} = \varphi^{\ominus}_{正} - \varphi^{\ominus}_{负} = \varphi^{\ominus}(H^+/H_2) - \varphi^{\ominus}(Zn^{2+}/Zn)$$

$$0.763V = 0 - \varphi^{\ominus}(Zn^{2+}/Zn)$$

得

$$\varphi^{\ominus}(Zn^{2+}/Zn) = -0.763V$$

如以标准铜电极代替锌电极，则原电池为

$$(-)Pt|H_2(100kPa)|H^+(1mol \cdot L^{-1}) \| Cu^{2+}(1mol \cdot L^{-1})|Cu(+)$$

实验测得该原电池的电动势 $E^{\ominus}$ 为 0.337V，铜电极为正极，氢极为负极。

由

$$E^{\ominus} = \varphi^{\ominus}_{正} - \varphi^{\ominus}_{负} = \varphi^{\ominus}(Cu^{2+}/Cu) - \varphi^{\ominus}(H^+/H_2)$$

$$0.337V = \varphi^{\ominus}(Cu^{2+}/Cu) - 0$$

得

$$\varphi^{\ominus}(Cu^{2+}/Cu) = 0.337V$$

利用此法可以测定大多数电对的电极电势。某些电对如 Na^+/Na、F_2/F^- 的电极电势不能直接测定，可以用间接方法推算。由于氢电极为气体电极，使用起来极不方便，通常采用甘汞电极作为参比电极，这种电极不仅使用方便，而且工作稳定。

二、影响电极电势的因素

电极电势值的大小首先取决于电对的本性，如活泼金属的电极电势值一般都很小，而活泼非金属的电极电势值则较大。此外，电对的电极电势还与浓度和温度有关。

电极电势与浓度和温度的关系可用下面的能斯特方程式来表示，如对于下述电极反应：

$$a\ \text{氧化态}+ze \rightleftharpoons b\ \text{还原态}$$

则

$$\varphi=\varphi^{\ominus}+\frac{RT}{zF}\ln\frac{[c(\text{氧化态})]^{a}}{[c(\text{还原态})]^{b}} \tag{4-4}$$

式中，φ 为电对在某一温度、某一浓度时的电极电势，$\varphi^{\ominus}$为该电对的标准电极电势（通常是指在 298.15K 时的温度）；R 为气体常数（$8.314\text{J}\cdot\text{mol}^{-1}\cdot\text{K}^{-1}$）；$F$ 为法拉第常数（$96485\text{C}\cdot\text{mol}^{-1}$）；$T$ 为热力学温度，下面按 298.15K 代入；z 为电极反应中转移的电子数；c（还原型）、c（氧化型）分别表示在电极反应中还原型一侧、氧化型一侧各物种浓度与标准浓度的比值，气体则代入分压与标准压力之比。各物质的 c 或 p 的指数等于电极反应中相应物种的计量数 a、b。与平衡常数表达式一样，固态、纯液态物质或 H_2O 均不列入方程式。

将上述数值代入式(4-1)，并将自然对数改为常用对数，则该方程式变为

$$\varphi=\varphi^{\ominus}+\frac{0.059}{z}\lg\frac{[c(\text{氧化态})]^{a}}{[c(\text{还原态})]^{b}}$$

下面举例说明能斯特方程的应用。

【例 4-4】 试写出下列电对的能斯特方程：

（1）Fe^{3+}/Fe^{2+}；（2）Cl_2/Cl^-；（3）$Cr_2O_7^{2-}/Cr^{3+}$（酸性介质）。

解：（1）电极反应：$Fe^{3+}+e \rightleftharpoons Fe^{2+}$

$$\varphi=\varphi^{\ominus}_{(Fe^{3+}/Fe^{2+})}+\frac{0.059\text{V}}{1}\lg\frac{c(Fe^{3+})}{c(Fe^{2+})}=0.771\text{V}+0.059\lg\frac{c(Fe^{3+})}{c(Fe^{2+})}$$

（2）电极反应：$Cl_2+2e \rightleftharpoons 2Cl^-$

$$\varphi=\varphi^{\ominus}_{(Cl_2/Cl^-)}+\frac{0.059\text{V}}{2}\lg\frac{p(Cl_2)}{c(Cl^-)^2}=1.36\text{V}+\frac{0.059\text{V}}{2}\lg\frac{p(Cl_2)}{c(Cl^-)^2}$$

（3）电极反应：$Cr_2O_7^{2-}+14H^++6e \rightleftharpoons 2Cr^{3+}+7H_2O$

$$\varphi=\varphi^{\ominus}_{(Cr_2O_7^{2-}/Cr^{3+})}+\frac{0.059\text{V}}{6}\lg\frac{c(Cr_2O_7^{2-})\cdot[c(H^+)]^{14}}{[c(Cr^{3+})]^2}$$

$$=1.33\text{V}+\frac{0.059\text{V}}{6}\lg\frac{c(Cr_2O_7^{2-})\cdot[c(H^+)]^{14}}{[c(Cr^{3+})]^2}$$

【例 4-5】 计算 $c(Cu^{2+})=0.001\text{mol}\cdot\text{L}^{-1}$ 时，电对 Cu^{2+}/Cu 的电极电势。

解：电极电势 $Cu^{2+}+e \rightleftharpoons Cu$

$$\varphi=\varphi^{\ominus}_{Cu^{2+}/Cu}+\frac{0.059\text{V}}{2}\lg c(Cu^{2+})=0.337\text{V}+\frac{0.059\text{V}}{2}\lg 0.001=0.248\text{V}$$

【例 4-6】 计算电对 MnO_4^-/Mn^{2+}在 $c(H^+)=1.00\text{mol}\cdot\text{L}^{-1}$ 和 $c(H^+)=1.00\times10^{-3}\text{mol}\cdot\text{L}^{-1}$ 时的电极电势（MnO_4^- 和 Mn^{2+}的浓度都为 $1.00\text{mol}\cdot\text{L}^{-1}$）。

解：电极反应：$MnO_4^-+8H^++5e \rightleftharpoons Mn^{2+}+4H_2O$

$$\varphi=\varphi^{\ominus}_{(MnO_4^-/Mn^{2+})}+\frac{0.059\text{V}}{5}\lg\frac{c(MnO_4^-)\cdot[c(H^+)]^8}{c(Mn^{2+})}=1.51\text{V}+\frac{0.059\text{V}}{5}\lg\frac{c(MnO_4^-)\cdot[c(H^+)]^8}{c(Mn^{2+})}$$

当 $c(H^+)=1.00\text{mol}\cdot\text{L}^{-1}$ 时，

$$\varphi = 1.51\text{V} + \frac{0.059\text{V}}{5}\lg(1.00)^8 = 1.51\text{V}$$

当 $c(H^+) = 1.00\times10^{-3}\text{mol}\cdot\text{L}^{-1}$ 时，

$$\varphi = 1.51\text{V} + \frac{0.059\text{V}}{5}\lg(1.00\times10^{-3})^8 = 1.23\text{V}$$

上述两例说明了溶液中离子浓度的变化对电极电势的影响，特别有 H^+ 参加的反应。由于 H^+ 浓度的指数往往比较大，故对电极电势的影响也较大。

三、电极电势的应用

任何氧化还原反应总涉及两个电对：氧化剂(1)/还原剂(1)、氧化剂(2)/还原剂(2)，氧化还原反应可写成以下通式：

$$\text{氧化剂(1)} + \text{还原剂(2)} \rightleftharpoons \text{氧化剂(2)} + \text{还原剂(1)}$$

该氧化还原反应进行的方向如何？反应完成的程度又如何？这些问题可以通过比较两电对的标准电极电势的大小来解决。

1. 氧化剂和还原剂的相对强弱

标准电极电势代数值的大小反映了电对物种处在标准态时氧化还原能力的强弱。电极电势的代数值大，表示电对中氧化型物质得电子的能力强，即其氧化性强，为强氧化剂；与其相对应的还原型物质则失电子能力小，还原性弱，为弱还原剂。相反电极电势代数值小，表示电对中的还原物质失电子能力弱，即其还原性强，为强还原剂；与其相对应的氧化型物质则得电子能力小，氧化性弱，为弱氧化剂。

【例 4-7】 根据标准电极电势，在下列各电对中找出最强的氧化剂和最强的还原剂，并列出各氧化型物质的氧化能力和各还原型物质的还原能力强弱的次序。

$$MnO_4^-/Mn^{2+} \qquad Fe^{3+}/Fe^{2+} \qquad I_2/I^-$$

解：查得各电对的标准电极电势为

$$MnO_4^- + 8H^+ + 5e \rightleftharpoons Mn^{2+} + 4H_2O \qquad \varphi^\ominus = 1.51\text{V}$$

$$Fe^{3+} + e \rightleftharpoons Fe^{2+} \qquad \varphi^\ominus = 0.771\text{V}$$

$$I_2 + 2e \rightleftharpoons 2I^- \qquad \varphi^\ominus = 0.535\text{V}$$

电对 MnO_4^-/Mn^{2+} 的 $\varphi^\ominus$ 值最大，说明在这 3 个电对中其氧化型物质是最强的氧化剂。电对 I_2/I^- 的 $\varphi^\ominus$ 值最小，说明其还原物质 I^- 是最强的还原剂。

各氧化型物质氧化能力的顺序为：$MnO_4^- > Fe^{3+} > I_2$。

各还原型物质还原能力的顺序为：$I^- > Fe^{2+} > Mn^{2+}$。

2. 氧化还原反应进行的方向

如上所述，根据标准电极电势值的相对大小，比较氧化剂和还原剂的相对强弱，就能预测氧化还原反应进行的方向。例如，判断 $2Fe^{3+} + Cu \rightleftharpoons 2Fe^{2+} + Cu^{2+}$ 反应进行的方向。查得有关电对的 $\varphi^\ominus$ 值为

$$Fe^{3+} + e \rightleftharpoons Fe^{2+} \qquad \varphi^\ominus = 0.771\text{V}$$

$$Cu^{2+} + 2e \rightleftharpoons Cu \qquad \varphi^\ominus = 0.337\text{V}$$

由于 $\varphi^\ominus(Fe^{3+}/Fe^{2+}) > \varphi^\ominus(Cu^{2+}/Cu)$，得知 Fe^{3+} 是比 Cu^{2+} 强的氧化剂，Cu 是比 Fe^{2+} 强

的还原剂，故 Fe^{3+} 能与 Cu 作用，该反应自左向右进行。也就是说，氧化还原反应总是电极电势值大的电对中的氧化型物质氧化电极电势值小的电对中的还原型物质。当两电对的 $\varphi^{\ominus}$ 差值足够大时（$\Delta\varphi^{\ominus}>0.2\text{V}$），即使反应中各种离子浓度或分压改变也不会影响反应方向；但当两电对的 $\varphi^{\ominus}$ 差值较小时，溶液中离子浓度的改变可能会使反应方向发生逆转，此时须按能斯特方程式求出非标准状态时 $\varphi_{正}$ 和 $\varphi_{负}$，再进行比较，以确定反应进行的方向。

3. 氧化还原反应进行的程度

任一化学反应进行的程度可用其平衡常数表示，氧化还原反应的平衡常数可从两个电对的标准电极电势求得。

【例 4-8】 计算 Zn—Cu 原电池反应的平衡常数。

解： Zn—Cu 原电池反应式为

$$Zn+Cu^{2+} \rightleftharpoons Zn^{2+}+Cu$$

当此反应处于平衡时，反应的平衡常数：

$$K^{\ominus}=\frac{c(Zn^{2+})/c^{\ominus}}{c(Cu^{2+})/c^{\ominus}}=\frac{[Zn^{2+}]}{[Cu^{2+}]}$$

反应开始时，$\varphi(Zn^{2+}/Zn)=\varphi^{\ominus}(Zn^{2+}/Zn)+\frac{0.059\text{V}}{2}\lg c(Zn^{2+})$

$$\varphi(Cu^{2+}/Cu)=\varphi^{\ominus}(Cu^{2+}/Cu)+\frac{0.059\text{V}}{2}\lg c(Cu^{2+})$$

随着反应的进行，$c(Zn^{2+})$ 浓度不断增加，$\varphi(Zn^{2+}/Zn)$ 值随之上升；另一方面，$c(Cu^{2+})$ 浓度不断减少，$\varphi(Cu^{2+}/Cu)$ 值随之下降。$\varphi(Zn^{2+}/Zn)=\varphi(Cu^{2+}/Cu)$ 时，反应达到平衡状态，$c(Zn^{2+})=[Zn^{2+}]$，$c(Cu^{2+})=[Cu^{2+}]$。则得以下关系：

$$\varphi^{\ominus}(Zn^{2+}/Zn)+\frac{0.059\text{V}}{2}\lg[Zn^{2+}]=\varphi^{\ominus}(Cu^{2+}/Cu)+\frac{0.059\text{V}}{2}\lg[Cu^{2+}]$$

$$\frac{0.059}{2}\lg\frac{[Zn^{2+}]}{c[Cu^{2+}]}=\varphi^{\ominus}(Cu^{2+}/Cu)-\varphi^{\ominus}(Zn^{2+}/Zn)$$

$$\frac{[Zn^{2+}]}{[Cu^{2+}]}=K^{\ominus}$$

所以 $\lg K^{\ominus}=\frac{2[\varphi^{\ominus}(Cu^{2+}/Cu)-\varphi^{\ominus}(Zn^{2+}/Zn)]}{0.059}=\frac{2[0.337-(-0.763)]}{0.059}=37.2$

$$K^{\ominus}=1.6\times10^{37}$$

该反应的平衡常数如此之大，说明反应进行得很完全。

推而广之，任一氧化还原反应的平衡常数和对应电对的 $\varphi^{\ominus}$ 差值之间的关系为

$$\lg K^{\ominus}=\frac{z(\varphi^{\ominus}_{正}-\varphi^{\ominus}_{负})}{0.059} \quad 或 \quad \lg K^{\ominus}=\frac{zE^{\ominus}}{0.059}$$

式中，$\varphi^{\ominus}_{正}$ 为氧化剂电对的标准电极电势，也即电池正极的标准电极电势；$\varphi^{\ominus}_{负}$ 为还原剂电对的标准电极电势，也即电池负极的标准电极电势；z 为氧化还原反应中转移的电子数；$E^{\ominus}$ 为电池的标准电动势。

可见氧化还原反应平衡常数的对数与该反应的两个电对的标准电极电势的差值成正比，电极电势差值越大，平衡常数越大，反应进行得越彻底。

以上讨论说明，由电极电势可以判断氧化还原反应进行的方向和程度。但需指出，不能

由电极电势判断反应速率的大小，例如：

$$MnO_4^- + Zn + 16H^+ \rightleftharpoons 2Mn^{2+} + 5Zn^2 + H_2O$$

$\varphi^{\ominus}(MnO_4^-/Mn^{2+}) = 1.51V > \varphi^{\ominus}(Zn^{2+}/Zn) = -0.763$，两值相差很大（2.273V），说明反应进行得很彻底。但实际上将 Zn 放入 $KMnO_4$ 溶液中，几乎观察不到反应的发生，这是由于该反应的速率非常小，只有在 Fe^{3+} 的催化作用下，反应才能迅速进行。工业生产中选择氧化剂或还原剂时，不但要考虑反应能否发生，还要考虑是否能快速进行。

第四节　电　　解

一、电解的一般概念

使电流通过电解质溶液（或熔融液）而引起氧化还原反应的过程叫作电解。把借助于电流引起氧化还原反应的装置，也就是将电能转换成化学能的装置，叫作电解池或电解槽（图 4-3）。在电解池中，和直流电源的负极相连的极叫阴极，和直流电源的正极相连的极叫作阳极。电子从阴极进入电解池，使阴极的电子过剩，从阳极回到电源使阳极电子缺少。因此电解液中的正离子移向阴极，在阴极上得到电子，进行还原；负离子移向阳极，在阳极给出电子，进行氧化。在电解池的两极反应中，正离子得到电子或负离子给出电子的过程都叫作放电。例如，以铂为电极，电解 $0.1mol \cdot L^{-1}$ 的 NaOH 溶液，见图 4-3。电解时，H^+ 移向阴极，OH^- 移向阳极，分别放电：

阴极反应　$4H_2O + 4e = 2H_2(g) + 4OH^-$

阳极反应　$4OH^- = 2H_2O + O_2(g) + 4e$

总反应　$2H_2O = 2H_2(g) + O_2(g)$

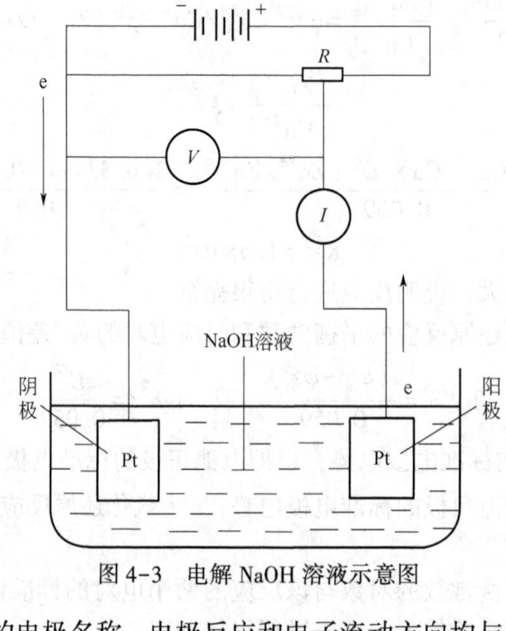

图 4-3　电解 NaOH 溶液示意图

应该指出，电解池的电极名称、电极反应和电子流动方向均与原电池有区别，不可相互混淆。

电解常常在水溶液中进行，因此电解液中除了电解质的负离子和正离子外，还有水电离出来的 H^+ 和 OH^-，它们也分别移向阴极或阳极。

这样，能在阴极上放电的正离子至少有两种，通常是金属离子和 H^+；能在阳极上放电的负离子也至少有两种，通常是酸根离子和 OH^-。究竟哪一种离子先放电，既和它们的标准电极电势有关，也和电极材料、电解产物是否为气体等有关，这就增加了判断电解产物的复杂性。比如，在电解池中用石墨、铂等惰性电极作为电极导体，它们不参加电极反应；如用 Cu、Zn、Fe 等材料作电极导体，则它们也要参加电极反应。当电解时，有气体产生也会对放电有影响。尽管如此，因为阳极进行氧化，放电的物质必定是容易给出电子的物质；而阴极进行还原，放电的物质必定是容易获得电子的物质。这就是说，在阴极放电的物质是电极电势较高的电对中的氧化态物质，而在阳极上放电的物质则是电极电势较低的电对中的还原态物质。

二、电解的应用

1. 电镀

电镀是电解原理的具体应用。具体说，电镀是应用电解的方法将一种金属覆盖到另一种金属表面的过程。通过电镀也可以看出电极材料对电解产物的影响。

在电解 $CuCl_2$ 水溶液时，不用惰性电极，而改用 Cu 作阳极，Fe 作阴极。接通电源后 Cu^{2+} 与 H^+ 移向阴极，由于 $\varphi^{\ominus}(Cu^{2+}/Cu)>\varphi^{\ominus}(H^+/H_2)$，$Cu^{2+}$ 在阴极放电：

阴极 $$Cu^{2+}+2e \!=\!=\!= Cu$$

在阳极，OH^- 和 Cl^- 移向阳极，作为阳极材料的 Cu 也有参加反应的可能。由于 $\varphi^{\ominus}(Cu^{2+}/Cu)$ 仅为 0.34V，因此不是 OH^- 和 Cl^- 放电，而是 Cu 的溶解：

阳极 $$Cu-2e \rightleftharpoons Cu^{2+}$$

这样继续下去将是阳极 Cu 不断溶解，而阴极 Fe 表面不断有 Cu 析出，覆盖在表面上。这就是所说的电镀。因此，在电解液中使用可溶性阳极是电镀的特性。

2. 电抛光

电抛光是金属表面精加工方法之一。用电抛光可以获得平滑而有光泽的表面。电抛光的原理如下：在电解过程中，利用金属表面上凸出部分的溶解速度大于凹入部分的溶解速度，从而使表面平滑光亮。

电抛光时，把工件（钢铁）作阳极，可用铅板作阴极，放入含有磷酸、硫酸和铬酐（CrO_3）电解液中进行电解。此时工件阳极铁因氧化而溶解。

阳极反应 $$Fe-2e \!=\!=\!= Fe^{2+}$$

然后 Fe^{2+} 与溶液中的 $Cr_2O_7^{2-}$（CrO_3 在酸性介质中形成 $Cr_2O_7^{2-}$）发生氧化还原反应；

$$6Fe^{2+}+Cr_2O_7^{2-}+14H^+ \!=\!=\!= 6Fe^{3+}+2Cr^{3+}+7H_2O$$

Fe^{3+} 进一步与溶液中的磷酸氢根（HPO_4^{2-}）和硫酸根（SO_4^{2-}）形成 $Fe_2(HPO_4)_3$ 和 $Fe_2(SO_4)_3$ 等盐。由于阳极附近的浓度不断增加，在金属表面形成一种黏度较大的液膜。由于在金属凸凹不平的表面上液膜厚度分布不均匀，凸起部分的薄，凹入部分的厚，因而阳极表面各处电阻也有所不同。凸起部分电阻小，电流密度集中的大些，这样就使凸起部分比凹入部分溶解得快，于是粗糙表面逐渐得以光滑。

3. 电解加工

电解加工是利用金属在电解液中可以发生阳极溶解的原理，将工件加工成型，其原理与电抛光相同。区别在于，电抛光时阳极与阴极间距离较大（100nm 左右），电解液在槽中是不流动的，因此通过的电流密度小，金属去除率低，只能进行抛光，而不能改变阳极的原有形状。

电解加工使用范围很广，能加工高硬度金属或合金，以及复杂形面的工件，其加工质量好、节省工具。但这种方法只能加工可电解的金属材料，即能够作可溶性阳极的金属材料。其精度只能满足一般要求，模件阴极要根据工件需要设计加工成专用的形状。

第五节　金属的腐蚀与防护

当金属与周围介质接触时，由于发生化学作用和电化学作用而引起的破坏叫作金属腐蚀。金属腐蚀现象十分普遍，所造成的损失也是很大的。根据有关统计资料，美国 1975 年因腐蚀而造成的直接经济损失达 700 亿美元，约占国民生产总值的 4%，超过当年各项天灾（风灾、火灾、地震等）损失的总和。1981 年对我国七个部门两百多个工厂、企业进行的调查表明，因腐蚀而造成的直接经济损失占各工厂、企业总产值的 4%~5%，相当于当年的基本建设投资总值，由腐蚀造成的间接经济损失（如人员伤亡、交通事故等）更为严重。因此了解腐蚀发生的原因，有效防治和控制腐蚀，有十分重要的意义。

按金属腐蚀过程的不同特点，可把金属腐蚀分成两大类：化学腐蚀和电化学腐蚀。

一、化学腐蚀

单纯由化学作用而引起的腐蚀叫化学腐蚀。仅是在高温下和干燥的气体接触，或在非电解质环境中，一般产生化学腐蚀。例如，在轧制钢筋的过程中，钢筋表面的“铁皮”就是铁在高温下被空气氧化（腐蚀）的产物，发生如下反应：

$$2Fe+O_2 = 2FeO$$

$$4Fe+3O_2 = 2Fe_2O_3$$

$$FeO+Fe_2O_3 = Fe_3O_4$$

由各种氧化物组成的铁锈很疏松，没有保护钢铁不再被腐蚀的能力。金属在非电解质（如苯、无水酒精、石油等）溶液中也会产生化学腐蚀，例如在石油中含有各种有机硫化物，它们对金属输油管及容器也会产生化学腐蚀。

二、电化学腐蚀

当金属和电解质溶液接触时，由电化学作用引起的腐蚀叫电化学腐蚀。它和化学腐蚀不同，是由于形成原电池（腐蚀电池）而引起的。在这种腐蚀电池中，负极上进行氧化反应，通常叫阳极；正极上进行还原反应，通常叫阴极。

当钢铁暴露在潮湿的空气中时，在表面会形成一层极薄的水膜，空气中的 CO_2、SO_2 等气体溶解在水膜中，使其呈酸性。而通常的钢铁并非纯金属，常含有不活泼的合金成分

(如 Fe_3C) 或能导电的杂质，它们星罗棋布的镶在铁质的基体上，形成许多微小的腐蚀电池（微电池）。铁为阳极，Fe_3C 或杂质为阴极，由于阳、阴极彼此紧密接触，电化学腐蚀作用得以不断进行。阳极的铁被氧化成 Fe^{2+} 进入水膜，同时电子移向阴极；H^+ 在阴极结合电子，被还原成氢气析出（图 4-4）。水膜中的 Fe^{2+} 和由水解离出的 OH^- 结合，生成 $Fe(OH)_2$。其反应如下：

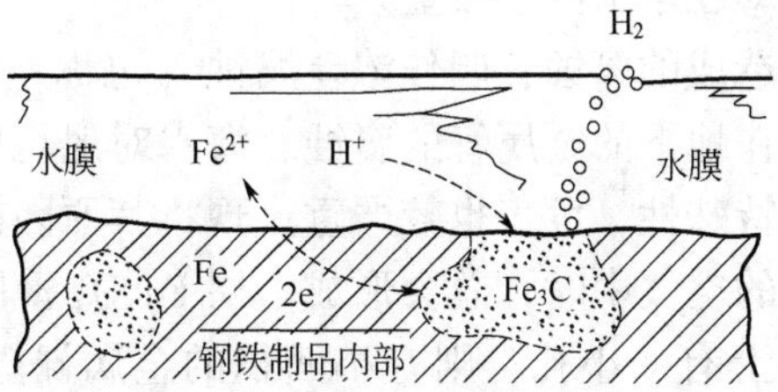

图 4-4 铁的析氢腐蚀原理

阳极（铁）① $Fe \longequal Fe^{2+}+2e$

② $Fe^{2+}+2H_2O \longequal Fe(OH)_2+2H^+$

阴极（Fe_3C 等） $2H^++2e \longequal H_2\uparrow$

总反应 $Fe+2H_2O \longequal Fe(OH)_2+H_2\uparrow$

$Fe(OH)_2$ 进一步被空气中的 O_2 氧化成 $Fe(OH)_3$：

$$4Fe(OH)_2+2H_2O+O_2 = 4Fe(OH)_3$$

$Fe(OH)_3$ 及其脱水产物 Fe_2O_3 是红褐色铁锈的主要成分。这种腐蚀过程中有氢气析出，所以叫作析氢腐蚀。当介质的酸性较强时，钢铁发生析氢腐蚀。

当介质呈中性或酸性很弱时，则主要发生吸氧腐蚀。这是一种吸收氧气的电化学腐蚀。此时溶解在水膜中的氧气是氧化剂。在阴极上，O_2 结合电子被还原成 OH^-；在阳极上，铁被氧化成 Fe^{2+}，其反应如下：

阳极 $Fe = Fe^{2+}+2e$

阴极 $O_2+2H_2O+4e = 4OH^-$

总反应式 $2Fe+O_2+2H_2O = 2Fe(OH)_2$

$Fe(OH)_2$ 进一步被空气中的 O_2 氧化为 $Fe(OH)_3$，所得的产物与析氢腐蚀相似。

由于 O_2 的氧化能力比 H^+ 能力强，故在大气中金属的电化学腐蚀一般都是以吸氧腐蚀为主。

金属表面因氧气分布不均匀而引起腐蚀。例如一段插入水中的钢铁支柱（图 4-5），接近水面的 x 段溶解氧的浓度较大（或分压较大），而深入水中的 y 段溶解氧浓度较小（或分压较小）。根据氧的电极反应

$$O_2+2H_2O+4e = 4OH^-$$

可知 $$\varphi_{O_2/OH^-}=\varphi^{\ominus}_{O_2/OH^-}+\frac{0.059}{4}\lg\frac{p_{O_2}}{[OH^-]^4}$$

当氧的分压（或浓度）越大时，相应的电极电位代数值越大，O_2 的氧化能力越强。反之，则 O_2 的氧化能力弱。这种情况发生的反应为

阳极（y 段） $Fe = Fe^{2+}+2e$

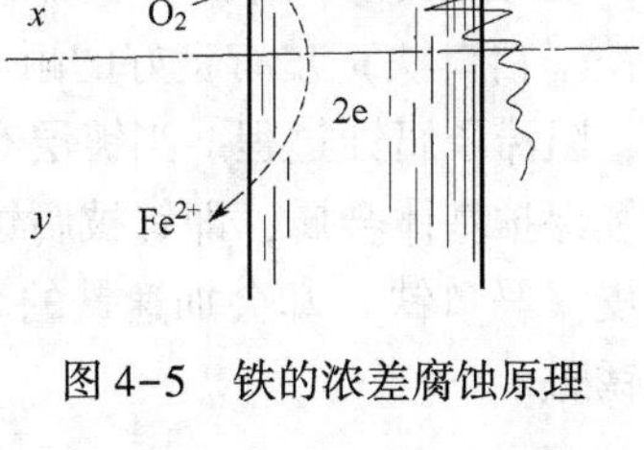

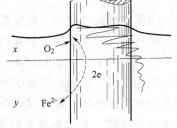

图 4-5 铁的浓差腐蚀原理

阴极(x 段)　　　$O_2+2H_2O+4e^-=4OH^-$

总反应式　　　$2Fe+O_2+2H_2O=2Fe(OH)_2$

在近水面处发生反应

$$4Fe(OH)_2+O_2+2H_2O=4Fe(OH)_3$$

这种腐蚀反应和吸氧腐蚀相同，但发生的部位不同。这就说明进入水中的铁柱上的铁锈虽然在近水面，然而锈蚀坑却在水下的一段上。

这种由于氧浓度不同而造成的腐蚀，叫作浓差腐蚀（也称差异充气腐蚀）。浓差腐蚀是金属腐蚀的常见现象，如埋在地下的金属管的腐蚀、海水对船坞的“水线腐蚀”、钢板的孔蚀等。其中孔蚀现象有它的特殊性，危害也较严重。现将其原因简单介绍如下。

当一块钢板暴露在潮湿的空气中时，总会形成一层 Fe_2O_3 薄膜。如果该膜是致密的，则可以阻滞腐蚀过程。若在膜上有一小孔，则有小面积的金属裸露出来，这里的金属将被腐蚀。腐蚀产物［Fe_2O_3、$Fe(OH)_3$ 等］疏松地堆积在周围，把孔遮住。这样 O_2 难于进入孔内，又会产生浓差腐蚀（图 4-6）。同时孔内的 H^+浓度增加，使小孔内的 H^+浓度增加，使小孔内的腐蚀不断加深，甚至穿孔。孔蚀是一种局部腐蚀现象，常常为表面的尘土或锈堆隐蔽，不易发现，因而危害性更大。

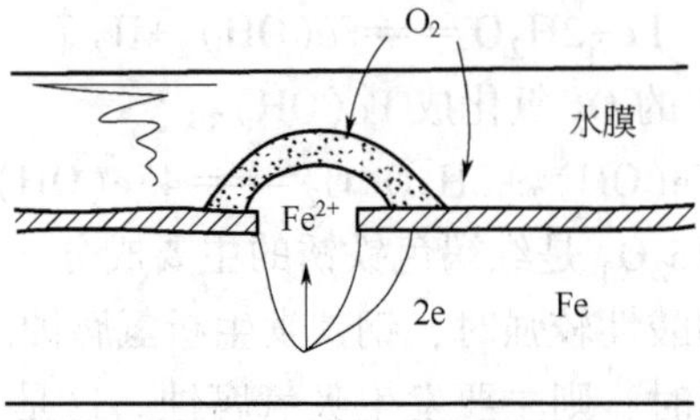

图 4-6　钢板的孔蚀原理

三、金属的防护

了解金属腐蚀的原理之后，便能较有效地采取防止金属腐蚀的措施。金属防腐的方法很多，这里作简单介绍。

1. 组成合金

将不同物料与金属组成合金，既可改变金属的使用性能，又可改善金属的耐腐蚀性能。例如含铬 18%的不锈钢能耐硝酸的腐蚀，添加锰、硅、稀土元素等的耐腐蚀合金钢，可以满足各种工程的需要。

2. 隔离介质

由于在腐蚀过程中，介质总是参加反应，因此在可能情况下，设法将金属制品和介质隔离，便可起到防护作用，例如油漆、搪瓷、塑料喷涂的使用等，各种金属镀层也属此例。镀锌铁（白口铁）皮有良好的耐腐蚀性，锌的表面易形成致密的碱式碳酸锌 $Zn_2(OH)_2CO_3$ 薄膜，阻滞了腐蚀过程。当镀层有局部破裂时，因为锌比铁活泼，能起“牺牲阳极”的作用，继续保护基体金属，即锌被腐蚀，而铁被保护了下来（图 4-7）。但在空气中，破裂的镀锡铁皮（马口铁）却会加速铁的腐蚀（图 4-8）。故食用罐头一经打开，在断口附近会很快形成锈斑。

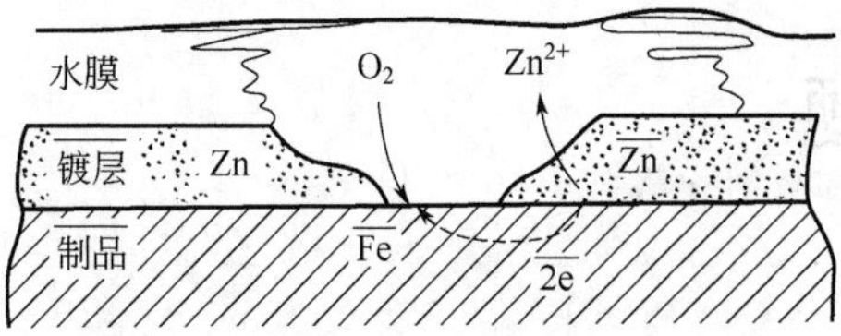

图 4-7　镀层破裂后白铁皮的腐蚀原理

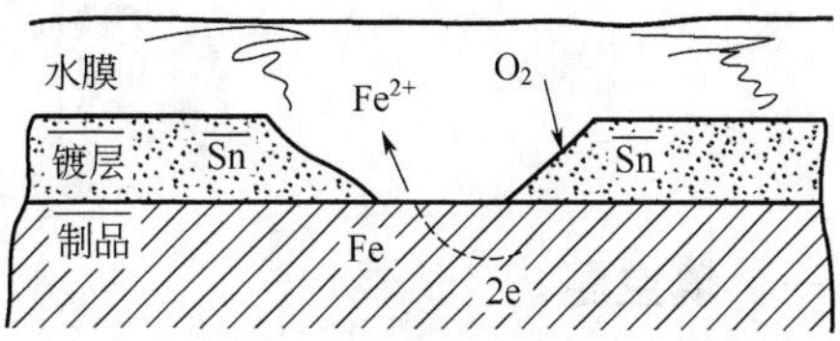

图 4-8　镀层破裂马口铁的腐蚀原理

对于枪支武器、刀片、发条等金属制品（既不宜涂漆，又不宜镀其他金属的制品），往往可在金属表面实行氧化处理（俗称发蓝或发黑）或磷化处理。这些处理的过程较复杂，其原理是在金属表面形成一层致密的、不溶于水的氧化物或磷酸盐薄膜，从而隔离介质使金属不受腐蚀。

3. 介质处理

这种方法的原理是改变介质的氧化还原性能，例如 Na_2SO_3 除去水中的溶解氧：

$$2Na_2SO_3+O_2 = Na_2SO_4$$

在腐蚀性介质中，加入少量某些物质能显著减小腐蚀速率，这种物质称缓蚀剂。例如，在酸性介质中可采用乌洛托品［六次甲基四胺（$(CH_2)_6N_4$）］作缓蚀剂。其缓蚀原理较复杂，有些研究者认为胺类（R_3N）能与 H^+结合成正离子（类似 NH_4^+）：

$$R_3N+H^+ = [R_3NH]^+$$

$[R_3NH]^+$被金属表面吸附后，阻碍 H^+的进攻，延缓腐蚀速率。

四、电化学防腐法

鉴于金属的电化学腐蚀是阳极（活泼金属）被腐蚀，可以借助于外加的阳极（较活泼的金属）或直流电源而将金属设备作阴极保护起来，因此电化学保护法又称为阴极保护法，还可称为牺牲阳极法和外加电流法。将较活泼的金属（Mg、Al、Zn 等）或其合金连接在被保护的金属设备上，形成原电池，这时较活泼的金属作为阳极而被腐蚀，金属设备作为阴极而得到保护，这就称作牺牲阳极法，常用于保护海轮外壳、海底设备等金属制品。牺牲阳极和被保护金属的表面积应有一定的比例，通常是被保护金属面积的 1%~5%。

若将直流电源的负极接在被保护的金属设备上，正极接到另一导体上（如石墨、废钢铁等），控制适当的电流，可达到保护阴极的目的。这种外加电流法常用于防止土壤中金属设备的腐蚀（图 4-9）。

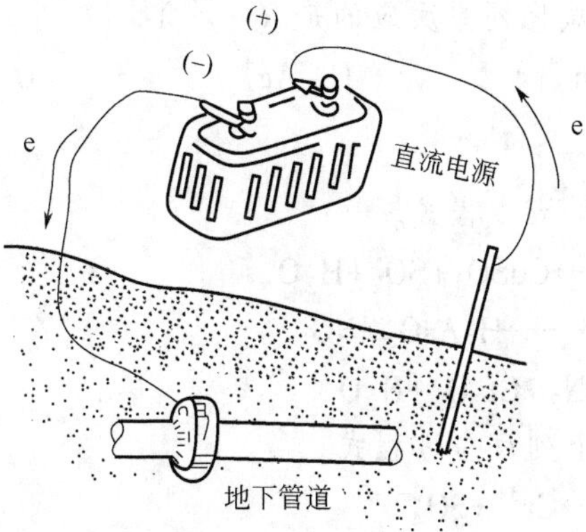

图 4-9　外加电流保护法的原理

习题

一、填空题

1. 在氧化还原反应中，氧化剂____电子，发生____反应；还原剂____电子，发生反应。

2. 原电池中，正极的电极电势值比负极的电极电势值______，发生______反应。

3. 在电极反应 $Zn^{2+}+2e \longrightarrow Zn$ 中，增大 Zn^{2+} 浓度，Zn 的还原性____。

4. Cu-Fe 原电池的电池符号________________________________，其正极半反应式__________，负极半反应式__________，原电池的反应式________________。

5. 在氧化还原反应中，氧化剂是 $\varphi^{\ominus}$ 值______的电对中的______型物种，还原剂是 $\varphi^{\ominus}$ 值______的电对中的______型物种。

二、选择题

1. 下列物种不能作还原剂的是（　　）。

A. H_2S　　B. Fe^{2+}　　C. Fe^{3+}　　D. SO_2

2. 在 H_3PO_4 中，P 的氧化值是（　　）。

A. −3　　B. +1　　C. +3　　D. +5

3. 下列常见的氧化剂中，如果使 $c(H^+)$ 增加，氧化剂的氧化能力增强的是（　　）。

A. Cl_2　　B. Sn^{4+}　　C. Fe^{3+}　　D. $Cr_2O_7^{2-}$

4. 在酸性溶液中和标准状态下，下列各组离子可以共存的是（　　）。

A. MnO_4^- 和 Cl^-　　B. Fe^{3+} 和 Sn^{2+}　　C. NO_3^- 和 Fe^{2+}　　D. I^- 和 Sn^{4+}

5. 对于电对 Zn^{2+}/Zn，增加 Zn^{2+} 浓度，其标准电极电势值将（　　）。

A. 增大　　B. 减小　　C. 不变　　D. 无法判断

6. 在一个氧化还原反应中，若两个电对的电极电势值相差很大，则可判断（　　）。

A. 该反应的反应速率很大　　B. 该反应的反应趋势很大

C. 该反应是可逆的　　D. 该反应能剧烈进行

7. 下列说法正确的是（　　）。

A. H^+ 的氧化性比 Cu^{2+} 强　　B. H_2O_2 既可作氧化剂又可做还原剂

C. CO_2 既有氧化性又有还原性　　D. Br_2 只能作氧化剂

8. 下列离子能和 I^- 发生氧化还原反应的是（　　）。

A. Hg^{2+}　　B. Zn^{2+}　　C. Ag^+　　D. Fe^{3+}

三、简答题

1. 用氧化值法配平下列反应方程式。

（1）$Cu+H_2SO_4$(浓) $\longrightarrow CuSO_4+SO_2+H_2O$

（2）$As_2O_3+HNO_3+H_2O \longrightarrow H_3AsO_4+NO$

（3）$(NH_4)_2Cr_2O_7 \longrightarrow N_2+Cr_2O_3+H_2O$

2. 用离子—电子法配平下列反应方程式。

（1）$Cr_2O_7^{2-}+SO_3+H^+ \longrightarrow Cr^{3+}+SO_4^{2-}$

（2）$H_2S+I_2 \longrightarrow I^-+S^{2-}$

(3) $CrO_2^- + H_2O_2 + OH^- \longrightarrow CrO_4^{2-}$

(4) $Fe(OH)_2 + H_2O_2 \longrightarrow Fe(OH_3)$

3. 如果把下列氧化还原反应分别装置成原电池，试以符号表示，并写出正、负极反应方程式。

(1) $Zn + CdSO_4 \xlongequal{} ZnSO_4 + Cd$

(2) $Fe^{2+} + Hg^+ \xlongequal{} Fe^{3+} + Hg$

4. 从铁、镍、铜、银四种金属及其盐溶液 $[c(M^{2+}) = 1.0mol \cdot L^{-1}]$ 中选出两种，组成一个具有最大电动势的原电池，写出其电池符号。

5. 查看下列各电对的标准电极电势 $\varphi_A^{\ominus}$，判断各电对中，哪种物质是最强的氧化剂，哪一个是最强的还原剂，并写出二者之间进行氧化还原反应的方程式。

(1) MnO_4^-/Mn^{2+}　　Fe^{3+}/Fe^{2+}　　Cl_2/Cl^-；

(2) O_2/H_2O_2　　H_2O_2/H_2O　　O_2/H_2O；

(3) Br_2/Br^-　　Fe^{3+}/Fe^{2+}　　I_2/I^-。

6. 根据标准电极电势 $\varphi_A^{\ominus}$，判断下列反应自发进行的方向。

(1) $Cd + Zn^{2+} \rightleftharpoons Cd^{2+} + Zn$。

(2) $Sn^{2+} + 2Hg^+ \rightleftharpoons Sn^{4+} + 2Hg$。

(3) $2MnO_4^- + 2Mn^{2+} + 2H_2O \rightleftharpoons 5MnO_2 + 4H^+$。

(4) $2K_2SO_4^- + Cl_2 \rightleftharpoons K_2S_2O_8 + 2KCl$。

7. 根据标准电极电势 $\varphi_A^{\ominus}$，指出下列各组物种，哪些可以共存，哪些不能共存，并说明理由。

(1) Fe^{3+}，I^-；(2) $S_2O_8^{2-}$，H_2S；(3) $Cr_2O_7^{2-}$，I^-；(4) Ag^+，Fe^{2+}

8. 溶液 pH 值增加，对下列电对的电极电势有何影响，使各物质氧化还原能力如何变化？

(1) MnO_2/Mn^{2+}；(2) MnO_4^-/MnO_4^{2-}；(3) NO_3^-/HNO_2。

四、计算题

1. 计算下列半反应的电极电势。

(1) $Sn^{2+}(0.010mol \cdot L^{-1}) + 2e \longrightarrow Sn$，

(2) $Ag^+(0.25mol \cdot L^{-1}) + e \longrightarrow Ag$。

2. Pb—Sn 电池

$$(-)Sn \mid Sn^{2+}(1.0mol \cdot L^{-1}) \parallel Pb^{2+}(1.0mol \cdot L^{-1}) \mid Pb(+)$$

计算：(1) 电池的标准电动势 $E^{\ominus}$；

(2) 当 $c(Sn^{2+})$ 仍为 $1.0mol \cdot L^{-1}$，电池反应逆转时（即 $E^{\ominus} \leqslant 0V$）的 $c(Pb^{2+})$ 等于多少？

3. 计算反应 $Fe + Cu^{2+} \longrightarrow Fe^{2+} + Cu$ 的平衡常数，若反应结束时溶液中 $c(Fe^{2+}) = 0.01mol \cdot L^{-1}$，求此时 Cu^{2+} 的浓度。

4. 标准状态下，$c(Fe^{3+}) = 0.001mol \cdot L^{-1}$，$c(I^-) = 0.001mol \cdot L^{-1}$，$c(Fe^{2+}) = 1.0mol \cdot L^{-1}$，判断反应 $2Fe^{3+} + 2I^- \longrightarrow 2Fe^{2+} + I_2$ 的方向。已知 $\varphi^{\ominus}(Fe^{3+}/F^{2+}) = 0.771V$；$\varphi^{\ominus}(I_2/I^-) = 0.5355V$。

5. 试用反应式表示下列电解过程中的主要电解产物：

(1) 电解 $NiSO_4$ 溶液，阳极用镍，阴极用铁；

(2) 电解熔融 $MgCl_2$，阳极用石墨，阴极用铁；

(3) 电解 KOH 溶液，两极都用铂。

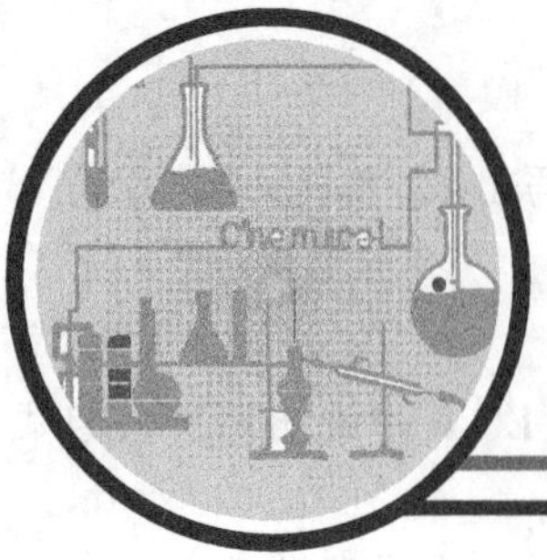

第五章　物质结构

第一节　原子结构与元素周期律

世界是由物质组成的，物质又由相同或不同的元素组成。迄今经 IUPAC 正式公布的已经有 118 种元素，正是这些元素的原子经过各种化学反应，组成了千万种不同性质的物质。19 世纪末以来，科学实验证实了原子很小（直径约 10^{-10}m），却有着复杂的结构，原子是由带正电的原子核和绕核运动的带负电荷的电子所组成。原子核又包含了带正电的质子与不带电的中子。元素的原子序数等于核电荷数（即质子数），也等于核外电子数。由于化学反应不涉及原子核的变化，而只是改变了核外电子的数目或运动状态。因此，本章在讨论原子外电子排布和运动的规律基础上介绍元素性质的周期律以及由原子或离子结合成的分子结构与晶体结构。

一、原子核外电子的运动状态

1. 电子的波粒二象性

波粒二象性是指物质既有波动性又有粒子性；波动性是指物质在运动中呈现波的性质，主要表现在具有一定的波长和频率，如光的干涉、衍射等现象；粒子性是指物质在运动中具有动量和能量，如光电效应、光的反射、光的吸收等现象。光具有波动和粒子两重性，称为光的波粒二象性。

光的波粒二象性启发了法国物理学家德布罗依（de Broglie），1924 年，他提出一个大胆假设：认为微观粒子都具有波粒二象性；也就是说，微观粒子除具有粒子性外，还具有波动性质，这种波称为德布罗依波或物质波；1927 年，德布罗依的假设经电子衍射实验得到了完全证实。美国物理学家戴维逊（Davission C. J.）和革末（Germer L. H.）进行了电子衍射试验，当将一束高速电子流通过镍晶体（作为光栅）而射到荧光屏时，结果得到了和光衍射相似的一系列明暗交替的衍射环纹，这种现象称为电子衍射。衍射是一切波动的共同特征，由此充分证明高速运动的电子流，也具有波粒二象性。

具有波粒二象性的微观粒子，其运动状态和宏观物体的运动状态不同。例如，导弹、人造卫星等的运动，它在任何瞬间，人们都能根据经典力学理论，准确地同时测定出它的位置和动量（动量等于质量和速度的乘积）；也能够准确地预测出它的运动轨道。但是像电子这类微观粒子的运动，由于兼具波动性，人们在任何瞬间都不能准确地同时测定电子的位置和动量；它也没有确定的运动轨迹，即测不准原理。所以在研究原子核外电子的运动状态时，必须完全摒弃经典的力学理论，而代之以描述微观粒子运动的量子力学理论。

2. 波函数和原子轨道

每个波的振幅是其位置坐标的函数，称为波函数，用符号 Ψ 表示。电子在原子核外空间运动的波动性，可以用波函数来描述，它是描述原子核外电子运动状态的数学函数，每一个波函数代表电子的一种运动状态。波函数决定电子在核外空间的概率分布，相似于经典力学中宏观物体的运动轨道，量子力学中通常把原子中电子的波函数称为原子轨道，每一个波函数代表一个原子轨道，这里的轨道指的是电子在核外运动的空间范围，而不是绕核一周的圆。

1926 年奥地利物理学家薛定谔（Schrodinger E.）把电子运动和光的波动理论联系起来，提出了描述核外电子运动状态的数学方程，称为薛定谔方程。薛定谔方程把作为粒子特征的电子质量（m）、位能（V）和系统的总能量（E）与其运动状态的波函数（Ψ）列在一个数学方程式中，即体现了波动性和粒子性的结合。解薛定谔方程的目的就是求出波函数 Ψ 以及与其对应的能量 E，这样就可了解电子运动状态和能量的高低。求得 $\Psi(x, y, z)$ 的具体函数形式，即为方程的解，它是一个包含 n、l、m 三个常数项的三变量（x，y，z）函数式。为了得到描述电子运动状态的合理解，必须对三个参数 n、l、m 按一定规律取值，这三个函数，分别为主量子数、角量子数和磁量子数。

求解方程得出的不是一个具体数值，而是用空间坐标（x，y，z）来描述波函数的数学函数式，一个波函数就代表一种核外电子的运动状态并对应一定的能量值，所以波函数也称原子轨道。但这里所说的原子轨道和宏观物体固定轨道的含义不同，它只是反映了核外电子运动状态表现出的波动性和统计性规律。图 5-1 为某些原子轨道的角度分布图。图中“+”、“-”号表示波函数的正负值。

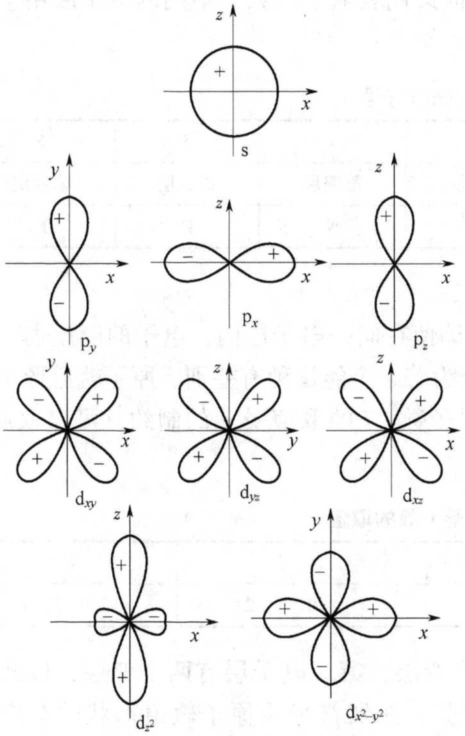

图 5-1　s、p、d 原子轨道角度分布图（平面图）

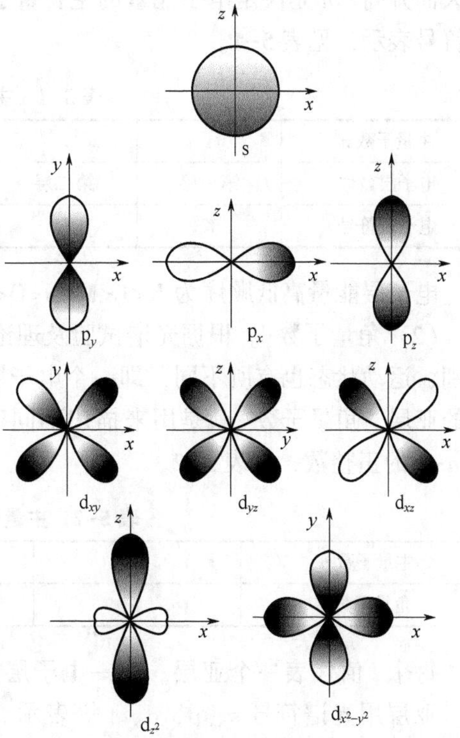

图 5-2　s、p、d 电子云角度分布图（平面图）

3. 概率密度与电子云

按照量子力学观点，原子核外的电子并不是在一定轨道上运动，只能用统计的方法，给出概率的描述。电子在核外空间各处出现的概率大小，称为概率密度。为了形象地表示电子在原子中的概率密度分布情况，常用密度不同的小黑点来表示，这种图像称为电子云。小黑点较密的地方，表示电子出现的概率密度较大；小黑点较稀疏处，表示电子出现的概率密度较小。

电子在核外空间出现的概率密度和波函数 Ψ 的平方成正比，也即表示为电子在原子核外空间某点附近微体积出现的概率。类似于原子轨道角度分布图，也可以做出电子云的角度分布图，如图 5-2 所示。两种图形基本相似，但有两点区别：

（1）原子轨道角度分布图上带有正负号，而电子云的角度分布图上均为正值，通常不标出；

（2）电子云的角度分布图比较“瘦”些。

4. 四个量子数

解薛定谔方程时引入的三个常数项分别称为主量子数 n、角量子数 l 和磁量子数 m，它们的取值是相互制约的。用这些量子数可以表示原子轨道或电子云离核的远近、形状及其在空间伸展的方向。此外，还有用来描述电子自旋运动的自旋量子数 m_s。下面分别予以说明。

（1）主量子数 n。主量子数的取值是从 1 开始的正整数（1，2，3，4，…）。主量子数表示电子离核的平均距离，n 越大，电子离核平均距离越远，n 相同的电子离核平均距离比较接近，即所谓电子处于同一电子层。电子离核越近，其能量越低，因此电子的能量随 n 的增大而升高。n 是决定电子能量的主要量子数。n 值又代表电子层数，不同的电子层用不同的符号表示，见表 5-1。

表 5-1　主量子数与光谱符号

主量子数 n	1	2	3	4	5	6
电子层名称	第一层	第二层	第三层	第四层	第五层	第六层
电子层符号	K	L	M	N	O	P

电子层能量高低顺序为 K<L<M<N<O<P。

（2）角量子数 l。根据光谱试验及理论推导，即使在同一电子层内，电子的能量也有所差别，运动状态也有所不同，即一个电子层还可分为若干个能量稍有差别、原子轨道形状不同的亚层。角量子数 l 就是用来描述不同亚层的量子数。l 的取值受 n 的制约，可以取从 0 到 $n-1$ 的正整数，见表 5-2。

表 5-2　主量子数与角量子数的取值

主量子数 n	1	2	3	4
角量子数 l	0	0，1	0，1，2	0，1，2，3

每个 l 值代表一个亚层。第一电子层只有一个亚层，第二电子层有两个亚层，以此类推。亚层用光谱符号 s、p、d、f 等表示。角量子数、亚层符号及原子轨道形状的对应关系见表 5-3。

表 5-3　角量子数、亚层符号及原子轨道形状的对应关系

角量子数 l	0	1	2	3
亚层符号	s	p	d	f
原子轨道或电子云形状	球形	哑铃形	花瓣形	花瓣形

同一电子层中，随着 l 数值的增大，原子轨道能量也依次升高，即 $E_{ns}<E_{np}<E_{nd}<E_{nf}$。故从能量角度讲每一亚层有不同的能量，常称之为相应的能级。与主量子数决定的电子层间的能量差别相比，角量子数决定的亚层间的能量差要小得多。

(3) 磁量子数 m。根据光谱线在磁场中会发生分裂的现象得出：原子轨道不仅有一定的形状，而且还具有不同的空间伸展方向。磁量子数 m 的取值受角量子数的制约。当角量子数为 l 时，m 的取值可以从 $+l$ 到 $-l$ 并包括 0 在内的整数。即 $m=0$，±1，±2，…，$\pm l$。因此，亚层中 m 取值个数与 l 的关系是 $2l+1$，即 m 取值有（$2l+1$）个。每个取值表示亚层中的一个有一定空间伸展方向的轨道。因此，一个亚层中 m 有几个数值，该亚层中就有几个伸展方向不同的轨道。n、l 和 m 的关系见表 5-4。由表可见，当 $n=1$、$l=0$ 时，$m=0$，表示 1s 亚层在空间只有一种伸展方向。当 $n=2$、$l=1$ 时，m=0，+1，−1，表示 2p 亚层中有 3 个空间伸展方向不同的轨道，即 p_x，p_y，p_z。这 3 个轨道的 n，l 值相同，轨道的能量相同，所以称为等价轨道或简并轨道。当 $n=3$、$l=2$ 时，$m=0$，±1，±2，表示 3d 亚层上有 5 个空间伸展方向不同的轨道。这 5 个轨道的 n、l 值也相同，轨道能量也应相同，所以也是等价轨道或简并轨道。

表 5-4　n、l 和 m 的关系

主量子数 n	1	2		3			4			
电子层符号	K	L		M			N			
角量子数 l	0	0	1	0	1	2	0	1	2	3
电子亚层符号	1s	2s	2p	3s	3p	3d	4s	4p	4d	4f
磁量子数 m	0	0	0 ±1	0	0 ±1	0 ±1 ±2	0	0 ±1	0 ±1 ±2	0 ±1 ±2 ±3
亚层轨道数（$2l+1$）	1	1	3	1	3	5	1	3	5	7
电子层轨道数 n^2	1	4		9			16			

综上所述，用 n、l、m 三量子数即可决定一个特定的原子轨道的大小、形状和伸展方向。

(4) 自旋量子数 m_s。电子除绕核运动外，本身还作两种相反方向的自旋运动，描述电子自旋运动的量称为自旋量子数 m_s，取值为 +1/2 和 −1/2，符号用“↑”和“↓”表示。由于自旋量子数只有两个取值，因此每个原子轨道最多能容纳 2 个电子。

以上讨论了四个量子数的意义和它们之间相互联系又相互制约的关系。有了这四个量子数就能够比较全面地描述一个核外电子的运动状态，如原子轨道的分布范围、轨道形状和伸展方向以及电子的自旋状态等。此外，由 n 值可以确定 l 的最大限量（几个亚层或能级）；由 l 值可以确定 m 的最大限量（几个伸展方向或几个等价轨道），这样就可以推算出各电子层和亚层上的轨道总数。再结合 m_s，也很容易得出各电子层和各亚层的电子最大容量。

【例 5-1】 某一多电子原子，试讨论在其第三电子层中：

（1）亚层数是多少？并用符号表示各亚层。

（2）各亚层上的轨道数是多少？该电子层上的轨道总数是多少？

（3）哪些是等价轨道？

解：第三电子层，即主量子数 $n=3$。

（1）亚层数是由角量子数 l 的取值数确定的。$n=3$ 时，l 的取值可有 0，1，2。所以第三电子层中有 3 个亚层，它们分别是 3s，3p，3d。

（2）各亚层上的轨道数是由磁量子数 m 的取值确定的。各亚层中可能有的轨道数是：

当 $n=3$、$l=0$ 时，$m=0$，即只有一个 3s 轨道。

当 $n=3$、$l=1$ 时，$m=0$，-1，$+1$，即可有 3 个 3p 轨道：$3p_x$，$3p_y$，$3p_z$。

当 $n=3$、$l=2$ 时，$m=0$，±1，±2，即可有 5 个 3d 轨道：$3d_{z^2}$，$3d_{xz}$，$3d_{yz}$，$3d_{x^2-y^2}$，$3d_{xy}$。

由上可知，第三电子层中总共有 9 个轨道。

（3）等价轨道（或简并轨道）是能量相同的轨道，轨道能量主要决定于 n，其次是 l，所以 n、l 相同的轨道具有相同的能量。故等价轨道分别为 3 个 3p 轨道和 5 个 3d 轨道。

5. 多电子原子轨道的能级

氢原子核外只有一个电子，它的原子轨道能级只取决于主量子数 n，但是对于多电子原子来说，由于电子间的互相排斥作用，因此原子轨道能级关系较为复杂。原子中各原子轨道能级的高低主要根据光谱试验确定，用图示法近似表示，这就是所谓近似能级图。常用的是鲍林（Pauling L.）近似能级图，如图 5-3 所示。

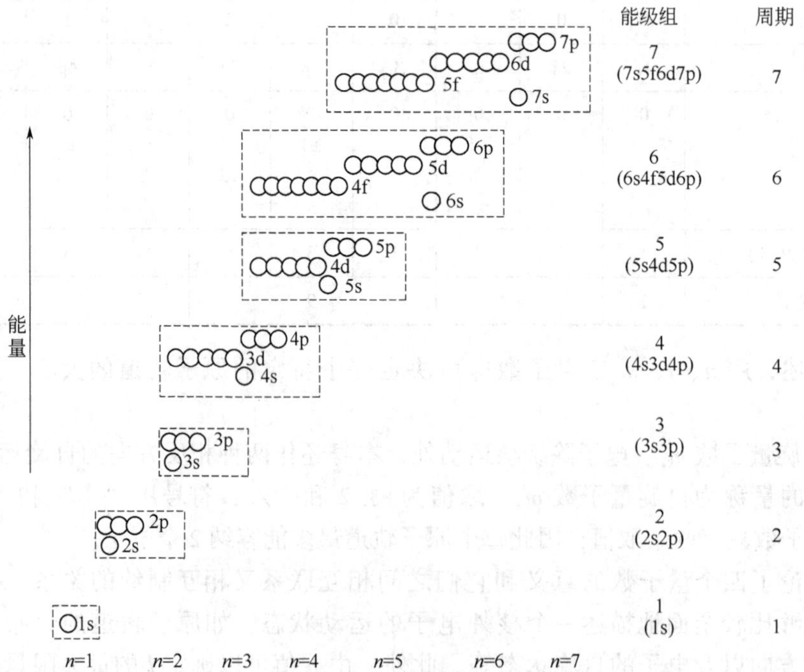

图 5-3 鲍林近似能级图

鲍林近似能级图是按照能量由低到高的顺序排列，并将能量相近的能级规划一组，称为能级组，以虚线框起来。相邻能级组之间能量相差比较大。每个能级组（除第一能级组）都是从 s 能级开始，于 p 能级终止，能级组数等于核外电子层数，能级组的划分与周期表中的周期的划分是一致的。从图 5-3 可以看出：

（1）同一原子中的同一电子层内，各亚层之间的能量次序为 $ns<np<nd<nf$。

（2）同一原子中的不同电子层内，相同类型亚层之间的能量次序为 1s<2s<3s…

（3）同一原子中的第三层以上的电子层中，不同类型的亚层之间，在能级组中常出现能级交错现象，例如：4s<3d<4p；5s<4d<5p；6s<4f<5d<6p。

必须指出，鲍林近似能级图反映了多电子原子中原子轨道能量的近似高低，不能认为所有元素原子中的能级高低都是一成不变的，更不能用它来比较不同元素原子轨道能级的相对高低。

二、基态原子核外电子的排布原理

为了说明基态原子的电子排布，根据光谱试验结果，并结合对元素周期律的分析，归纳总结出核外电子排布的三个基本原理如下。

1. 能量最低原理

自然界任何体系总是能量越低，所处状态越稳定，这个规律称为能量最低原理。原子核外电子的排布也遵循这个原理。所以，随着原子序数的递增，电子总是优先进入能量最低的能级，可依鲍林近似能级图逐级填入。

需要指出，无论是实验结果或理论推导都证明：原子在失去电子时的顺序与填充时的并不对应。基态原子外层电子顺序为 $ns\rightarrow(n-2)f\rightarrow(n-1)d\rightarrow np$；而基态原子失去外层电子的顺序为 $np\rightarrow ns\rightarrow(n-1)d\rightarrow(n-2)f$。例如，Fe 的最高能级组电子填充顺序为先填 4s 轨道的 2 个电子再填 3d 轨道上的 6 个电子。而在失去电子时，却是先失 2 个 4s 电子（称为 Fe^{2+}），再失 1 个 3d 电子（称为 Fe^{3+}）。

2. 泡利不相容原理

泡利（Pauli W.）提出：在同一原子中不可能有四个量子数完全相同的 2 个电子。换句话说，在同一轨道上最多只能容纳 2 个自旋方向相反的电子。应用泡利不相容原理，可以推算出每一电子层上电子的最大容量。

【例 5-2】（1）写出 $_{3}Li$ 和 $_{11}Na$ 的电子排布式。

（2）用四个量子数表示 $_{3}Li$ 的各能级上的电子运动状态。

解：（1）根据以上两个原理，它们的电子排布式是

$_{3}Li$　　$1s^22s^1$

$_{11}Na$　　$1s^22s^22p^63s^1$

（2）$_{3}Li$ 有 3 个电子分布在 1s 和 2s 两个能级上，它们的运动状态用四个量子数来描述是

$$1s^2：n=1，l=0，m=0，m_s=+1/2$$
$$n=1，l=0，m=0，m_s=-1/2$$
$$2s^1：n=2，l=0，m=0，m_s=+1/2$$

3. 洪特规则

洪特（Hund F.）提出在同一亚层的等价轨道上，电子将尽可能占据不同的轨道，且自

旋方向相同（这样排布时总能量最低）。例如，$_7N$ 的电子排布为 $1s^22s^22p^3$，其轨道上的电子排布为

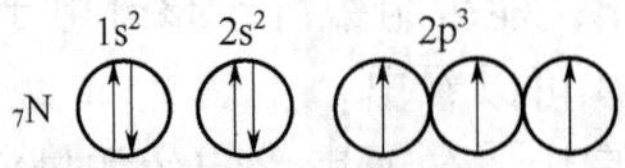

此外，根据光谱试验结果，又归纳出一个规律：等价轨道在全充满、半充满或全空的状态是比较稳定的，即

p^6 或 d^{10} 或 f^{14}　　全充满

p^3 或 d^5 或 f^7　　半充满

p^0 或 d^0 或 f^0　　全空

例如，铬和铜原子核外电子的排布式：

$_{24}Cr$ 不是 $1s^22s^22p^63s^23p^63d^44s^2$，而是 $1s^22s^22p^63s^23p^63d^54s^1$，$3d^5$ 为半充满。

$_{29}Cu$ 不是 $1s^22s^22p^63s^23p^63d^94s^2$，而是 $1s^22s^22p^63s^23p^63d^{10}4s^1$，$3d^{10}$ 为全充满。

为了书写方便，以上两例的电子排布式也可简写成

$_{24}Cr$：[Ar]$3d^54s^1$　　$_{29}Cu$：[Ar]$3d^{10}4s^1$

方括号中所列稀有气体表示该原子内层的电子结构与此稀有气体原子的电子结构一样，[Ar]、[K]、[Xe] 等称为原子芯（在离子的电子排布式中使用时称离子芯）。

三、原子核外电子排步与元素周期律

表 5-5 列出了由光谱试验数据得到的原子序数 1～36 各元素基态原子中的电子排布情况。其中绝大多数元素的电子排布与前述排布原则是一致的，但也有少数不符合。对此，必须尊重事实，并在此基础上去探求更符合实际的理论解释。

表 5-5　基态原子的电子排布

周期	原子序数	元素符号	元素名称	电子层			
				K	L	M	N
				1s	2s2p	3s3p3d	4s4p4d4f
1	1	H	氢	1			
	2	He	氦	2			
2	3	Li	锂	2	1		
	4	Be	铍	2	2		
	5	B	硼	2	2 1		
	6	C	碳	2	2 2		
	7	N	氮	2	2 3		
	8	O	氧	2	2 4		
	9	F	氟	2	2 5		
	10	Ne	氖	2	2 6		

续表

周期	原子序数	元素符号	元素名称	电子层			
				K	L	M	N
				1s	2s2p	3s3p3d	4s4p4d4f
3	11	Na	钠	2	2 6	1	
	12	Mg	镁	2	2 6	2	
	13	Al	铝	2	2 6	2 1	
	14	Si	硅	2	2 6	2 2	
	15	P	磷	2	2 6	2 3	
	16	S	硫	2	2 6	2 4	
	17	Cl	氯	2	2 6	2 5	
	18	Ar	氩	2	2 6	2 6	
4	19	K	钾	2	2 6	2 6	1
	20	Ca	钙	2	2 6	2 6	2
	21	Sc	钪	2	2 6	2 6 1	2
	22	Ti	钛	2	2 6	2 6 2	2
	23	V	钒	2	2 6	2 6 3	2
	24	Cr	铬	2	2 6	2 6 5	1
	25	Mn	锰	2	2 6	2 6 5	2
	26	Fe	铁	2	2 6	2 6 6	2
	27	Co	钴	2	2 6	2 6 7	2
	28	Ni	镍	2	2 6	2 6 8	2
	29	Cu	铜	2	2 6	2 6 10	1
	30	Zn	锌	2	2 6	2 6 10	2
	31	Ga	稼	2	2 6	2 6 10	2 1
	32	Ge	锗	2	2 6	2 6 10	2 2
	33	As	砷	2	2 6	2 6 10	2 3
	34	Se	硒	2	2 6	2 6 10	2 4
	35	Br	溴	2	2 6	2 6 10	2 5
	36	Kr	氪	2	2 6	2 6 10	2 6

人们根据大量实验事实总结出：元素以及由其形成的单质与化合物的性质，随着原子序数（核电荷数）的递增呈周期性的变化，这一规律称为周期律。元素周期律总结和揭示了元素性质从量变到质变的特征和内在依据。元素周期律的图表形式称为元素周期表，见表5-6（部分）。

表 5-6 元素周期表

族 周期	1	2	3	4	5	6	7	8	9	10	11	12	13	14	15	16	17	18
1	ⅠA																	ⅧA
	1 H	ⅡA											ⅢA	ⅣA	ⅤA	ⅥA	ⅦA	2 He
2	3 Li	4 Be											5 B	6 C	7 N	8 O	9 F	10 Ne
3	11 Na	12 Mg	ⅢB	ⅣB	ⅤB	ⅥB	ⅦB		ⅧB		ⅠB	ⅡB	13 Al	14 Si	15 P	16 S	17 Cl	18 Ar
4	19 K	20 Ca	21 Sc	22 Ti	23 V	24 Cr	25 Mn	26 Fe	27 Co	28 Ni	29 Cu	30 Zn	31 Ga	32 Ge	33 As	34 Se	35 Br	36 Kr
5	37 Rb	38 Sr	39 Y	40 Zr	41 Nb	42 Mo	43 Tc	44 Ru	45 Rh	46 Pd	47 Ag	48 Cd	49 In	50 Sn	51 Sb	52 Te	53 I	54 Xe
6	55 Cs	56 Ba	71 Lu	72 Hf	73 Ta	74 W	75 Re	76 Os	77 Ir	78 Pt	79 Au	80 Hg	81 Tl	82 Pb	83 Bi	84 Po	85 At	86 Rn
7	87 Fr	88 Ra	103 Lr	104 Rf	105 Db	106 Sg	107 Bh	108 Hs	109 Mt									
价层电子结构	ns^1	ns^2	$(n-1)d^1$ ns^2	$(n-1)d^2$ ns^2	$(n-1)d^3$ ns^2	$(n-1)d^5$ ns^1	$(n-1)d^5$ ns^2	$(n-1)d^{6\sim8}ns^{0\sim2}$			$(n-1)d^{10}$ ns^1	$(n-1)d^{10}$ ns^2	ns^2np^1	ns^2np^2	ns^2np^3	ns^2np^4	ns^2np^5	ns^2np^6

镧系元素	57 La	58 Ce	59 Pr	60 Nd	61 Pm	62 Sm	63 Eu	64 Gd	65 Tb	66 Dy	67 Ho	68 Er	69 Tm	70 Yb
锕系元素	89 Ac	90 Th	91 Pa	92 U	93 Np	94 Pu	95 Am	96 Cm	97 Bk	98 Cf	99 Es	100 Fm	101 Md	102 No

1. 周期与能级组

周期表共分 7 个周期，第 1 周期只有 2 种元素，为特短周期；第 2 周期和第 3 周期各有 8 种元素，为短周期；第 4 周期和第 5 周期各有 18 种元素，为长周期；第 6 周期有 32 种元素，为特长周期；第 7 周期预测有 32 种元素，尚有几种元素还待发现，故称为不完全周期。除第 1 周期和第 2 周期的元素数目与原子的第 1 和第 2（或 K、L）层中的电子数目相同外，其余各周期的与各层并不相同。联系图 5-3 与表 5-6，即可得到表 5-7，并可得出各周期的元素数目与其对应的能级组中的电子数目相一致，即每建立一个新的能级组，就出现一个新的周期。周期数为能级组数或核外电子层数，各周期的元素数目等于该能级组各轨道所能容纳电子总数。

每一周期中的元素随着原子序数的递增，总是从活泼的碱金属开始（第一周期例外），逐渐过渡到稀有气体为止。对应于其电子结构的能级组则总是从 ns^1 开始至 np^6 结束，如此周期性地重复出现。在长周期或特长周期中，其电子层结构还夹着 $(n-1)$d 或 $(n-2)$f$(n-1)$d 亚层，见表 5-7。

表 5-7　能级组与周期的关系

周期	能级组	原子序数	能级组各亚层电子填充顺序	电子填充数	元素种数
1	Ⅰ	1~2	$1s^{1\sim2}$	2	2
2	Ⅱ	3~10	$2s^{1\sim2}\rightarrow2p^{1\sim6}$	8	8
3	Ⅲ	11~18	$3s^{1\sim2}\rightarrow3p^{1\sim6}$	8	8
4	Ⅳ	19~36	$4s^{1\sim2}\rightarrow3d^{1\sim10}\rightarrow4p^{1\sim6}$	18	18
5	Ⅴ	37~54	$5s^{1\sim2}\rightarrow4d^{1\sim10}\rightarrow5p^{1\sim6}$	18	18
6	Ⅵ	55~86	$6s^{1\sim2}\rightarrow4f^{1\sim14}\rightarrow5d^{1\sim10}\rightarrow6p^{1\sim6}$	32	32
7	Ⅶ	87~未完	$7s^{1\sim2}\rightarrow5f^{1\sim14}\rightarrow6d^{1\sim7}$	25（未填满）	31（尚待发现）

可见，元素划分为周期的本质在于能级组的划分。元素性质周期性的变化，是原子核外电子层结构周期性变化的反映。

2. 族与价层电子结构

价电子是指原子参加化学反应时能用于成键的电子，价电子所在的亚层统称为价电子层，简称价层。原子的价层电子构型，是指价层电子的排布式，它能反映出该元素原子在电子层结构上的特性。

周期表中共有 18 个纵行，分为 8 个主（A）族和 8 个副（B）族。同族元素虽然电子层数不同，但价层电子构型基本相同（少数例外），所以原子价层电子构型相同是元素分族的实质。

1）主族元素

在各族号罗马字旁加 A 表示主族。周期表中共有 8 个主族，即ⅠA~ⅧA。凡原子核外最后一个电子填入 ns 或 np 亚层上的元素，都是主族元素，其价层电子构型为 $ns^{1\sim2}$ 或 $ns^2np^{1\sim6}$，价电子总数等于其族数。例如，元素 $_{16}S$ 核外电子排布式是 $1s^22s^22p^63s^23p^4$，最后的电子填入 3p 亚层，为主族元素，价层电子构型为 $3s^23p^4$，即ⅥA 族。

ⅧA 族为稀有气体。这些元素原子的最外层（$nsnp$）上电子都已填满，价层电子构型为 ns^2np^6，成为 8 个电子稳定结构（He 只有 2 个电子即 $1s^2$）。它们的化学性质很不活泼，故过去曾称为零族或惰性气体。

2）副族元素

在各族号罗马字旁加 B 表示副族。周期表中共有 8 个副族，即ⅢB～ⅧB～ⅡB。凡是原子核外最后一个电子填入（$n-1$）d 或（$n-2$）f 亚层上的元素，都是副族元素，也称过渡元素［最后一个电子填在（$n-2$）f 亚层上的元素，称内过渡元素］。$(n-1)d^{1\sim10}ns^{1\sim2}$ 为过渡元素的价层电子构型。ⅢB 到ⅦB 族元素原子的价层电子总数等于其族数。例如，元素 $_{25}Mn$，其核外电子排布式 $1s^22s^22p^63s^23p^63d^54s^2$，最后电子填入 3d 亚层，为副族元素或过渡元素，其价层电子构型 $3d^54s^2$，即ⅦB 族。ⅧB 族有三列，它们的价层电子构型为 $(n-1)d^{6\sim10}ns^{0\sim2}$（$_{46}Pd$ 无 ns 电子），价层电子总数为 8～10 个，ⅧB 族的多数元素在化学反应中表现出的价电子数并不等于其族数。ⅠB、ⅡB 族元素由于其（$n-1$）d 亚层已经填满，所以最外层（即 ns）上的电子数等于其族数。

这种划分主、副族的方法，将主族割裂为前后两部分，且副族的排列也不是由低到高，ⅧB 族又包含 8、9、10 三列，其依据不多。IUPAC 于 1988 年建议将 18 纵行定为 18 个族，不分主、副族，并仍以元素的价层电子构型作为族的特征列出。这样虽然避免了上述问题，但 18 族不分类，显得多而乱，不易为初学者把握，故本书仍使用过去的主、副族分类法。

3. 元素周期表分区

根据周期、族和原子结构特征的关系，可将周期表中的元素划分成五个区域，如图 5-4 所示。

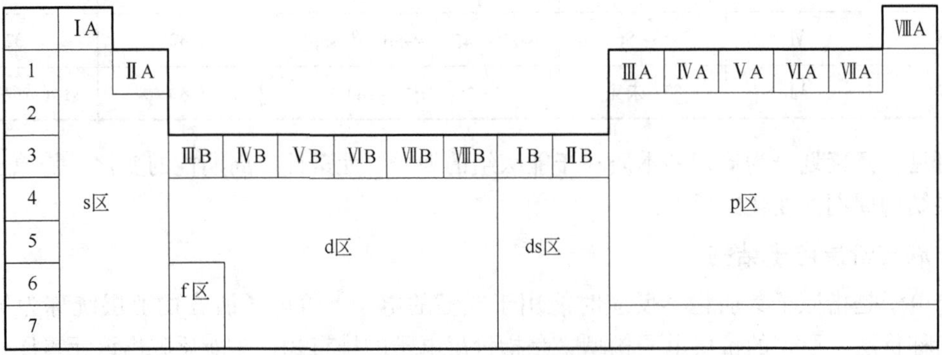

图 5-4　周期表中元素分区示意图

s 区，为ⅠA、ⅡA 族元素，价层电子构型为 ns^1、ns^2（1，2 两列）。

d 区，为ⅢB～ⅧB 族元素，价层电子构型 $(n-1)d^{1\sim8}ns^{0\sim2}$（3～10 列，共 8 列）。原 d 区中的ⅠB、ⅡB 族元素，由于（$n-1$）d 已填满，其 ns 上的电子数与 s 区相同，所以称为 ds 区元素，价层电子构型为 $(n-1)d^{10}ns^{1\sim2}$（11，12 两列）。

p 区，为ⅢA～ⅧA 族元素，价层电子构型为 $ns^2np^{1\sim6}$（13～18 列，共 6 列）。

f 区，为镧系、锕系元素（内过渡元素），其价层电子构型为 $(n-2)f^{0\sim14}(n-1)d^{0\sim2}ns^2$。

综上所述，原子的电子层结构与元素周期表之间有着密切的关系。对于多数元素来说，如果知道了元素的原子序数，便可以写出该元素原子的电子层结构，从而判断它所在的周期和族，反之，如果已知某元素所在的周期和族，便可以写出该元素的原子的电子层结构，也能推知它的原子序数。

【例 5-3】 已知某元素在周期表中位于第 5 周期ⅣA 族，试写出该元素的电子排布式、名称和符号。

解：根据该元素位于第 5 周期可以断定，它的核外电子一定是填充在第 5 能级组，即 5s4d5p。又根据它位于ⅣA 族得知，这个主族元素的族数应等于它的最外层电子数，即 $5s^25p^2$。再根据 4d 的能量小于 5p 的事实，则 4d 中一定充满了 10 个电子。所以，该元素原子的电子排布式为 $[Kr]4d^{10}5s^25p^2$，该元素为锡（Sn）。

四、元素性质的周期性

元素性质决定于其原子内部结构。这里结合原子核外电子层结构周期性的变化，阐述元素的一些主要性质的周期变化规律。

1. 有效核电荷（Z^*）

前面已知道，原子序数等于原子核电荷数。在多电子原子中，对某一电子来说，由于受到其余电子的排斥（屏蔽），相当于部分抵消了原子核对它的吸引力。因此，这个电子实际所受到的核电荷 Z^* 要比原子序数 Z 小。这种多电子原子中某一电子实际受到的核电荷的引力叫作有效核电荷（Z^*）。

元素原子序数增加时，原子的核电荷数呈线性关系依次增加。然而，有效核电荷 Z^* 却呈周期性变化。

同一周期的主族元素，从左到右随原子序数的增加，有效核电荷 Z^* 明显增加，而副族元素 Z^* 增加的幅度要小得多。原因是前者为同层电子之间的屏蔽，屏蔽作用较小；而后者是内层电子对外层电子的屏蔽，屏蔽作用较大。

同一族元素中，由上至下虽然核电荷数增加较多，但相邻两元素之间依次增加一个电子层，因而屏蔽作用也较大，结果有效核电荷增加不显著。

2. 原子半径（r）

电子在原子核外各处出现，虽然总的范围有限，但无明确的界限。为了确定这个电子活动的范围，即原子的大小，化学中形象地把原子看成刚性的“小球”。当两个原子形成化学键时，就相当于两个“小球”紧靠在一起，两个原子核间的距离就等于两个“小球”半径之和。通过测定原子核间距离就可以计算出“小球”的半径，这个半径就称为原子半径。由于原子之间成键的类型不同，所得的原子半径也会有所不同。通常将同种元素原子形成共价单键时，相邻两原子的核间距的一半定为单键共价半径，简称为共价半径；金属晶体中相邻两原子的核间距的一半定为金属半径；而第ⅧA 族元素（稀有气体）由于不易形成双原子分子，它们只能靠范德华力接近，所以测得的半径相对于其他原子半径大得多，称为范德华半径。表 5-8 列出了周期表中各元素的原子半径。

在短周期中，从左至右原子半径逐渐减小。这是因为同一短周期中，电子层数并无变化，这时核电荷增加而导致的收缩作用占主导地位。

表 5-8　元素的原子半径 r（单位：pm）

H																	He
32																	93
Li	Be											B	C	N	O	F	Ne
123	90											82	77	70	66	64	112
Na	Mg											Al	Si	P	S	Cl	Ar
154	136											118	117	110	104	99	154
K	Ca	Sc	Ti	V	Cr	Mn	Fe	Co	Ni	Cu	Zn	Ga	Ge	As	Se	Br	Kr
203	174	144	132	122	118	117	117	116	115	117	125	126	122	121	117	114	169
Rb	Sr	Y	Zr	Nb	Mo	Tc	Ru	Rh	Pd	Ag	Cd	In	Sn	Sb	Te	I	Xe
216	191	162	145	134	130	127	125	125	128	134	148	144	140	141	137	133	190
Cs	Ba	Lu	Hf	Ta	W	Re	Os	Ir	Pt	Au	Hg	Tl	Pb	Bi	Po	At	Rn
235	198	158	144	134	130	128	126	127	130	134	144	148	147	146	146	145	220

La	Ce	Pr	Nd	Pm	Sm	Eu	Gd	Tb	Dy	Ho	Er	Tm	Yb
169	165	164	164	163	162	185	162	161	160	158	158	158	170

过渡元素从左至右，原子半径变化的幅度不大。这是因为同一周期元素原子的电子层数相同，增加的电子填充在次外层（$n-1$）d 轨道上，内层 d 电子对核的屏蔽作用很大，减弱了核电荷对最外层电子的吸引，表现出收缩作用变小。影响过渡元素原子半径的因素较复杂，所呈现出的规律不十分明显，总的趋势是变小，但幅度不大。

s 区、p 区的各族元素，原子半径由上而下逐渐增大。这是因为随着电子层数增加，原子半径自然呈增大的趋势，虽然核电荷也相应增加，起到吸引电子、缩小原子半径的作用，但由于屏蔽效应，使这种缩小的趋向小于增大的趋向，最后的结果还是原子半径逐渐增大。d 区各族元素（过渡元素）由上而下原子半径有增大的趋势，但幅度小，且不很规律。

3. 电离能

气态原子在基态时失去最外层第一个电子成为+1 价气态离子所需的能量叫作第一电离能（I_1），再相继逐个失去电子所需的能量则依次称为第二、第三、……、电离能（I_2、I_3、...），例如：

$$Mg(g)-e \longrightarrow Mg^{+}(g) \qquad I_1=738kJ \cdot mol^{-1}$$

$$Mg^{+}(g)-e \longrightarrow Mg^{2+}(g) \qquad I_2=1451kJ \cdot mol^{-1}$$

$$Mg^{2+}(g)-e \longrightarrow Mg^{3+}(g) \qquad I_3=7733kJ \cdot mol^{-1}$$

对于同一原子，I_1 最小，因为从正离子中电离出电子远比从中性原子中电离电子困难。电离能反映了原子失去电子倾向的大小，它与元素的许多性质密切相关，表 5-9 列出了部分元素的第一电离能（单位为 $kJ \cdot mol^{-1}$）。一般书中未标明的电离能数据通常是指第一电离能。

电离能的大小反映了原子失去电子的难易程度。电离能越大，原子失去电子时需要吸收的能量越大，原子失去电子也就越难。电离能的大小，主要决定于原子的有效核电荷、原子半径和原子的电子层结构。有效核电荷越大、原子半径越小，外围电子构型越稳定，原子就越难失去电子，电离能就越大。

表 5-9　部分元素的第一电离能

H 1312																	He 2372
Li 520	Be 899											B 801	C 1086	N 1402	O 1314	F 1631	Ne 2081
Na 496	Mg 738											Al 578	Si 786	P 1012	S 1000	Cl 1251	Ar 1521
K 419	Ca 590	Sc 631	Ti 658	V 650	Cr 623	Mn 717	Fe 759	Co 758	Ni 737	Cu 745	Zn 906	Ga 579	Ge 762	As 947	Se 941	Br 1140	Kr 1351
Rb 403	Sr 550	Y 616	Zr 660	Nb 664	Mo 685	Tc 702	Ru 711	Rh 720	Pd 805	Ag 731	Cd 868	In 558	Sn 709	Sb 834	Te 869	I 1008	Xe 1170
Cs 376	Ba 503	Lu 523	Hf 675	Ta 761	W 770	Re 760	Os 839	Ir 878	Pt 868	Au 890	Hg 1007	Tl 589	Pb 716	Bi 703	Po 812	At	Rn 1041
Fr 393	Ra 509	Lr															

在同一周期中，从左至右，从碱金属到卤素，元素的有效核电荷增加，原子半径逐渐减小，原子最外层电子数逐渐增多。因此，总的趋势是元素的电离能逐渐增大。稀有气体由于具有稳定的电子层结构，在同一周期的元素中，电离能最大。长周期的 d 区元素由于电子填入到次外层，有效核电荷增加不多，原子半径减小缓慢，电离能增加不显著且不甚规则。虽然同一周期元素的第一电离能有增大趋势，但中间元素仍稍有起伏。例如，第三周期中的 Mg 和 P 虽分别位于 Al 和 S 的左侧，但它们的电离能反而比 Al 和 S 的高。这是由于 Mg 的外围电子构型为 $3s^2$，电子已成对，充满了 s 轨道；P 的外围电子构型为 $3s^23p^3$，p 轨道处于半充满状态，因此它们的电离能就分别比其右侧元素 Al 和 S 的电离能大一些。

在 s 区、p 区的同族元素中，从上而下电离能变小，这是因为它们最外层的电子数相同，有效核电荷增加不多，原子半径的增大起着主要作用。因此，核对最外层电子的吸引力逐渐减弱，电子趋向易于失去，电离能逐渐减小。

4. 电负性

元素的电负性是指原子在分子中吸引电子的能力。电负性的概念首先是由鲍林在 1932 年提出的。由于其在化学上非常之重要，曾有许多学者提出计算电负性的方法。各种方法计算出来的数值虽不相同，但在电负性大小顺序中元素的相对位置大致相同，而且相互之间的数值换算可找到一定的关系式。鲍林根据热化学数据，规定 F 的电负性为 4.0，计算出其他元素的相对电负性。表 5-10 列出了各元素的电负性。

从表 5-10 可以看到，电负性也呈有规律的递变。同一周期中，从左到右，从第ⅠA 族至第ⅦA 族元素电负性呈增大趋势，这是由于同一周期从左到右，有效核电荷逐渐增大，原子半径逐渐减小，原子在分子中吸引电子的能力逐渐增加的结果。s 区、p 区元素同一族中，从上至下电负性呈减小趋势，这是由于同一族元素从上至下，外围电子构型相同，有效核电荷相差不大，但原子半径的增大占了主导地位，因此，元素电负性呈减小趋势，一般地说，金属元素的电负性小于 2.0，非金属元素的大于 2.0。

表 5-10 电负性表

H 2.2																
Li 1.0	Be 1.6											B 2.0	C 2.6	N 3.0	O 3.4	F 4.0
Na 0.9	Mg 1.3											Al 1.6	Si 1.9	P 2.2	S 2.6	Cl 3.2
K 0.8	Ca 1.0	Sc 1.4	Ti 1.5	V 1.6	Cr 1.7	Mn 1.6	Fe 1.8	Co 1.9	Ni 1.9	Cu 1.9	Zn 1.7	Ga 1.8	Ge 2.0	As 2.2	Se 2.6	Br 3.0
Rb 0.8	Sr 1.0	Y 1.2	Zr 1.3	Nb 1.6	Mo 2.2	Tc 1.9	Ru 2.2	Rh 2.3	Pd 2.2	Ag 1.9	Cd 1.7	In 1.8	Sn 2.0	Sb 2.1	Te 2.1	I 2.7
Cs 0.8	Ba 0.9	Lu 1.3	Hf 1.3	Ta 1.5	W 2.4	Re 1.9	Os 2.2	Ir 2.2	Pt 2.3	Au 2.5	Hg 2.0	Tl 2.0	Pb 2.3	Bi 2.0	Po 2.0	At 2.2
Fr 0.7	Ra 0.9															

5. 元素的金属性和非金属性

元素的金属性是指其原子失去电子成为正离子的性质；而元素的非金属性则是指其原子得到电子成为负离子的性质。元素的原子越易失去电子，其金属性就越强；元素的原子越易得到电子，其非金属性就越强。由于电负性综合考虑了某一元素原子得失电子的能力，因此，也可以利用电负性的数据来衡量金属性或非金属性的强弱。电负性数值越大，表明该元素原子在分子中吸引电子的能力越强，非金属性也就越强；电负性数值越小，则表明该元素原子的金属性越强。

第二节 分子结构与晶体结构

一、共价键理论

共价键概念是 1916 年由美国化学家路易斯（Lewis G. N.）提出的。他认为在 H_2、O_2、N_2 等分子中，两个原子是由于共用电子对吸引两个相同的原子核而结合在一起的，电子成对并共用之后，每个原子都达到稳定的稀有气体原子的 8 电子结构。这种通过共用电子对形成的键叫作共价键。一般来说，电负性相差不大的元素原子之间常形成共价键。

共价键形成的本质于 1927 年由海特勒（Heitler W.）和伦敦（London F.）用量子力学处理 H_2 分子的形成而得到进一步的阐明，并在此基础上形成了两种共价键理论。

1. 共价键的本质

原子间通过共有电子对而形成的化学键，称为共价键。一般来说，电负性相差不多的元素原子之间常形成共价键，例如 $H\times + \cdot H \longrightarrow H\times \cdot H$。

共价键的本质是原子轨道重叠。如图 5-5 所示，当两个 H 原子相互靠近时，如果两个 1s 电子自旋相反，则轨道发生重叠，两核间电子云密度增大，增强了核对电子云的吸引，同时又削弱了两核间的排斥作用。当核间距离达平衡距离时，系统能量降到最低 E_0，从而

形成稳定的 H_2 分子，见图 5-6，此状态为 H_2 分子的基态。若两电子自旋相同，核间排斥作用增大，系统能量升高，不能形成 H_2 分子。

只含有共价键的化合物称为共价化合物，如 HCl、NH_3、H_2S、H_2O 等。

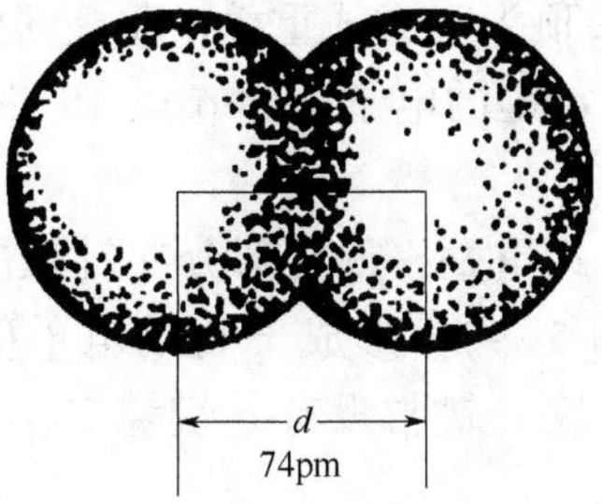

图 5-5　H_2 分子的核间距

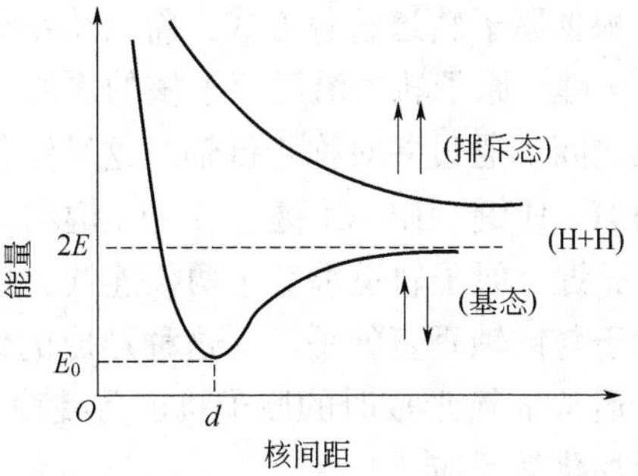

图 5-6　H_2 分子能量曲线

2. 价键理论的要点

（1）电子配对原理：只有具有自旋方向相反的未成对电子的两个原子相互靠近时，才能形成稳定的共价键，即每个未成对电子只能与一个自旋方向相反的未成对电子配对成键。一个原子有几个未成对电子，就可以形成几个共价键。

（2）最大重叠原理：成键电子的原子轨道重叠越多，则两核间的电子概率密度越大，形成的共价键越牢固。

3. 共价键的特征

价键理论的两个基本要点，决定了共价键具有的两种特征，即饱和性和方向性。

（1）饱和性。根据自旋方向相反的两个未成对电子，可以配对形成一个共价键，推知一个原子有几个未成对电子，就只能和同数目的自旋方向相反的未成对的电子配对成键，即原子所能形成共价键的数目受未成对电子数所限制，这一特性称为共价键的饱和性。例如，Cl 原子的电子排布为［Ne］$3s^23p^5$，3p 轨道上有一个未成对电子。因此，它只能和另一个原子中自旋方向相反而未成对的电子配对，形成一个共价键。

（2）方向性。原子轨道中，除 s 轨道是球形对称没有方向性外，p、d、f 原子轨道中的等价轨道，都具有一定的空间伸展方向。在形成共价键时，只有成键的原子轨道沿合适的方向相互靠近，才能达到最大程度的重叠，形成稳定的共价键，因此，共价键必然具有方向性，称为共价键的方向性。例如 HCl 分子中共价键的形成，假如 Cl 原子的 p 轨道中的 p_x 有一个未成对电子，H 原子的 s 轨道中自旋方向相反的未成对电子只能沿着 x 轴方向与其相互靠近，才能达到原子轨道的最大重叠（图 5-7）。

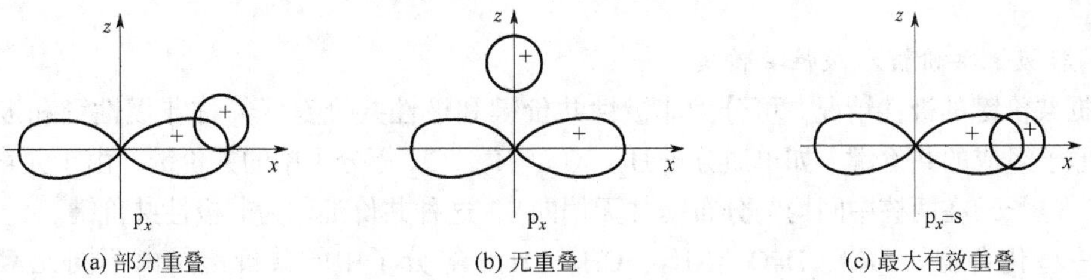

图 5-7　共价键的方向性

4. 共价键的类型

可从不同角度对共价键进行分类。

1）σ 键和 π 键

根据原子轨道重叠方式，将共价键分为 σ 键和 π 键。

σ 键。原子轨道沿两原子核的连线（键轴），以“头顶头”方式重叠，重叠部分集中于两核之间，通过并对称于键轴，这种键称为 σ 键。形成 σ 键的电子称为 σ 电子，图 5-8 所示的 H—H 键、H—Cl 键、Cl—Cl 键均为 σ 键。

π 键。原子轨道垂直于两核连线，以“肩并肩”方式重叠，重叠部分在键轴的两侧并对称于与键轴垂直的平面，这种形成的键称作 π 键（图 5-9）。形成 π 键的电子称为 π 电子。通常 π 键形成时的原子轨道重叠程度小于 σ 键的，故 π 键常没有 σ 键稳定，π 电子容易参加化学反应。

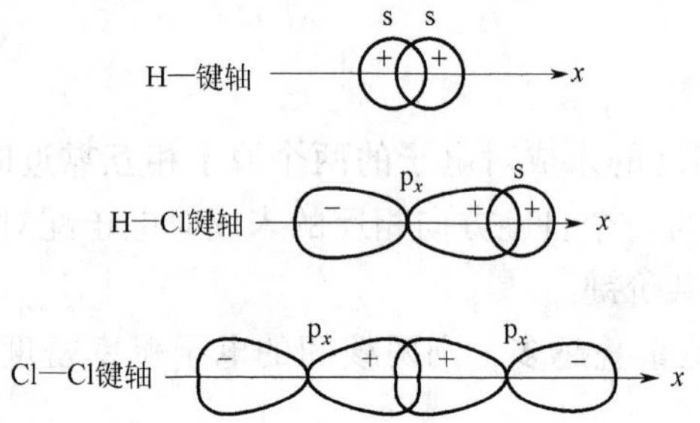

图 5-8　σ 键

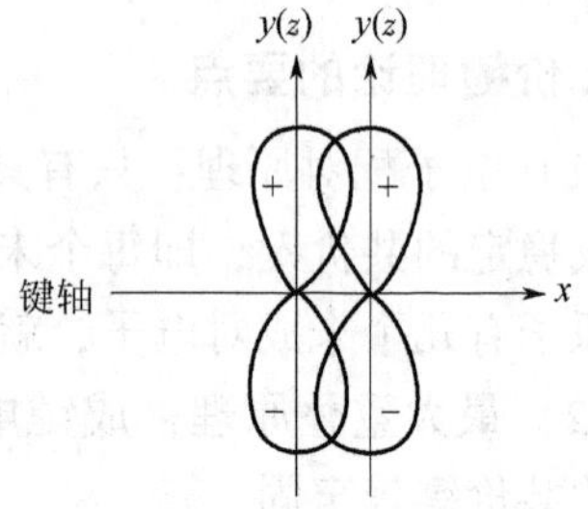

图 5-9　π 键

当两原子形成双键或叁键时，既有 σ 键又有 π 键。例如，N_2 分子的 2 个 N 原子之间就有一个（且只能有一个）σ 键，另两个是 π 键。N 原子的价层电子构型是 $2s^22p^3$，三个未成对的 2p 电子分布在三个互相垂直的 $2p_x$、$2p_y$、$2p_z$ 原子轨道上。当两个 N 原子形成 N_2 分子时，两个 N 原子的 $2p_x$ 以“头顶头”方式重叠形成 σp_x-p_x 键，则垂直于 σ 键键轴的 $2p_y$、$2p_z$ 只能分别以“肩并肩”方式重叠，形成 πp_y-p_y 和 πp_z-p_z 键，如图 5-10 所示。

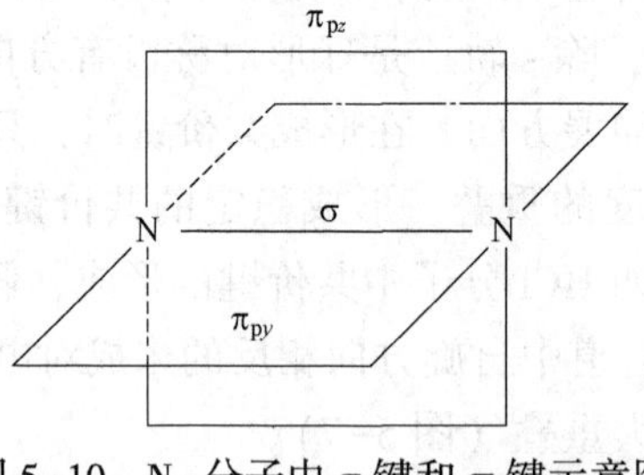

图 5-10　N_2 分子中 σ 键和 π 键示意图

2）非极性共价键和极性共价键

根据共价键的极性情况，可分为非极性共价键和极性共价键（简称非极性键和极性键）。由同种原子组成的共价键，如单质分子 H_2、O_2、N_2、Cl_2 等分子中的共价键，由于元素的电负性相同，电子云在两核中间均匀分布（并无偏向），这种共价键称为非极性共价键。

另一些化合物如 HCl、H_2O、NH_3、CH_4、H_2S 等分子中的共价键是由不同元素的原子形成的。由于元素的电负性不同，对电子对的吸引能力也不同，所以共用电子对偏向电负性较大的元素的原子。电负性较大的元素原子一端电子云密度大，带部分负电荷而显负电性；电负性较小的一端，则呈正电性。于是在共价键的两端出现了电的正极和负极，这样的共价键称为极性共价键。其极性大小可用成键的两元素的电负性差值（$\Delta\chi$）来衡量。$\Delta\chi$ 值越大，键的极性就越强，离子键是极性共价键的一个极端。$\Delta\chi$ 值越小，键的极性就越弱，非极性共价键则是极性共价键的另一个极端。显然，极性共价键是非极性共价键与离子键之间的过渡键型。

3）配位共价键

配位共价键简称配位键。配位键的形成是由一个原子单方面提供一对电子而与另一个有空轨道的原子（或离子）共用。在配位键中，提供电子对的原子称为电子给予体，接受电子对的原子称为电子接受体。配位键的符号用箭头“→”表示，箭头由电子给予体指向电子接受体。下面以 CO 为例说明配位键的形成：C 原子的价层电子是 $2s^22p^2$，O 原子的价层电子是 $2s^22p^4$，C 原子和 O 原子的 2p 轨道上各有 2 个未成对电子，可以形成两个共价键。此外，C 原子的 2p 轨道上还有一个空轨道，O 原子的 2p 轨道上又有一对成对电子（也称孤对电子），正好提供给 C 原子的空轨道共用而形成配位键。配位键的形成示意图见图 5-11。

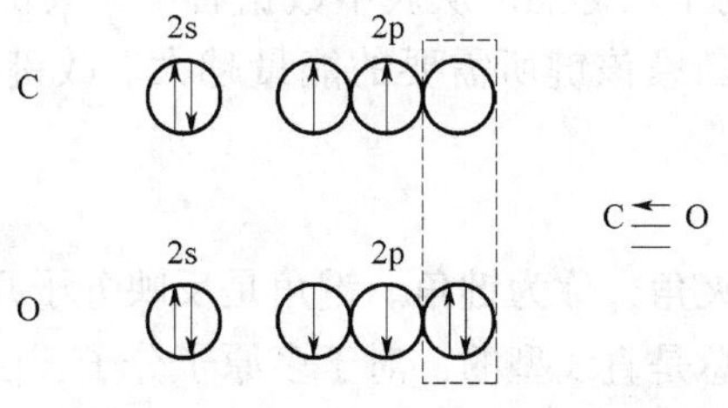

图 5-11　CO 中配位键的形成示意图

此类共价键在无机化合物中是大量存在的，如 NH_4^+、SO_4^{2-}、PO_4^{3-}、ClO_4^- 等离子中都有配位共价键。

5. 键参数

共价键的基本性质可以用某些物理量来表征，如键长、键能、键角等，这些物理量统称键参数。

1）键长（ℓ）

分子中成键的两原子核间的平衡距离（即核间距），称为键长或键距，常用单位为 pm（皮米）。用 X 射线衍射方法可以精确地测得各种化学键的键长。表 5-11 列举了一些共价键的键长。

表 5-11　一些共价键的键能和键长

键	键长 ℓ，pm	键能 E，$kJ\cdot mol^{-1}$	键	键长 ℓ，pm	键能 E，$kJ\cdot mol^{-1}$
H—H	74	436	C—H	109	414
C—C	154	347	C—N	147	305
C═C	134	611	C—O	143	360
C≡C	120	837	C═O	121	736
N—N	145	159	C—Cl	177	326

续表

键	键长 ℓ，pm	键能 E，kJ · mol^{-1}	键	键长 ℓ，pm	键能 E，kJ · mol^{-1}
O—O	148	142	N—H	101	389
Cl—Cl	199	244	O—H	96	464
Br—Br	228	192	S—H	136	368
I—I	267	150	N≡N	110	946
S—S	205	264	F—F	141	158

一般情况下，键合原子的半径越小，成键的电子对越多，其键长越短，键能越大，共价键就越牢固。

2）键能（E）

键能是化学键强弱的量度。在一定温度和标准压力下，断裂气态分子的单位物质的量的化学键（即 6.02×10^{23} 个化学键），使它变成气态原子或原子团时所需要的能量，称为键能，用符号 E 表示，其 SI 的单位为 kJ · mol^{-1}。对于双原子分子，键能在数值上等于键离解能（D）；对于 A_mB 或 AB_n 类的多原子分子所指的是 m 个或 n 个等价键的离解能的平均键能。表 5-11 列出了一些化学键的平均键能。从表中数据看出，共价键是一种很强的结合力。键能越大，表明该键越牢固，断裂该键所需要的能量越大。故键能可作为共价键牢固程度的参数。

3）键角（α）

在分子中键与键之间的夹角，称为键角。键角是反映分子几何构型的重要因素之一；对于双原子分子，分子的形状总是直线型的；对于多原子分子，由于原子在空间排列不同，所以有不同的键角和几何构型。键角是由实验测得的。

一般说来，如果知道一个分子中所有共价键的键长和键角，这个分子的几何构型就能确定。例如，H_2O 分子中 O—H 键的键长和键角分别为 96pm 和 104.45°，说明水分子是 V 形结构。

二、杂化轨道与分子的空间构型

价键理论说明了分子中共价键的形成，但却不能解释多原子分子的形成和分子的空间构型，如 $HgCl_2$、BF_3、CH_4 等分子。以 CH_4 为例，其分子中 C 原子的价电子构型为 $2s^22p_x^12p_y^1$，根据价键理论，C 原子只能形成两个互相垂直的共价键，但实验测定，分子中有 4 个完全相同的 C—H 键，键角为 109°28′，分子空间构型为正四面体。为了解释此矛盾，1931 年鲍林和斯莱托提出了杂化轨道理论。

杂化轨道理论是对价键理论的发展。杂化轨道理论认为，在形成共价键的过程中，同一原子能级相近的几个原子轨道，可以“混合”起来，重新组合成相同数目的新轨道，这个过程称为杂化。杂化后所形成的新轨道，称为杂化轨道。杂化后轨道的分布角度和形状都发生了变化。杂化轨道形状一头大、一头小，成键时用大头一端与另一原子的轨道重叠，重叠程度大，所以杂化轨道成键能力更强，形成的分子更稳定。

1. sp 杂化

同一个原子的 1 个 ns 轨道和 1 个 np 轨道发生的杂化，称为 sp 杂化。例如，$BeCl_2$ 分子中，中心原子 Be 基态价层电子为 $2s^2$，激发态 Be 原子价层电子为 $2s^12p_x^1$，杂化后，形成 2 个等价的 sp 杂化轨道。其过程如图 5-12 所示。

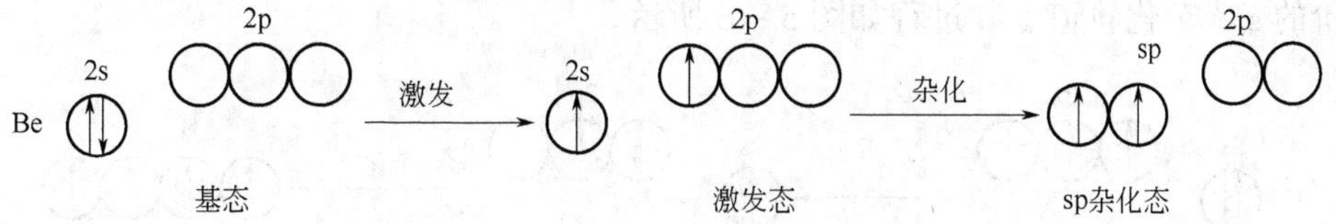

图 5-12　$BeCl_2$ 分子的 sp 杂化

sp 杂化轨道呈直线形，如图 5-13(a) 所示，杂化轨道与未杂化的 2 个 p 轨道相互垂直。形成直线形的 $BeCl_2$ 分子，见图 5-13(b)。每个 sp 杂化轨道各有 1/2s 成分和 1/2p 成分。

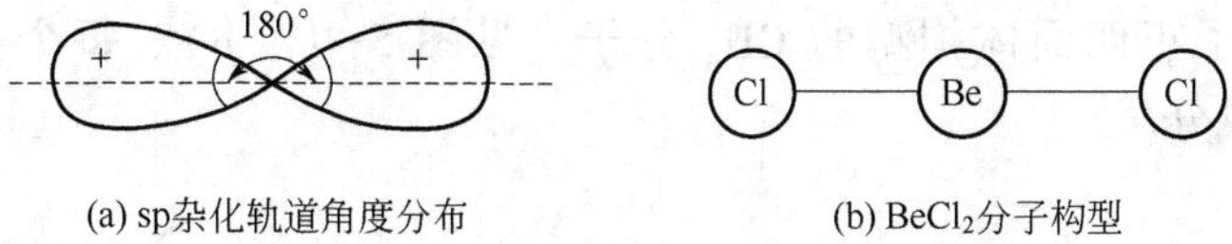

图 5-13　sp 杂化轨道与 $BeCl_2$ 分子构型

2. sp^2 杂化

同一个原子的 1 个 *n*s 轨道和 2 个 *n*p 轨道发生的杂化，称为 sp^2 杂化。例如，在 BF_3 分子形成过程中，基态 B 原子价层电子为 $2s^22p_x^1$，激发态 B 原子价层电子为 $2s^12p_x^12p_y^1$，含有 3 个未成对电子。杂化后，形成 3 个等价的 sp^2 杂化轨道。其过程如图 5-14 所示。

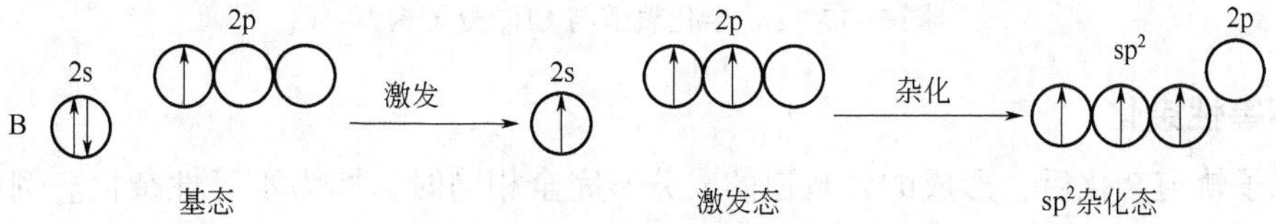

图 5-14　BF_3 分子的 sp^2 杂化

sp^2 杂化轨道呈平面正三角形，如图 5-15(a) 所示。杂化轨道的大头分别指向正三角形的三个顶点，各与 1 个 F 原子的含未成对电子的 2p 轨道发生"头碰头"重叠，形成了平面正三角形的 BF_3 分子，见图 5-15(b)。每个 sp^2 杂化轨道各有 1/3s 成分和 2/3p 成分。

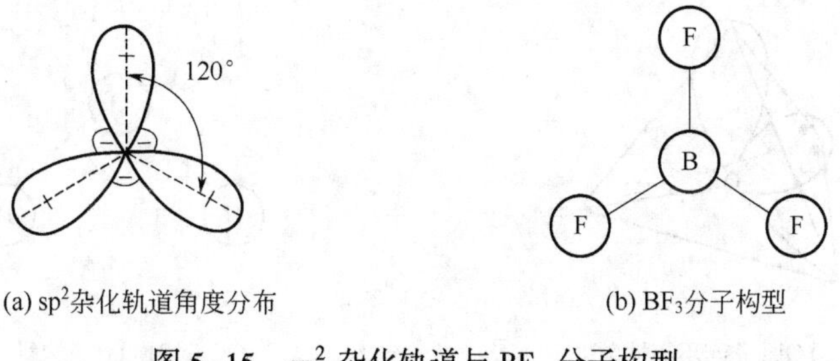

图 5-15　sp^2 杂化轨道与 BF_3 分子构型

3. sp^3 杂化

同一原子的 1 个 ns 轨道和 3 个 *n*p 轨道发生的杂化，称为 sp^3 杂化。例如，在 CH_4 分子形成过程中，基态 C 原子价层电子为 $2s^2 2p_x^1 2p_y^1$，1 个 2s 电子被激发到 2p 能级的空轨道 $2p_z$ 中，激发态 C 原子价层电子为 $2s^1 2p_x^1 2p_y^1 2p_z^1$，含有 4 个未成对电子。随之发生了杂化，形成 4 个等价的 sp^3 杂化轨道。其过程如图 5-16 所示。

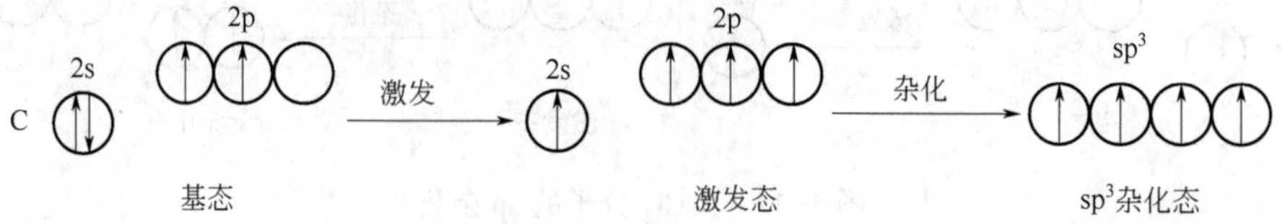

图 5-16　CH_4 分子的 sp^3 杂化

sp^3 杂化轨道呈正四面体形，如图 5-17(a) 所示，杂化轨道的大头分别指向正四面体的四个顶点，轨道夹角为 109°28′。每个杂化轨道的大头各与 1 个 H 原子的 1s 轨道发生"头碰头"重叠，形成了正四面体构型的 CH_4 分子，见图 5-17(b)。每个 sp^3 杂化轨道各有 1/4s 成分和 3/4p 成分。

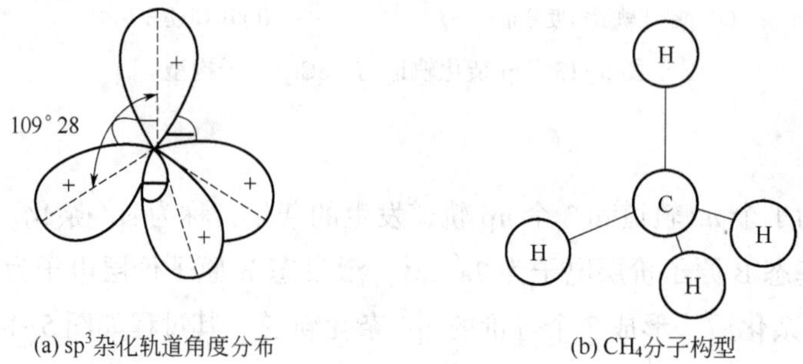

图 5-17　sp^3 杂化轨道与 CH_4 分子构型

4. 不等性杂化

当原子轨道杂化后，形成的各轨道的成分不完全相同时，即为不等性杂化。例如，H_2O 分子中，O 原子采取 sp^3 杂化，形成的 4 个杂化轨道中有 2 个被成对电子所占有，这种有孤对电子参与形成的杂化轨道，其成分、能量不完全相同。孤对电子所占据的杂化轨道 s 成分略多，未成对电子所占据的杂化轨道 p 成分略多，称为不等性杂化轨道。由于孤对电子不参与成键，离核较近，对其余两个成键轨道有较大的排斥作用，使键角∠HOH 由 109°28′压缩至 104°45′，因此 H_2O 分子呈 V 形，见图 5-18。

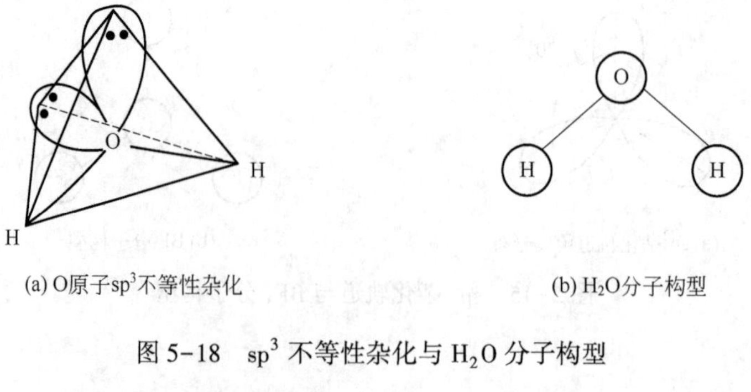

图 5-18　sp^3 不等性杂化与 H_2O 分子构型

NH_3 分子构型为三角锥形，其中 N 原子采取 sp^3 不等性杂化，其中的 1 个杂化轨道中有成对电子，对其余 3 个成键轨道有排斥作用，使键角∠HNH 为 107°18′。类似的还有 H_2S、PH_3、NF_3 等分子，其中的中心原子都采取 sp^3 不等性杂化。

三、离子键

1. 离子键的本质

当电负性相差较大的两种元素的原子相互作用时，电负性小的原子失去电子，电负性大的原子获得电子，形成阳离子和阴离子。例如，金属钠在氯气中燃烧，形成 NaCl 的过程，可表示如下：

$$Na_{\times} + \cdot\underset{\cdot\cdot}{\overset{\cdot\cdot}{Cl}}: \longrightarrow Na^+[{}_{\times}\underset{\cdot\cdot}{\overset{\cdot\cdot}{Cl}}:]^-$$

带相反电荷的 Na^+ 和 Cl^- 因静引力而相互靠近，同时两离子的原子核之间和核外电子之间因同性电荷而相互排斥，当吸引和排斥作用达平衡时，就形成了稳定的化学键。这种阴、阳离子间通过静电作用而形成的化学键，称为离子键。离子键的本质是静电引力。

含有离子键的化合物称为离子型化合物，如 Na_2O、Na_2O_2、KOH、$CaSO_4$ 等。离子的电荷越多，阴、阳离子间的静电作用越强，离子键越牢固。

2. 离子键的特点

离子键的特点是无方向性和饱和性。其原因是离子的电荷分布是球形对称的，静电引力无方向性，阴、阳离子可以从任一方向吸引带相反电荷的离子，即离子键无方向性；只要空间条件允许，每个离子都尽可能多地吸引带异性电荷的离子，即离子键无饱和性。如氯化钠晶体中，受两离子半径的限制，每个 Na^+ 只能和 6 个 Cl^- 相结合，每个 Cl^- 同样也只结合 6 个 Na^+。

四、分子间力与氢键

在常温、常压下，共价分子组成的物质如氨、水、碘等有的以气态、液态或固态存在，这表明分子之间存在着结合力或相互作用力。分子的结构不同，分子间的相互作用力也就不同，且与分子的极性有关。下面先讨论分子的极性和变形性。

1. 分子的极性

在分子中，由于正电荷的电量和负电荷的电量是相等的，所以就分子的总体来说也是电中性的。但从分子内部这种电荷的分布情况来看，可把分子分成极性和非极性分子两类。

设想在分子中每一种电荷都有一个“电荷中心”，其正、负电荷中心的相对位置用“+”和“-”来表示，则正、负电荷中心重合的分子叫作非极性分子，不重合的叫作极性分子，也称偶极分子。分子的极性也可以用一个物理量偶极矩来衡量。若分子中正、负电荷中心所带的电量为 q，距离为 d，两者的乘积（$q \cdot d$）叫作偶极矩，用符号 μ 来表示，单位为 C · m。

偶极矩的数值越大表示分子的极性也越大，μ 值为零的分子就是非极性分子。对双原子来说，分子的极性和键的极性是一致的，例如 H_2、N_2 等分子。在卤化氢分子中从 HF 到 HI，由于氢与卤素之间的电负性相差值依次减小，共价键的极性也逐渐减弱。对于多原子分子来说，分子的极性和键的极性不一定一致。例如，H_2O 分子和 CO_2 分子中的键（O—H 键和 C═O 键）都具有极性的，但从 μ 的数据来看，H_2O 分子是极性分子，CO_2 是非极性分子。这是由于 H_2O 分子的空间构型是 V 字形，2 个 O—H 键的共用电子对都偏向 O 原子，使负电荷中心比正电荷中心更靠近 O 原子，正、负电荷中心不重合（图 5-19）；CO_2 分子的空间构型是直线型，O═C═O，2 个 C═O 键的共用电子对同等程度的偏向两端的 O 原子，使负电荷中心和正电荷中心仍在碳核上重合（图 5-20）。

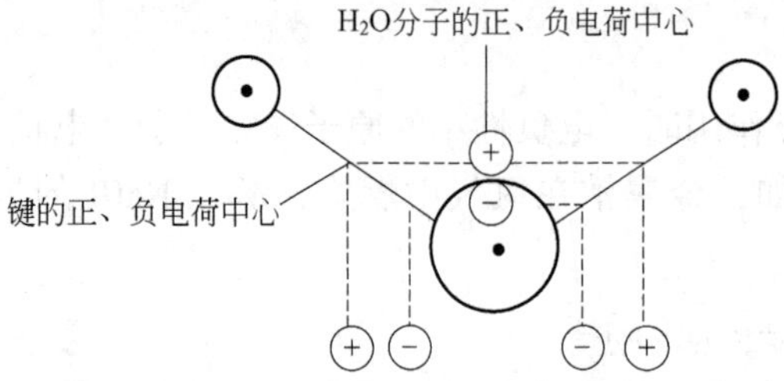

图 5-19　H_2O 分子的正、负电荷中心分布

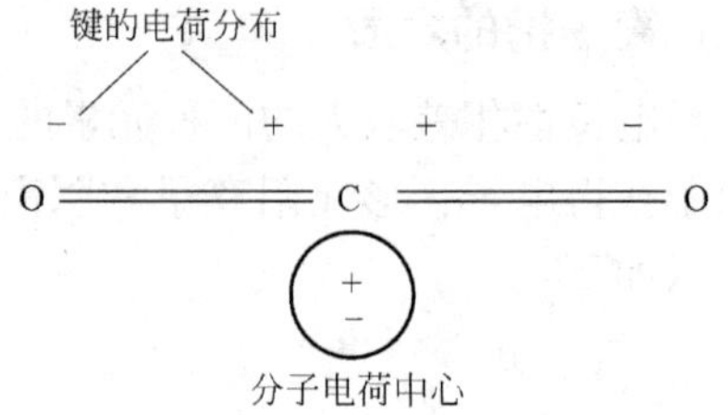

图 5-20　CO_2 分子中的正、负电荷中心分布

2. 分子的变形性

当分子处于外加电场中时，在外电场的作用下，分子中的正、负电荷中心会发生相对位移，分子发生变形，分子的极性也会随之改变，此过程称为分子的极化。

非极性分子在电场中被极化，正、负电荷中心发生相对位移而产生偶极，这种在外电场的诱导下产生的偶极称为诱导偶极，如图 5-21(a) 所示。极性分子本身就存在着偶极，称为固有偶极。极性分子在电场中被极化，在固有偶极的基础上偶极间距离增大，即产生诱导偶极，如图 5-21(b) 所示，分子极性增大。当外电场消失时，诱导偶极也随之消失。

(a) 非极性分子在电场中的极化　　(b) 极性分子在电场中的极化

图 5-21　分子在电场中的极化

分子被极化后外形发生改变的性质，称为分子的变形性。分子的变形性与相对分子质量和外电场强弱有关。对同类型（组成和结构相似）分子，相对分子质量越大，所含电子数越多，变形性越大；外电场越强，分子的变形性越显著。

3. 分子间力

1）色散力

共价分子相互接近时可以产生性质不同的结合力。当非极性分子相互靠近时，虽然从一段时间里测得 μ 值为零，但由于分子的不断运动和原子核的不断振动，要使每一瞬间正、负电荷中心都重合是不可能的，在某一瞬间总会有一偶极存在，这种偶极叫作瞬时偶极。由于同极相斥、异极相吸，瞬时偶极之间总是存在着异极相吸的状态。瞬时偶极之间产生的分子间力叫作色散力。

虽然瞬时偶极存在时间极短，但异极相邻的状态总是不断重复着，所以无论是非极性分子还是极性分子相互靠近时，都有色散力存在。

2）诱导力

当极性分子与非极性分子靠近时，除了存在色散力的作用外，由于非极性分子受极性分子电场的影响产生诱导偶极，这种诱导偶极与极性分子的固有偶极之间所产生的吸引力叫作诱导力。同时，诱导偶极又作用于极性分子，使其偶极长度增加，从而进一步加强了它们之间的吸引。

3）取向力

当极性分子相互靠近时，色散力也起着作用。此外，由于它们固有偶极之间的同极相斥、异极相吸，两分子在空间就按异极相邻的状态取向。由固有偶极之间的取向引起的分子间力叫作取向力。由于取向力的存在，使极性分子更加靠近，在相邻分子的固有偶极作用下，使每一个分子的正、负电荷中心更加分开，产生了诱导偶极。因此，极性分子之间还存在着诱导力。

总之，在非极性分子与非极性分子之间只存在着色散力；在极性分子和非极性分子之间存在着色散力和诱导力；在极性分子之间存在着色散力、诱导力和取向力。取向力、诱导力和色散力的总和通常叫作分子间力，又称为范德华力，其中色散力在各种分子之间都有，而且一般也是最主要的；只有当分子的极性很大（如 H_2O 分子之间）时才以取向力为主；而诱导力一般较小。

分子间力没有方向性和饱和性，它随分子之间的距离的增大而迅速减弱。所以气体在压力较低的情况下，因分子间距离较大，可以忽略分子间力的影响。

4）氢键

除了上述三种分子间力以外，在某些化合物的分子之间还存在着与分子间力大小接近的另一种作用力——氢键。氢键是指氢原子与电负性较大的 X 原子（如 F、O、N 原子）以极性共价键相结合时，还能吸引另一个电负性较大，而半径又较小的 Y 原子（如 F、O、N）的孤对电子，所形成的分子间或分子内的键。能形成氢键的物质相当广泛，无机含氧酸和有机羧酸、醇、胺、蛋白质等物质的分子间也存在氢键，因为这些物质的分子中，均含有 O—H 键或 N—H 键。而醛、酮等有机化合物的分子中虽有氢、氧原子存在，但与氢原子直接连接的是电负性较小的碳原子，所以通常这些分子之间不能形成氢键。

氢键具有饱和性和方向性。例如，HF 的结构可简单表述如下：

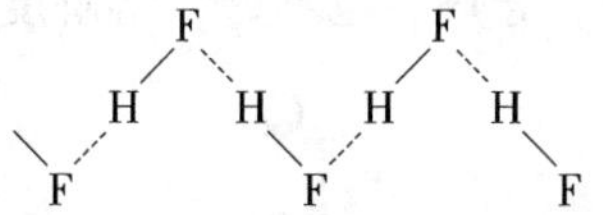

氢键的键能一般在 $40kJ \cdot mol^{-1}$ 以下，比化学键弱得多，与分子间力有相同的数量级。但分子间存在氢键时，大大加强了分子间的相互作用，如 HF、H_2O、NH_3 有着反常高的溶沸点，说明这些分子除了普通存在的分子间力以外，还存在着氢键。氢键在生物化学中也有着重要意义。例如，人体内的蛋白质分子中存在着大量的氢键，有利于蛋白质分子的稳定存在。

五、晶体结构

根据构成晶体的粒子种类和粒子间的作用力，将晶体分为离子晶体、原子晶体、分子晶体、金属晶体和混合型晶体。

1. 离子晶体

在离子晶体的晶格结点上排列着正离子和负离子。正、负离子之间靠静电引力（离子键）作用着。由于各种正、负离子的半径不同，其配位数就不同，离子晶体内正、负离子的空间排布也不同，因此可以得到不同类型的离子晶体。例如氯化钠晶体，如图 5-22 所示。

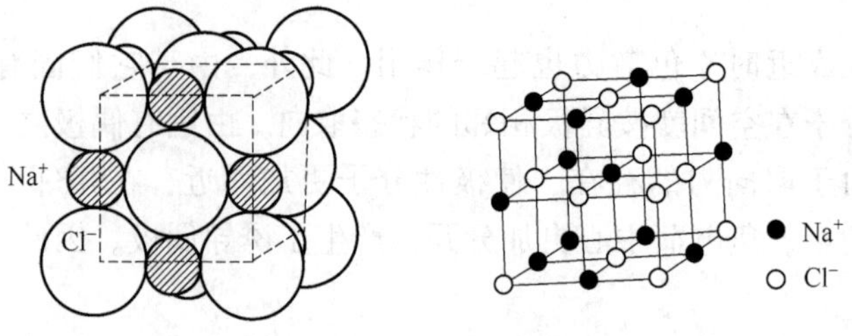

图 5-22　NaCl 晶体结构

属于离子晶体的物质通常有活泼金属的盐类和氧化物。离子晶体中离子间的静电引力比较强，因此离子晶体有较大的硬度；较高的熔点和沸点，延展性很小；熔融后或溶于水能导电。当构成离子晶体的正、负离子的电荷越多，离子半径越小时，离子键更强，熔点、硬度等会更高。

2. 原子晶体

有一些非金属单质以及若干它们之间的化合物，通常是通过共价键而组成的一个巨大分子。这个大分子是由无限数目的原子所组成的晶体，这种晶体称为原子晶体。在原子晶体的晶格结点上排列着中性原子。例如，金刚石的晶体（图 5-23）中，在晶格结点上排列着中性 C 原子，每一个 C 原子是通过共价键（4 个 sp^3 杂化轨道）而和其他 4 个 C 原子结合起来，这样就连接成一个巨大的分子。显然，原子晶体中不存在独立的简单分子，没有确定的分子量。由于共价键具有饱和性和方向性，所以原子晶体的构型与共价键的性质密切相关，它们的配位数一般要小于离子晶体的配位数。共价键的键能一般大于离子键的键能，欲破坏这类键需要消耗较多的能量，所以原子晶体往往表现出硬度大、熔点高（金刚石熔点高达 3570℃）的特点，这类晶体一般是半导体［注：原子晶体大多数是半导体，仅有少数物质属绝缘体，如氮化硼（BN）等。］，导热性也不好，溶解度很小，延展性也很差。

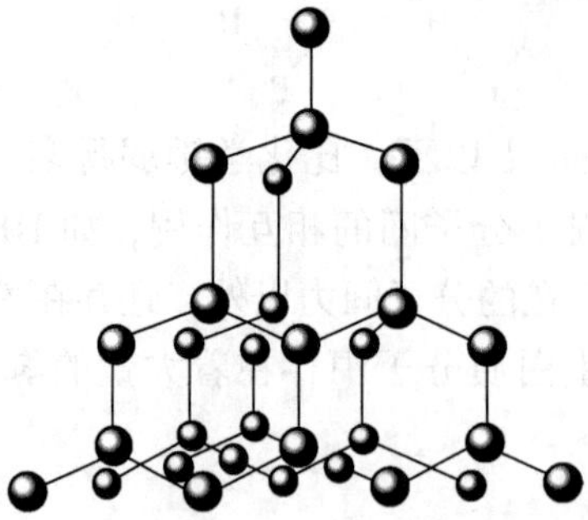

图 5-23　金刚石的晶体结构

3. 分子晶体

以共价键结合的共价型分子，除少数结合成原子晶体外，绝大多数分子（极性分子或非极性分子）通过分子间力而形成分子晶体。例如，CO_2 的晶体（图 5-24）中，都是独立存在的 CO_2 分子，化学式 CO_2 能代表一个分子的组成。许多非金属单质，非金属元素所组成的化合物以及绝大多数有机化合物的晶体，都属于分子晶体。

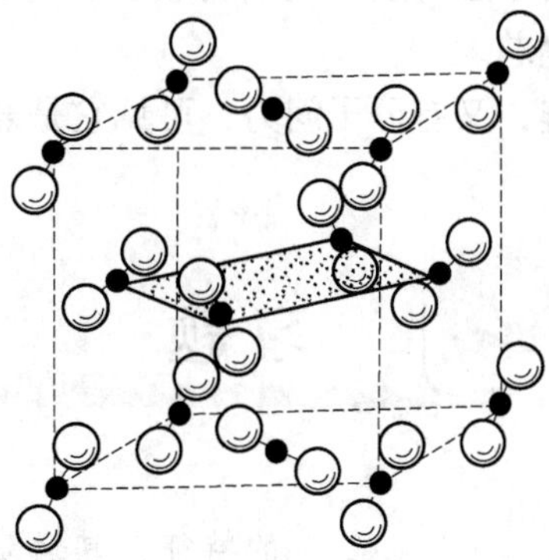

图 5-24　CO_2 分子晶体（干冰）

由于分子间力较弱，因而分子晶体的硬度小，熔点低，沸点也低；有些分子晶体甚至不经过液态而能直接气化（即升华）。这类晶体不导电，熔化时也不导电。延展性也低。

4. 金属晶体

在金属晶体的晶格结点上排列着金属的中性原子和金属正离子，在这些原子和离子之间还存在着从原子上脱落下来的电子，称为自由电子。由自由电子把金属原子和金属正离子联系在一起的化学键叫作金属键。同时自由电子并不归属于某个离子和原子，因此可以看作是由许多原子和离子共用一些能够流动的自由电子所组成的化学键，借助于金属键使整个金属形成一个大分子（巨型分子）。和离子晶体、原子晶体一样，金属晶体中没有孤立存在的原子或分子。

5. 混合型晶体

除上述四种基本类型的晶体外，还存在着一些混合型晶体，如石墨是层状结构的晶体。石墨和金刚石虽然都是由碳元素所组成，但石墨的晶体结构和金刚石不同，石墨具有层状结构，如图 5-25 所示。石墨中，同一层各个碳原子以 sp^2 杂化轨道和 3 个碳原子相结合，键角为 120°，形成了正六边形的平面层，每一个碳原子还有一个 2p 电子，它们的 p 轨道互相平行且与六角形平面垂直，这些互相平行的 p 轨道互相重叠形成多原子 π 键（也叫大 π 键），π 电子能在每一层的平面方向上自由移动，所以石墨具有导电性、传热性，在工业上

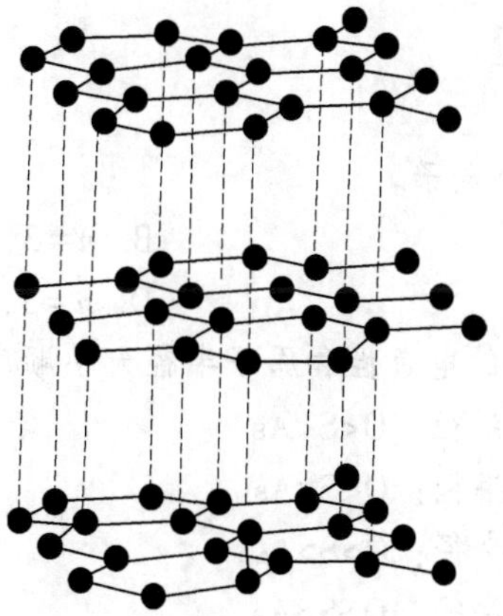

图 5-25　石墨的层状晶体结构

用作石墨电极和石墨冷却器。由于层与层之间引力较弱，与分子间力大小相仿，容易滑动，所以石墨又可用作润滑剂和铅笔芯。

在石墨晶体中，既有共价键，又有分子间力，可见它是兼有原子晶体、分子晶体和金属晶体特征的混合型晶体。

习题

一、填空题

1. 原子核外电子运动具有______、______的特征，其运动状态可用量子力学来描述。

2. 当主量子数为3时，包含有____个亚层，分别是________，有3个等价轨道的是亚层，其等级轨道分别表示为____________。

3. 填写下列未知的量子数。

（1）n=____，l=2，m=0，m_s=+1/2；

（2）n=2，l=____，m=−1，m_s=−1/2；

（3）n=4，l=2，m=0，m_s=____；

（4）n=2，l=0，m=____，m_s=−1/2。

4. 某元素原子最高能级有6个电子，处于n=3、l=2的能级上，推测该元素原子序数为____。

5. 某元素位于周期表中第四周期ⅦB，该元素为____，原子序数为____，价电子排布式________。

6. 某元素原子在n=4的电子层上有一个电子，在次外层l=2的轨道中电子数为5，则此元素为____，电子共占有____能级组，价电子总数是____，最外层电子的四个量子数为________，该元素原子的核外电子排布式为____________。

7. PH_3分子中，P原子能形成____个化学键，因为________，其中有____个σ键，分子呈______型。

8. SO_3分子呈平面三角形，故中心原子S的杂化方式是____。

9. 某混合气体含有CO、CO_2、N_2、H_2O四种气体，其中含有极性共价键的是________，只含有σ键的有______________，含有配位键的有______________，属于非极性分子的有____________。

二、选择题

1. $3s^1$表示（　　）的一个电子。

A. n=3　　　　B. n=3，l=0

C. n=3，l=0，m=0　　　　D. n=3，l=0，m=0，m_s=+1/2或−1/2

2. 比较O、S、As三种元素的电负性和原子半径大小顺序，正确的是（　　）。

A. 电负性：O>S>As；原子半径：O<S<As

B. 电负性：O<S<As；原子半径：O<S<As

C. 电负性：O<S<As；原子半径：O>S>As

D. 电负性：O>S>As；原子半径：O>S>As

3. 元素性质的周期性取决于（　　）。

A. 原子中核电荷的变化　　B. 原子中价电子数目的变化

C. 元素性质变化的周期性　　D. 原子中电子排布的周期性

4. 某基态原子的电子层只有2个电子时，其第五电子层上的电子数为（　　）。

A. 8　　B. 18　　C. 8~18　　D. 8~32

5. 基态多电子原子中，$E_{3d}>E_{4s}$ 的现象，称为（　　）。

A. 能级交错　　B. 洪德规则　　C. 等价轨道　　D. 镧系收缩

6. 下列物质中，中心原子采用 sp^2 杂化的是（　　）。

A. BF_3　　B. $BeCl_2$　　C. NH_3　　D. H_2O

7. 下列各物质中，属于非极性分子的是（　　）。

A. HCl　　B. NH_3　　C. SO_2　　D. CO_2

8. 下列各物质中，既有σ键又有配位键的是（　　）。

A. CO_2　　B. HCl　　C. NH_3　　D. NH_4^+

三、简答题

1. 下面说法是否正确，为什么？

（1）主量子数为1时，有两个方向相反的轨道；

（2）主量子数为2时，有2s，2p两个轨道；

（3）主量子数为2时，有4个轨道，即2s，2p，2d，2f；

（4）因为H原子只有1个电子，故它只有1个轨道；

（5）当主量子数为2时，其角量子数只能取1个数，即 $l=1$；

（6）任何原子中，电子的能量只能与主量子数有关。

2. 指出与下列各种原子轨道相应的主量子数 n、角量子数 l 的值，每种轨道所包含的轨道数目。

1s，2p，3d，4f，5s。

3. 下列电子的构型中，哪种属于原子基态？哪种属于原子激发态？哪种纯属错误？

（1）$1s^22s^32p^1$；

（2）$1s^22p^2$；

（3）$1s^22s^22p^1$；

（4）$1s^22s^22p^63s^13d^1$；

（5）$1s^22s^22p^54f^1$；

（6）$1s^22s^22p^7$。

4. 下列各元素的电子排布，若写成如下形式，各自违背什么原理？并写出改正后的电子排布式：

（1）硼 $1s^22s^3$；

（2）氮 $1s^22s^22p_x^22p_y^1$；

（3）铍 $1s^22p^2$。

5. 写出原子序数为42、52、79各元素的原子核外电子排布式及其价层电子构型。

四、推断题

1. 填充下表。

离子符号	价层电子构型	未成对电子数
Cr^{3+}		
Fe^{3+}		
Li^{+}		
S^{2-}		

2. 填充下表。

原子序数	电子排布式	价电子排布式	周期	族	区
49					
	$1s^22s^22p^63s^1$				
		$4d^55s^1$			
			6	ⅡB	

3. 某元素的元素序数为35，试回答：

(1) 其原子中的电子数是多少？有几个未成对电子？

(2) 其原子中填有电子的电子层、能级组、能级、轨道各有多少？价电子数有几个？

(3) 该元素属于第几周期、第几族？是金属还是非金属？

4. 第四周期的某两元素，其原子失去3个电子后，在角量子数为2的轨道上的电子：(1) 恰好填满；(2) 恰好半满。试推断对应两元素的原子序数和元素符号。

5. 不看周期表，试推测下列每组原子中哪一个原子具有较大的电负性值：

(1) 17和19；(2) 37和55；(3) 8和14。

6. 有A、B、C、D四种元素，其价层电子依次为1、2、6、7，其电子层数依次减少一层，已知D^-的电子层结构与Ar原子的相同，A和B的次外层都只有8个电子，C次外层有18个电子。试推断这四种元素：

(1) 原子半径由小到大的顺序；

(2) 电负性由小到大的顺序；

(3) 金属性由弱到强的顺序。

第六章　配位化合物

配位化合物简称为配合物，也称络合物，早在 1740 年，德国颜料制造者狄斯巴赫（Diesbach）用牛血和草木灰混合物共热制得了配合物铁氰化钾（$K_4[Fe(CN)_6]$），俗称黄血盐，迄今已有 300 多年。这期间随着科学技术的发展，人们发现配合物的存在极为广泛，不仅无机化合物多以配合物的形式存在，许多有机化合物和金属也能形成配合物，这就极大丰富了配合物的内容。目前配合物已成为一门独立的学科——配位化学。

第一节　配位化合物的基本概念

一、配位化合物的组成

配合物是一类复杂化合物，它们都含有复杂的配位单元。配位单元是由中心离子（或原子）与一定数目的分子或离子以配位键结合而成的，可以是中性分子，如 $[Co(NH_3)_3Cl_3]$；也可以是复杂离子（称为配离子），如 $[Cu(NH_3)_4]^{2+}$、$[Zn(en)_2]^{2+}$。通常对配合物和配离子不作严格区分。

配合物的中心离子（或原子）位于配合物的中心，称为配合物的形成体，如 $[Cu(NH_3)_4]SO_4$ 中的 Cu^{2+}，$K_3[Fe(CN)_6]$ 中的 Fe^{3+}。形成体通常是金属离子或原子，也有少数是非金属离子（如 $[SiF_6]^{2-}$ 中的 Si^{4+}）。

结合在中心离子（或原子）周围的一些中性分子或阴离子称为配体，以上几例中的 NH_3 和 CN^- 即为配体。由中心离子和配体以配位键结合成的配离子，也称配合物的内配位层或内层，通常写在方括号内，如 $[Cu(NH_3)_4]^{2+}$、$[Fe(CN)_6]^{4-}$。方括号外的部分称为外层，如 SO_4^{2-} 和 K^+。中心离子与配体电荷的代数和即为配离子的电荷，如 $[Fe(CN)_6]^{4-}$ 配离子，中心离子为 Fe^{2+}，配体为 CN^-，配离子电荷为 $(+2)+6\times(-1)=-4$。由于整个分子是电中性的，也可以从外层电荷的总数，推知配离子的电荷。

在配体中，与中心离子（或原子）成键的原子称为配位原子，如 $[Cu(NH_3)_4]^{2+}$ 中的配体 NH_3 是由 N 原子与 Cu^{2+} 成键的，配位原子是 N；$[Fe(CN)_6]^{4-}$ 的配位原子是 CN^- 中的 C 而不是 N。常见的配位原子有 O、N、S、C 及卤素原子。只有一个配位原子的配体称为单齿配体，如 F^-、Cl^-、Br^-、I^-、NH_3、H_2O、CO、SCN^-、NO_2^-。含有两个或两个以上配位原子的配体称为多齿配体，例如：

乙二胺（简称 en）$H_2NCH_2CH_2NH_2$

乙二胺四乙酸（简称 EDTA）

$$HOOCH_2C \diagdown \atop HOOCH_2C \diagup N-CH_2CH_2-N \diagup CH_2COOH \atop \diagdown CH_2COOH$$

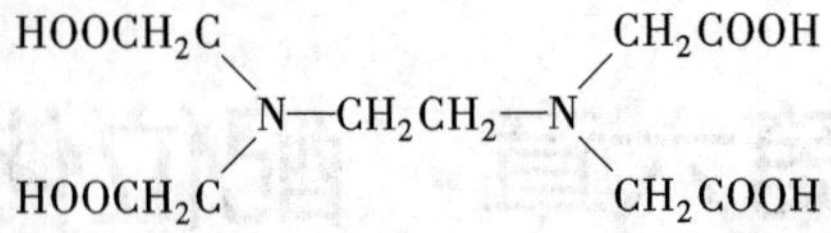

在配合物中与中心离子成键的配位原子数目叫作该中心离子的配位数，如 $[Cu(NH_3)_4]^{2+}$中有 4 个 N 原子与 Cu^{2+}成键，Cu^{2+}的配位数为 4；$[Fe(CN)_6]^{4-}$中有 6 个 C 原子与 Fe^{2+}成键，Fe^{2+}的配位数为 6。在一定条件下，某一中心离子有其常见的配位数，称为特征配位数，如 Cu^{2+}的特征配位数为 4，Fe^{2+}的特征配位数为 6。但中心离子的配位数也随配体体积大小及形成配合物时的条件（如温度、浓度）不同而变化。表 6-1 列出了一些常见金属离子的配位数。

表 6-1　常见金属离子的配位数

配位数	2	4	6
金属离子	Ag^+，Cu^{2+}，Au^+	Cu^{2+}，Zn^{2+}，Cd^{2+}，Hg^{2+}，Al^{3+}，Sn^{2+}，Pb^{2+}，Co^{2+}，Ni^{2+}，Pt^{2+}，Fe^{2+}，Fe^{3+}	Cr^{3+}，Al^{3+}，Pt^{4+}，Fe^{3+}，Co^{3+}，Co^{2+}，Pb^{4+}，Ni^{2+}
配离子	$[Ag(NH_3)_2]^+$，$[Cu(CN)_2]^-$	$[Cu(NH_3)_4]^{2+}$，$[HgI_4]^{2-}$，$[Ni(CN)_4]^{2-}$，$[Fe(CN)_4]^{2-}$，$[Pt(NH_3)_2Cl_2]$	$[PtCl_6]^{2-}$，$[Fe(CN)_6]^{3-}$，$[Fe(CN)_6]^{4-}$，$[Cr(NH_3)_4Cl_2]^+$

现仍以 $[Cu(NH_3)_4]SO_4$ 和 $K_4[Fe(CN)_6]$ 为例，以图示形式分析配合物的组成（图 6-1）。

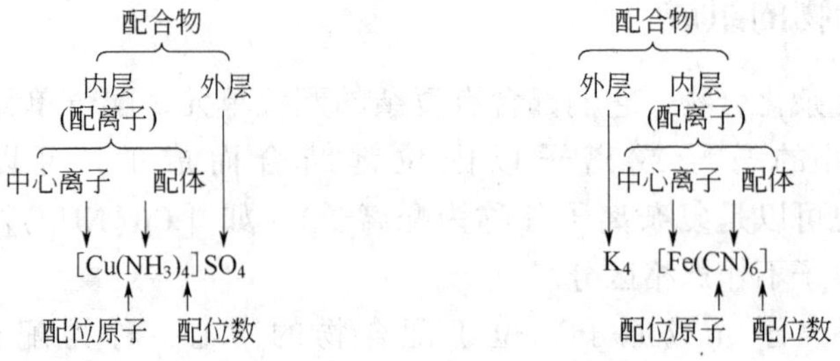

(a) $[Cu(NH_3)_4]SO_4$　　(b) $K_4[Fe(CN)_6]$

图 6-1　配合物的组成

二、配合物的命名

配合物的命名遵循无机化合物的命名原则，先命名阴离子后命名阳离子。

（1）配合物外层若是简单阴离子则称某化某，复杂阴离子则称某酸某。配离子作阴离子时即称某酸某。

（2）内层的命名顺序：配位数（中文数字）→配体名称（不同配体间用“·”隔开）→“合”→中心离子名称→中心离子氧化数（罗马数字加括号）。

（3）有多种配体时，按下列原则命名：先无机配体，后有机配体；先阴离子，后中性分子；若为同类配体，则按配位原子元素符号的英文字母的顺序排列。下面列出一些配合物命名的实例：

$[Ag(NH_3)_2]OH$　　　　氢氧化二氨合银（Ⅰ）

$[Co(NH_3)_6]Cl_3$ 三氯化六氨合钴（Ⅲ）

$[Co(NH_3)_5(H_2O)]Cl_3$ 三氯化五氨·一水合钴（Ⅲ）

$[Co(NH_3)_4Cl_2]Cl$ 一氯化二氯·四氨合钴（Ⅲ）

$H_2[SiF_6]$ 六氟合硅（Ⅳ）酸

$K_3[Fe(CN)_6]$ 六氰合铁（Ⅲ）酸钾

$[Ni(CO)_4]$ 四羰基合镍（0）

有些配合物还常用习惯名称或俗称，例如 $K_4[Fe(CN)_6]$ 称为亚铁氰化钾（黄血盐），$H_2[SiF_6]$ 称为氟硅酸。

第二节 螯 合 物

一、螯合物的概念

当多齿配体中的多个配位原子同时和中心离子成键时，可形成具有环状结构的配合物，这类具有环状结构的配合物称为螯合物，多齿配体称为螯合剂。理论和实践都证明五原子环和六原子环最稳定，故螯合剂中两个配位原子之间要相隔 2~3 个原子。例如，Cu^{2+} 与双齿配体乙二胺（en）反应生成具有两个五原子环的螯合物 $[Cu(en)_2]^{2+}$：

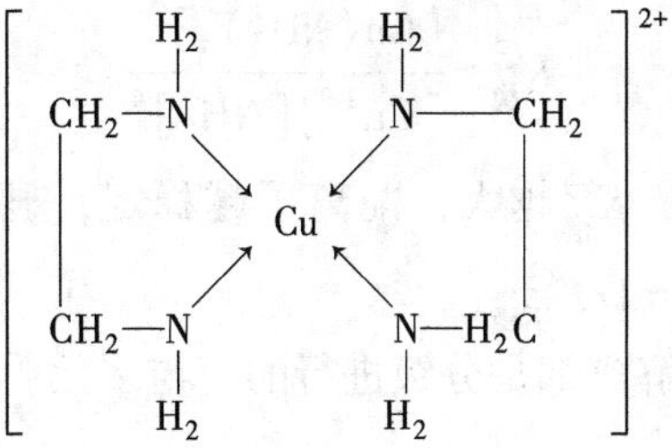

二、螯合物的特性

在中心离子和配位原子相同的情况下，形成螯合物要比形成配合物稳定，在水中离解程度也更小，如 $[Cu(en)_2]^{2+}$、$[Zn(en)_2]^{2+}$ 配离子要比相应的 $[Cu(NH_3)_4]^{2+}$、$[Zn(NH_3)_4]^{2+}$ 配离子稳定得多。

螯合物中所含得环越多稳定性越高，如 EDTA 与中心离子形成的螯合物中，有五个五元环，因此很稳定。Ca^{2+} 为ⅡA 金属元素，与一般配体不易形成配合物，或形成配合物也不稳定，但是 Ca^{2+} 与 EDTA 能形成很稳定的螯合物。

某些螯合物呈现特征颜色，可用于金属离子的定性鉴定或定量测定。

第三节 配合物在水溶液中的状况

配合物的内层和外层之间以离子键结合，如 $[Cu(NH_3)_4]SO_4$ 溶于水时完全解离成 $[Cu(NH_3)_4]^{2+}$ 和 SO_4^{2-}。向该溶液中加入少量稀 NaOH 溶液，未见蓝色 $Cu(OH)_2$ 沉淀，如加入 Na_2S，则有黑色 CuS 沉淀生成 $\{K_{sp}^{\ominus}[Cu(OH)_2]=2.2\times10^{-20}$，$K_{sp}^{\ominus}[CuS]=6.3\times10^{-36}\}$，

这说明该配离子在水溶液中能解离出极少量的 Cu^{2+}。其实配离子在水溶液中的表现如弱电解质，能部分解离，例如：

$$[Cu(NH_3)_4]^{2+} \underset{\text{配位}}{\overset{\text{解离}}{\rightleftharpoons}} Cu^{2+}+4NH_3$$

该反应（配位反应的逆反应）是可逆的，一定条件下达平衡状态，称为配离子的解离平衡，也称配位平衡。

一、配位平衡的标准平衡常数

对上述解离平衡，由平衡原理可得其标准平衡常数的表达式：

$$K^{\ominus}_{\text{不稳}}=\frac{[Cu^{2+}][NH_3]^4}{[Cu(NH_3)_4]^{2+}}$$

$K^{\ominus}_{\text{不稳}}$ 称为配离子的不稳定常数。对同一类型（配位体数目相同）的配离子来说，$K^{\ominus}_{\text{不稳}}$ 越大，表示配离子越易解离，即配离子越不稳定。若以配离子的生成表示上述平衡，则相应平衡常数称为该配离子的稳定常数，用 $K^{\ominus}_{\text{稳}}$ 来表示，如：

$$Cu^{2+}+4NH_3 \rightleftharpoons [Cu(NH_3)_4]^{2+}$$

$$K^{\ominus}_{\text{稳}}=\frac{[Cu(NH_3)_4]^{2+}}{[Cu^{2+}][NH_3]^4}$$

对同一类型的配离子来说，$K^{\ominus}_{\text{稳}}$ 越大，配离子越稳定，显然，反之则越不稳定。显然，$K^{\ominus}_{\text{稳}}$ 与 $K^{\ominus}_{\text{不稳}}$ 互成倒数关系：$K^{\ominus}_{\text{稳}}=1/K^{\ominus}_{\text{不稳}}$。

实际上，配离子的生成和解离都是分级进行的，与多元弱酸的分步解离是一样的，这里不再详细讨论。

二、配合物稳定常数的应用

（1）应用配合物的稳定常数，可以比较同类型配合物的稳定性，例如：$[Ag(NH_3)_2]^+$ 的 $K^{\ominus}_{\text{稳}}=1.7\times10^7$，$[Ag(CN)_2]^-$ 的 $K^{\ominus}_{\text{稳}}=1.26\times10^{21}$。可见 $[Ag(CN)_2]^-$ 比 $[Ag(NH_3)_2]^+$ 稳定得多。

（2）应用配合物的稳定常数，可以进行某些组分浓度的计算。

【例 6-1】 在 1mL 0.04mol·L^{-1} 的 $AgNO_3$ 溶液中，加入 1mL 2mol·$L^{-1}NH_3$，计算平衡后溶液中 Ag^+ 浓度。

解： 配位反应为　　$Ag^++2NH_3 \rightleftharpoons [Ag(NH_3)_2^+]$

由于溶液的体积增大一倍，$AgNO_3$ 溶液浓度减少一半变为 0.02mol·L^{-1}，氨溶液变为 1mol·L^{-1}。NH_3 大大过量，可以认为几乎全部的 Ag^+ 都转化生成了 $[Ag(NH_3)_2^+]$。

设平衡后 $[Ag^+]=x$，$[Ag(NH_3)_2^+]=0.02-x$。

NH_3 的总浓度为 1mol·L^{-1}，$[Ag(NH_3)_{2+}]$ 中的 NH_3 为 $2(0.02-x)$。

平衡时　　$[NH_3]=1-2(0.02-x)=0.96+2x$

因为 x 极小，可视 $0.02-x\approx0.02$，$0.96+2x\approx0.96$

$$K_{稳}^{\ominus}=\frac{[Ag(NH_3)_2^+]}{[Ag^+][NH_3]^2}=1.7\times10^7$$

$$[Ag^+]=\frac{[Ag(NH_3)_2^+]}{1.7\times10^7[NH_3]^2}=\frac{0.02}{1.7\times10^7\times0.96^2}=1.28\times10^{-9}(mol\cdot L^{-1})$$

答：平衡后 $c(Ag^+)$ 为 $1.28\times10^{-9}mol\cdot L^{-1}$。

【例 6-2】 已知 1.0L $1.0\times10^{-3}mol\cdot L^{-1}$ $[Cu(NH_3)_4]^{2+}$ 和 $1mol\cdot L^{-1}$ 的 NH_3 处于平衡状态，则向上述溶液中（1）加入 0.0010mol 的 NaOH，有无 $Cu(OH)_2$ 沉淀生成？（2）若加入 0.0010mol 的 Na_2S，有无 CuS 沉淀生成？

解：（1）设平衡时 $[Cu^{2+}]$ 的浓度为 $x mol\cdot L^{-1}$

$$Cu^{2+}+4NH_3 \rightleftharpoons [Cu(NH_3)_4]^{2+}$$

平衡浓度　　　　　　x　　$1.0+4x$　　$1.0\times10^{-3}-x$

查表知 $[Cu(NH_3)_4]^{2+}$ 的 $K_{稳[Cu(NH_3)_4]^{2+}}^{\ominus}=2.09\times10^{13}$，因为 x 极小，$1.0+4x\approx1.0$，$1.0\times10^{-3}-x\approx1.0\times10^{-3}$，则

$$K_{稳}^{\ominus}=\frac{[Cu(NH_3)_4]^{2+}}{[Cu^{2+}][NH_3]^4}=\frac{1.0\times10^{-3}}{x(1.0)^4}=2.09\times10^{13}$$

$$x=4.8\times10^{-17}(mol\cdot L^{-1})$$

当加入 0.0010mol 的 NaOH 后，溶液中的 $[OH^-]=0.0010mol\cdot L^{-1}$，已知 $Cu(OH)_2$ 的 $K_{sp}^{\ominus}$ 为 2.2×10^{-20}，则该溶液中有关离子浓度的乘积

$$Q_c=[Cu^{2+}][OH^-]^2=4.8\times10^{-17}\times(10^{-3})^2=4.8\times10^{-23} < K_{sp}^{\ominus}[Cu(OH)_2]=2.2\times10^{-20}$$

则加入 0.0010mol 的 NaOH 后无 $Cu(OH)_2$ 沉淀生成。

（2）若加入 0.0010mol 的 Na_2S，溶液中 $[S^{2-}]=0.0010mol\cdot L^{-1}$（$S^{2-}$ 的水解忽略不计），已知 CuS 的 $K_{sp}^{\ominus}$ 为 6.3×10^{-36}，则该溶液中有关离子浓度的乘积

$$Q_c=[Cu^{2+}][S^{2-}]=4.8\times10^{-17}\times10^{-3}=4.8\times10^{-20}>K_{sp}^{\ominus}(CuS)=6.3\times10^{-36}$$

则加入 0.0010mol 的 Na_2S 有 CuS 沉淀生成。

第四节　配位化合物应用

配合物在科学研究及工农业生产中有着广泛的应用。

一、分析化学方面的应用

常利用许多配合物具有特征的颜色来定性鉴定某些金属离子。例如，Cu^{2+} 与 NH_3 生成深蓝色的 $[Cu(NH_3)_4]^{2+}$；Fe^{3+} 与 NH_4SCN 作用生成血红色的 $[Fe(SCN)_n]^{3-n}$；二乙酰二肟在氨碱性溶液中与 Ni^{2+} 形成鲜红色的沉淀。在定性分析中还可以利用生成配合物来消除杂质离子的干扰，如在用 NH_4SCN 鉴定 Co^{2+} 时，若有 Fe^{3+} 存在，血红色的 $[Fe(SCN)_n]^{3-n}$ 会

对观察 $[Co(SCN)_4]^{2-}$ 产生干扰，此时可加入 NaF 作为掩蔽剂使 Fe^{3+} 生成无色的 $[FeF_6]^{3-}$ 而消除其干扰。螯合剂 EDTA 可用于多种金属离子的定量测定。

二、电镀工业中的应用

许多金属制件，常用电镀法镀上一层既耐腐蚀、又增加美观的 Zn、Cu、Ni、Cr、Ag 等金属。电镀时必须把电镀液中的上述金属离子的浓度控制得很小，并使它在作为阴极的金属制件上源源不断地放电沉积，才能得到均匀、致密、光洁的镀层，配合物能较好地达到此要求。CN^- 可以与上述金属离子形成稳定性适度的配离子。所以，电镀工业中曾长期采用氰配合物电镀液，但是，由于含氰废电镀液有剧毒、容易污染环境，造成公害。近年来已逐步找到可代替氰化物作配位剂的焦磷酸盐、柠檬酸、氨基三乙酸等，并已逐步建立无毒电镀新工艺。

三、生物化学中的作用

在生物体内许多重要物质都是配合物。例如，动物血液中起输送氧气作用的血红素是 Fe^{2+} 的螯合物；植物中起光合作用的叶绿素是 Mg^{2+} 的螯合物；胰岛素是 Zn^{2+} 的螯合物；在豆类植物固氮菌中能固定大气中氮气的固氮酶是铁钼蛋白螯合物。

四、冶金工业中的应用

在湿法冶金中提取贵金属常用的配位反应，如 Au、Ag 能与 NaCN 溶液作用生成稳定的 $[Au(CN)_2]^-$ 和 $[Ag(CN)_2]^-$，而从矿石中提取出来，其反应如下：

$$4Au+8NaCN+2H_2O+O_2 \longrightarrow 4Na[Au(CN)_2]+4NaOH$$

配合物还广泛用于配位催化、医药合成等方面，在印染、半导体、原子能等工业中也有重要应用。

习题

一、填空题

1. 在配合物中，提供孤对电子的负离子或分子称为________，接受孤对电子的原子或离子称为________，它们之间以________键结合。

2. 配合物 $[Cu(NH_3)_4]SO_4$ 中，内层为________，外层为________，内层外层之间以________键结合。

3. 在 Ag^+ 溶液中加入 Cl^- 溶液生成________沉淀；再加入氨水生成________而使沉淀溶解，再加入 Br^- 溶液则又出现________沉淀；再加入 $S_2O_3^{2-}$ 溶液，由于生成________而使沉淀溶解；再加入 I^- 溶液又出现________沉淀；再加入 CN^- 溶液，由于生成________而使沉淀溶解。

4. 配合物 $CoCl_3 \cdot 3NH_3 \cdot H_2O$ 的水溶液能被 $AgNO_3$ 沉淀出 1/3 的 Cl^-，所以该配合物的化学式为________，命名为________，中心离子配位数________。

二、命名下列配合物，指出中心离子（原子）、配体、配位原子和配位数

配合物	名称	中心离子（原子）	配体	配位原子	配位数
$K_2[Cu(CN)_4]$					
$K_2[HgI_4]$					
$[CrCl(NH_3)_5]Cl_2$					
$[Fe(CO)_5]$					
$[Co(en)_3]Cl_3$					

三、写出下列物质的化学式、内层和外层

配合物名称	化学式	内层	外层
氯化六氨合镍（Ⅱ）			
五氰·一羰基合铁（Ⅱ）酸钠			
硫酸二乙二胺合铜（Ⅱ）			
氢氧化二羟基·四水合铝			

四、计算题

Ag^+能与$S_2O_3^{2-}$配合：$Ag^+ + 2S_2O_3^{2-} \rlap{=}{=}\!\!= [Ag(S_2O_3)_2]^{3-}$，若未反应时$Ag^+$的初始浓度为$0.10mol \cdot L^{-1}$，$S_2O_3^{2-}$的起始浓度为$1.0mol \cdot L^{-1}$，求该混合溶液中自由$Ag^+$的实际浓度。（提示：溶液中$Ag^+$的实际浓度，也就是配合反应达到平衡后自由$Ag^+$的平衡浓度。）

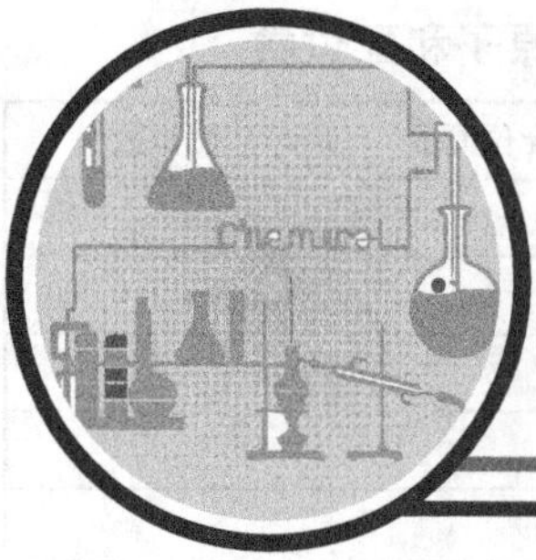

第七章 有机化合物

第一节 有机化合物的分类与特征

有机化学是化学学科的一个重要分支，是研究有机化合物的组成、结构、性质及其变化规律的一门学科，它是有机化工的基础。学好有机化学，也能更好解决人们在石油、能源、医学、材料、环境及建筑等各个领域遇到的新问题。

一、有机化合物的结构特点

1. 碳原子都是四价化合物

有机化合物中都含有碳原子，碳原子位于元素周期表中第 2 周期ⅣA 族，最外层有 4 个价电子，可与其他原子形成四个化学键，因此，碳原子都是四价的。

2. 碳原子与其他原子以共价键相结合

碳原子与其他原子相互结合成键时，既不容易得到电子也不容易失去电子，而是采取了与其他原子共用电子对的方式来获得稳定的电子构型，即碳原子是以共价键与其他原子结合的。碳原子与碳原子之间还可以以共价键相结合，形成碳碳单键（C—C）、碳碳双键（C＝C）和碳碳三键（C≡C），并可连结成碳链或碳环。例如：

$$-\overset{|}{\underset{|}{C}}-\overset{|}{\underset{|}{C}}- \qquad -\overset{|}{\underset{|}{C}}=\overset{|}{C}-\overset{|}{\underset{|}{C}}- \qquad -\overset{|}{\underset{|}{C}}-C\equiv C-\overset{|}{\underset{|}{C}}-$$

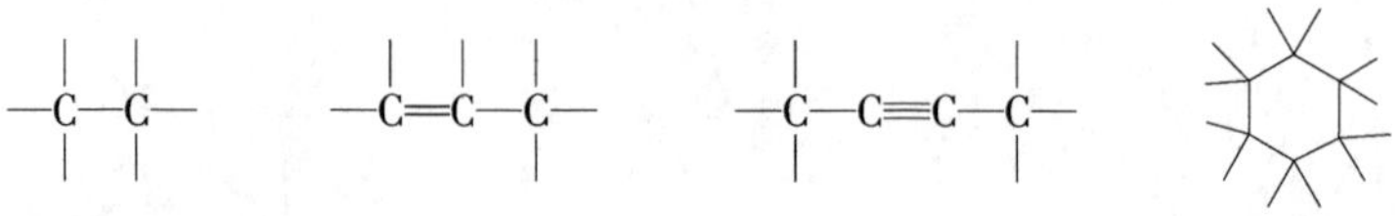

3. 有机化合物的构造式

有机化合物分子中的原子是按一定的顺序和方式相连接的。分子中原子间的排列顺序和连接方式叫作分子的构造，表示分子构造的式子叫作构造式。

有机化合物的构造式常用短线式、缩简式和键线式等三种方式来表示，例如：

$$H-\overset{\overset{\displaystyle H}{|}}{\underset{\underset{\displaystyle H}{|}}{C}}-\overset{\overset{\displaystyle H}{|}}{\underset{\underset{\displaystyle H}{|}}{C}}-\overset{\overset{\displaystyle H}{|}}{\underset{\underset{\displaystyle H}{|}}{C}}-H \qquad\qquad CH_3CH_2CH_2CH_3$$

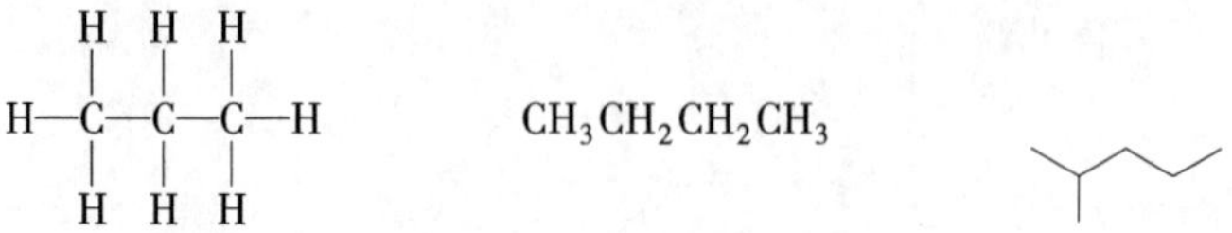

短线式   缩简式   键线式

4. 同分异构现象

我们熟知的乙醇，其分子式为 C_2H_6O，同时又是甲醚的分子式。但它们的分子构造不同。

$$
\begin{array}{cc}
\underset{\text{乙醇}}{H-\overset{\displaystyle H}{\underset{\displaystyle H}{C}}-\overset{\displaystyle H}{\underset{\displaystyle H}{C}}-O-H} &
\underset{\text{甲醚}}{H-\overset{\displaystyle H}{\underset{\displaystyle H}{C}}-O-\overset{\displaystyle H}{\underset{\displaystyle H}{C}}-H}
\end{array}
$$

这种分子式相同而构造式不同的化合物称为同分异构体，这种现象称为同分异构现象。在有机化合物中，同分异构现象是普遍存在的，这也是有机化合物数目繁多（至今已达 1000 万种以上）的一个主要原因。

二、有机化合物的性质特点

有机化合物都是含碳化合物，具有如下独特的特性。

1. 容易燃烧

大多数有机化合物容易燃烧，燃烧后生成二氧化碳和水，同时放出大量的热。

2. 熔点、沸点低

在室温下，有机化合物通常为气体、液体或低熔点的固体。例如常温下为固体的有机化合物，它们的熔点一般也很低，例如丙酮的熔点为 $-95.2℃$。有机物的熔点一般不超过 $400℃$。纯净的有机化合物有固定的熔点和沸点，利用熔点和沸点可以鉴定有机化合物。

3. 难溶于水，易溶于有机溶剂

化合物的溶解性通常遵循"相似相溶原理"。有机化合物一般都是共价化合物，极性很小或无极性，难溶或不溶于水；易溶于极性小或无极性的有机溶剂，如酒精、乙醚、丙酮、汽油、苯等。

4. 反应速率比较慢，副反应多

有机化合物之间的反应要经历旧键的断裂与新键形成的过程，共价键的断裂不像离子键那样容易解离，有机化合物之间的反应一般情况下速率较慢。因此，通常采用加热、加催化剂或用光照等手段以加速反应。在有机反应进行时，有机化合物分子的各个部位均会受到影响，常常使得共价键的断裂不是局限在某一特定部位，因此，有机反应长伴有副反应的发生。随着科学家对化学反应的了解，一些产物专一、反应产率可达 95% 以上的有机反应将不断增加。

三、有机反应的类型

有机反应总的来说可以分为均裂反应、异裂反应、协同反应等几类。均裂反应和异裂反应是其中常见的两大类。

在有机反应中，连接两个原子或基团（例如 X 和 Y）之间的共价键断裂时，有两种不同的方式。一种是共价键断裂的结果使 X 和 Y 之间的共有电子对中的一个电子属于 X，另一个电子属于 Y。

$$X \,\dot{\vdots}\, Y \longrightarrow X\cdot + \cdot Y$$

X 和 Y 各带有一个未配对电子，叫自由基。也就是，共价键断裂的结果生成了两个自由基——X · 和 · Y。共价键的这种断裂方式叫作均裂，反应中有均裂发生也叫作自由基反应。

另一种是共价键断裂的结果使 X 和 Y 之间的共有电子对属于 X，或者属于 Y，生成正离子、负离子。

$$X : \vdots\, Y \longrightarrow X:^{-} + Y^{+}$$
$$X \,\vdots : Y \longrightarrow X^{+} + :Y^{-}$$

X 或者 Y，一个带有孤对电子，另一个则带有空轨道。共价键的这种断裂方式叫作异裂，反应中有异裂发生的反应也叫作离子反应。

四、有机化合物的分类

有机化合物数目众多、结构复杂，为了便于学习和研究，常根据它们的结构特点或按决定分子主要化学性质的原子或原子团即官能团对有机物进行分类。目前采用的分类方法有两种。

1. 按碳骨架分类

(1) 开链化合物（脂肪族化合物）。这类化合物的共同特点是，它们的分子的链都是张开的。开链化合物最初是从动植物油脂中获得的，所以也叫作脂肪族化合物。乙烷、乙烯、乙醇等是脂肪族化合物。

$CH_3—CH_3$ 乙烷　　$CH_2═CH_2$ 乙烯　　$CH_3—CH_2—OH$ 乙醇

(2) 脂环化合物。这类化合物的共同特点是，在它们的分子中具有由碳原子连接而成的环状结构（苯环结构除外）。这类环状化合物的性质与脂肪族化合物相似，所以叫作脂环化合物。环己烷、环己烯、环己醇等是脂环化合物。

环己烷

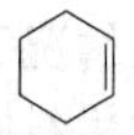
环己烯

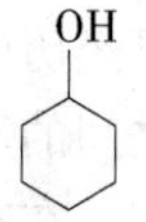

环己醇

(3) 芳香族化合物。这类化合物的共同特点是，在它们的分子中具有苯环结构。苯、甲苯、苯酚等是芳香族化合物。

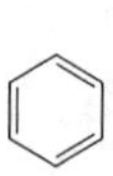
苯

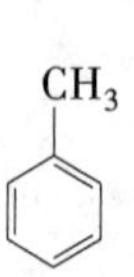

甲苯

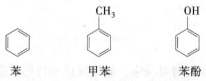

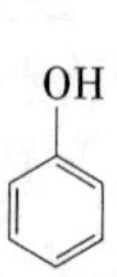

苯酚

(4) 杂环化合物。这类化合物的共同特点是，在它们的分子中也具有环状构造，但是，在环中除碳原子外，还有其他原子（例如氧、硫、氮等）存在。糠醛、噻吩、嘧啶等是杂环化合物。

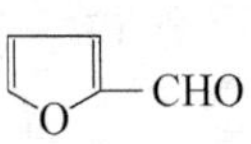
糠醛

噻吩

嘧啶

2. 按官能团分类

官能团指的是有机化合物分子中那些特别容易发生反应的原子或基团，这些原子或基团决定这类有机化合物的主要性质。例如，烯烃中的 C═C 双键，炔烃中的 C≡C 三键，卤代烃中的卤原子（F、Cl、Br、I），醇中的羟基（—OH）等。表 7-1 给出了一些常见的重要官能团。

表 7-1　常见的重要官能团

官能团	名称	官能团	名称
>C═C<	双键	>C═O	酮基
—C≡C—	三键	—COOH	羧基
—OH	羟基	—CN	氰基
—X(F、Cl、Br、I)	卤原子	$—NO_2$	硝基
(C)—O—(C)	醚键	$—NH_2$(—NHR、$—NR_2$)	氨基
—CHO	醛基	$—SO_3H$	磺（酸）基

第二节　烃

只有碳和氢两种元素组成的化合物叫作碳氢化合物，简称为烃。烃可以分为脂肪烃和芳烃，脂肪烃又分为饱和烃和不饱和烃两类。饱和烃又分为烷烃和环烷烃，不饱和烃分为烯烃、炔烃、二烯烃。

一、烷烃

1. 烷烃的通式和同系列

甲烷（CH_4）、乙烷（C_2H_6）、丙烷（C_3H_8）、丁烷（C_4H_{10}）等都是烷烃。从这几个烷烃的分子式可以看出，在任何一个烷烃分子中，如果 C 原子数是 n，H 原子数则是 $2n+2$。因此，可以用一个式子 C_nH_{2n+2}（n 表示碳原子个数）来表示烷烃分子的组成，这个式子叫作烷烃的通式。具有同一个通式，组成上相差只是 CH_2 或其整数倍的一系列化合物叫作同系列。同系列中的各化合物互为同系物，甲烷、乙烷、丙烷、丁烷等互为同系物，其中 CH_2 叫作同系列的系差。同系物具有相似的化学性质，同系物的物理性质（例如熔点、沸点、相对密度、溶解度等）一般随着相对分子质量的改变而呈规律性的变化。

2. 烷烃的构造异构

在甲烷（CH_4）、乙烷（C_2H_6）、丙烷（C_3H_8）分子中碳原子只有一种连接方式，它们没有构造异构体，从丁烷开始，碳原子之间不止有一种连接方式，有了不同的构造异构体，丁烷有两种构造异构体：

$CH_3—CH_2—CH_2—CH_3$　　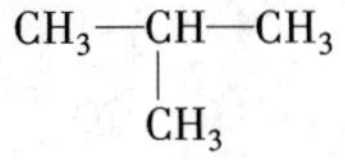

正丁烷　　异丁烷

戊烷有三种构造异构体：

$CH_3—CH_2—CH_2—CH_2—CH_3$　　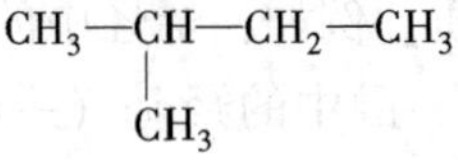　　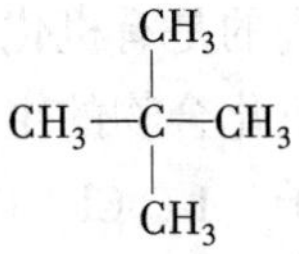

正戊烷　　异戊烷　　新戊烷

随着烷烃分子中碳原子数的增大，其构造异构现象变得越来越复杂，构造异构体的数目也越来越大。

3. 碳原子和氢原子的类型

在烷烃分子中，与1个碳原子相连接的碳原子叫作伯碳原子，或一级碳原子，用1℃表示；与2个碳原子相连接的碳原子叫作仲碳原子，或二级碳原子，用2℃表示；与3个碳原子相连接的碳原子叫作叔碳原子，或三级碳原子，用3℃表示；与4个碳原子相连接的碳原子叫作季碳原子，或四级碳原子，用4℃表示。例如：

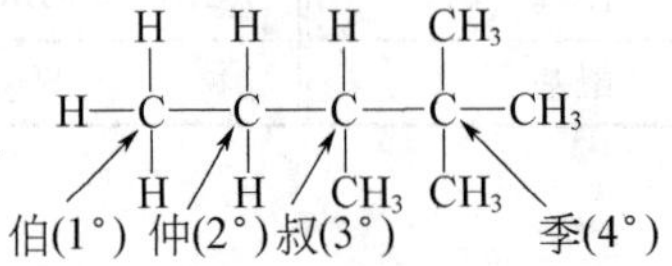

与伯、仲、叔碳原子相连的氢原子相应地分别叫作伯、仲、叔氢原子，或一级、二级、三级氢原子，也分别用1°H、2°H、3°H表示。季碳原子上没有氢原子，所以也就没有季氢原子。

4. 烷基和烷烃的命名

1）烷基的命名

从烃分子中去掉一个氢原子后所剩下的基团叫作烃基。从烷烃分子中去掉一个氢原子后所剩下的基团叫作烷基，通式为$—C_nH_{2n+1}$，常用R—表示，烷基的名称是从相应的烷烃的名称衍生出来的。常见的烷基有：

$CH_3—$，$CH_3CH_2—$，$CH_3CH_3CH_2—$，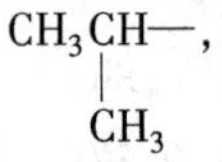，$CH_3CH_2CH_2CH_2—$，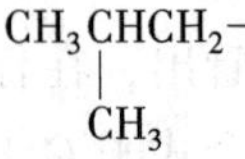，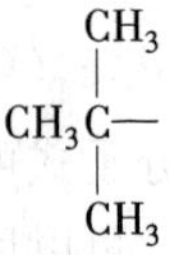。

甲基　乙基　正丙基　异丙基　正丁基　异丁基　叔丁基

2）烷烃的命名

烷烃常见的命名法有两种，即习惯命名法和系统命名法。

（1）习惯命名法。在习惯命名法中，把直链烷烃叫作正某烷。分子中碳原子数在10以下的，依次用甲、乙、丙、丁、戊、己、庚、辛、壬、癸表示；碳原子数在10以上的，直接用中文数字十一、十二、十三……表示。例如：

$CH_3(CH_2)_2CH_3$　　$CH_3(CH_2)_5CH_3$　　$CH_3(CH_2)_{11}CH_3$

正丁烷　　正庚烷　　正十三烷

对于带支链的烷烃，以“异”“新”前缀区别不同的构造异构体。直链构造一末端带有两个甲基的，命名为异某烷；带有三个甲基的，命名为新某烷。例如：

$$CH_3CHCH_3 \qquad CH_3CHCH_2CH_3 \qquad CH_3CHCH_2CH_2CH_3 \qquad CH_3-\overset{\overset{\displaystyle CH_3}{|}}{\underset{\underset{\displaystyle CH_3}{|}}{C}}-CH_3$$
$$\qquad |\qquad\qquad\qquad |\qquad\qquad\qquad\qquad |$$
$$\qquad CH_3\qquad\qquad\quad CH_3\qquad\qquad\qquad\quad CH_3$$

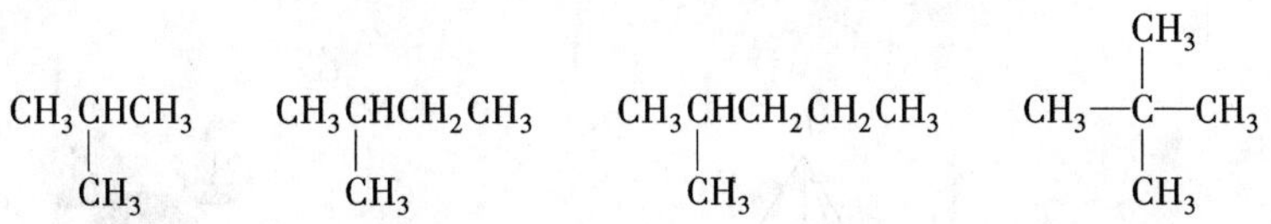

异丁烷   异戊烷   异己烷   新戊烷

习惯命名法简单，不过，它只能用于上述一些结构比较简单的烷烃。

（2）系统命名法。系统命名法是一种普遍适用的命名方法。它是采用国际上通用的 IUPAC 命名原则，并结合我国文字特点制订的一种命名方法。

对于直链烷烃，与习惯命名法相似，按照它所含有的碳原子数叫作某烷，只是不加"正"字。例如：

$$CH_3-(CH_2)_2-CH_3 \qquad CH_3-(CH_2)_5-CH_3 \qquad CH_3-(CH_2)_{12}-CH_3$$

丁烷   庚烷   十四烷

对于支链烷烃，则把它看作是直链烷烃的烷基衍生物，按照下列步骤和规则进行命名。

① 选主链，确定母体。从构造式中选择最长的碳链作为主链，把支链看作取代基，根据主链所含有的碳原子数称为某烷。例如：

$$\begin{array}{c}
\quad\quad\; CH_3 \quad\quad\quad\; CH_3 \\
\text{------}|\text{----------}|\text{------} \\
CH_3-C-CH_2-CH-CH-CH_3 \\
\quad\quad\; | \quad\quad\quad\quad\;\; | \\
\quad\quad CH_3 \quad\quad\;\; CH_2CH_3
\end{array}$$

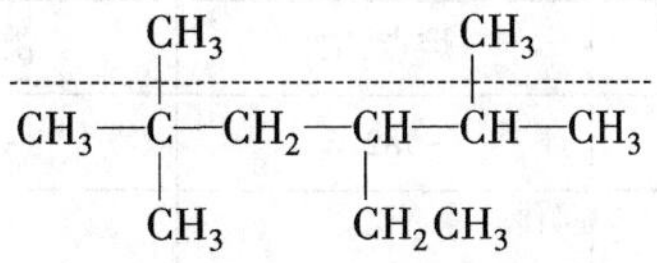

母体命名为己烷。

② 主链碳原子编号，确定取代基位次。从靠近支链的一端开始，依次用阿拉伯数字给主链碳原子编号，如果两端与支链等距离的话，应从靠近简单取代基那端开始编号；如果两端等距离处且取代基相同，应遵循取代基位次之和最小。例如：

$$\begin{array}{c}
\quad\quad\quad\; CH_3 \quad\quad\quad\quad CH_3 \\
\;\;1\quad\;2\;\;|\;\;\;3\quad\;\;4\;\;\;5\;|\;\;\;6 \\
CH_3-C-CH_2-CH-CH-CH_3 \\
\quad\quad\; | \quad\quad\quad\quad\;\; | \\
\quad\quad CH_3 \quad\quad\;\; CH_2CH_3
\end{array}$$

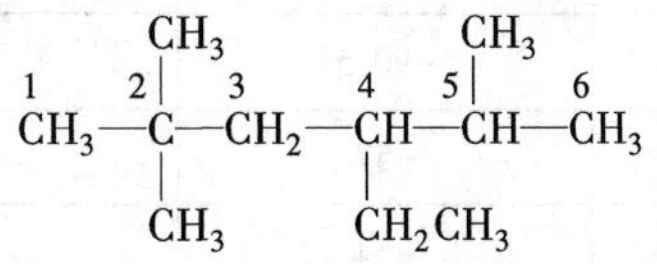

③ 写出全称。把取代基的名称、数目、位次写在母体烷烃名称的前面，在取代基名称前标出它的位次并用短线"–"与取代基名称隔开；如果带有几个不同的取代基，则是先小取代基，后大取代基；对于相同取代基则合并，分别标出取代基位次，位次之间用逗号隔开，取代基的数目用汉字一、二、三等写在取代基前面。如上式名称为：2，2，5-三甲基-4-乙基己烷。

5. 烷烃的结构

甲烷是最简单的烷烃，分子式为 CH_4。甲烷中的 C 原子采用 sp^3 杂化，四个 sp^3 轨道分别指向正四面体的四个顶角，每个 sp^3 轨道上具有一个未成对的电子，分别跟四个 H 原子的 1s 轨道"头顶头"地重叠，形成四个等同的 C—H 键，四个 C—H 键键轴之间的夹角（键角）都是 109.5°。这就是甲烷分子的正四面体结构，如图 7-1 所示。

其他烷烃的结构与甲烷相似，它们中的每一个碳原子也都是 sp^3 杂化。例如在乙烷中，两个 C 原子各以一个 sp^3 杂化轨道互相重叠，形成一个 C—C σ 键，每个 C 原子剩余的三个 sp^3 轨道，分别与三个 H 原子的 1s 轨道重叠，形成六个等同的 C—H σ 键，这就是乙烷的结构

（图 7-2）。对于三个碳原子以上的烷烃，也都和乙烷类似，它们的 C—C—C 键角都接近于 109.5°。

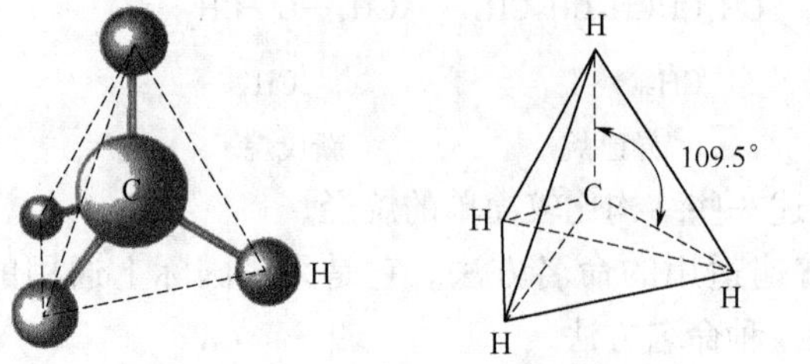

图 7-1　甲烷的正四面体构型　　　　　　　　　图 7-2　乙烷的结构

6. 烷烃的物理性质

烷烃是无色物质，具有一定的气味。直链烷烃的物理性质，例如熔点、沸点、相对密度等，随着分子中碳原子数（或相对分子质量）的增大，而呈规律性的变化。表 7-2 给出了一些直链烷烃的物理常数。

表 7-2　直链烷烃的物理常数

名称	分子式	熔点，℃	沸点，℃	相对密度（d_4^{20}）
甲烷	CH_4	−182.6	−161.7	0.424
乙烷	C_2H_6	−172	−89	0.456
丙烷	C_3H_8	−187	−42	0.501
丁烷	C_4H_{10}	−138	0	0.579
戊烷	C_5H_{12}	−130	36	0.626
己烷	C_6H_{14}	−95	69	0.659
庚烷	C_7H_{16}	−90.5	98	0.684
辛烷	C_8H_{18}	−57	126	0.703
壬烷	C_9H_{20}	−54	151	0.718
癸烷	$C_{10}H_{22}$	−30	174	0.730
十四烷	$C_{14}H_{30}$	5.5	252	0.769
十八烷	$C_{18}H_{38}$	28	308	0.777

（1）物态。常温常压下，$C_1 \sim C_4$ 直链烷烃是气体，$C_5 \sim C_{17}$ 直链烷烃是液体，C_{18} 及 C_{18} 以上直链烷烃是固体。

（2）沸点。直链烷烃的沸点随分子中碳原子数的增大而升高。碳原子数相同的烷烃各异构体的沸点不同。支链越多，沸点越低。例如戊烷各种异构体的沸点如下：

$$CH_3—CH_2—CH_2—CH_2—CH_3 \qquad CH_3—\underset{\underset{CH_3}{|}}{CH}—CH_2—CH_3 \qquad CH_3—\overset{\overset{CH_3}{|}}{\underset{\underset{CH_3}{|}}{C}}—CH_3$$

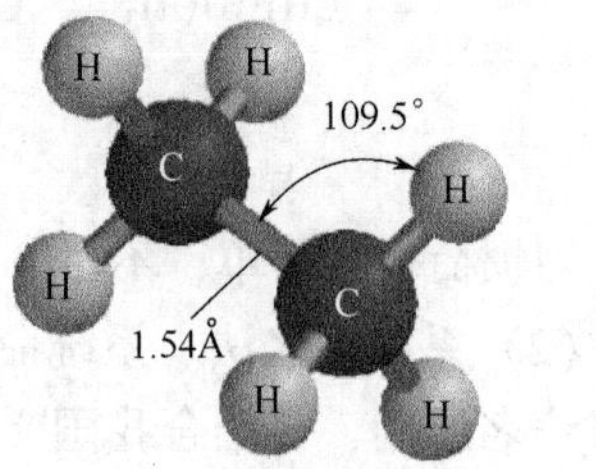

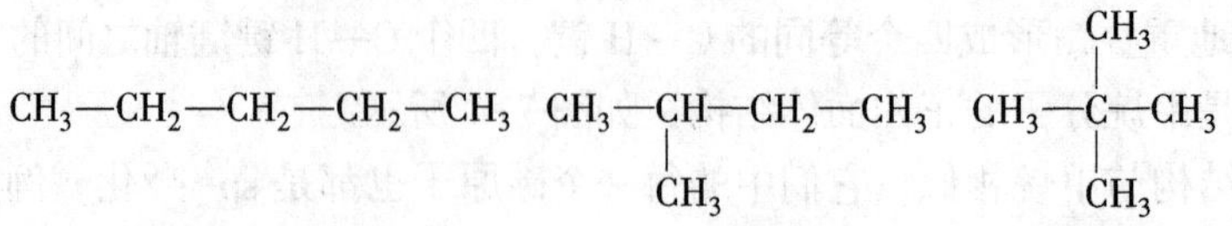

	正戊烷	异戊烷	新戊烷
沸点，℃	36.1	28	9.5

(3) 熔点。如图 7-3 所示，直链烷烃的熔点基本上是随着碳原子数的增大而升高（甲烷到丙烷的熔点变化不规则），其中含偶数碳原子烷烃的熔点比相邻奇数碳原子烷烃的熔点升高多一些。这主要取决于分子结构的对称性。

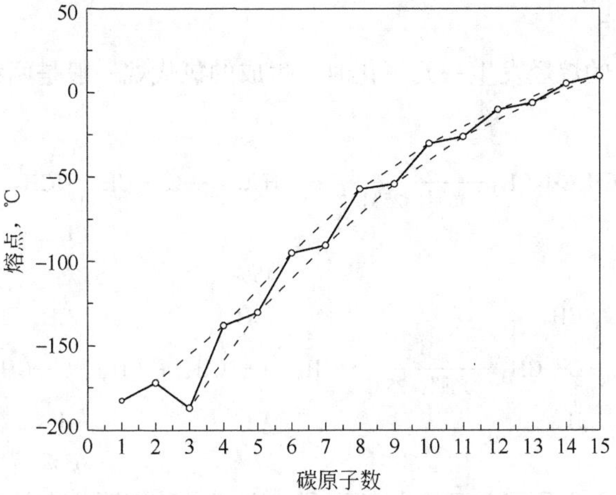

图 7-3　直链烷烃的熔点曲线

(4) 相对密度。烷烃的相对密度（液态）小于 1，随着碳原子数的增大，直链烷烃的相对密度逐渐增大。

(5) 溶解度。物质的溶解性能与溶剂有关，结构相似的化合物彼此互溶，即“相似相溶”原理。烷烃是非极性分子，不溶于极性溶剂如水中，可溶于非极性溶剂如四氯化碳、烃类化合物中。

7. 烷烃的化学性质

烷烃中只有 C—C 键和 C—H 键，没有官能团，与其他各类有机化合物相比，烷烃的化学性质最不活泼，与强酸、强碱及常用的氧化剂、还原剂都不发生反应。但烷烃在光或热作用下，可发生键均裂的自由基的取代反应；高温时，特别是在催化剂存在下，烷烃能发生一系列化学反应。

1) 卤化反应

烷烃分子中的氢原子被卤原子取代的反应称为卤化反应。卤化反应包括氟化、氯化、溴化和碘化。但有实用意义的卤化反应是氯化和溴化，因为氟化反应过于激烈，难于控制，而碘化反应又难以发生。

在光照或加热条件下，甲烷分子中的氢原子可逐渐被氯原子取代，生成一氯甲烷、二氯甲烷、三氯甲烷（氯仿）和四氯甲烷（四氯化碳）。

$$CH_4+Cl_2 \xrightarrow[300\sim400℃]{光照} CH_3Cl+HCl$$

一氯甲烷（沸点-24℃）

$$CH_3Cl+Cl_2 \xrightarrow[300\sim400℃]{光照} CH_2Cl_2+HCl$$

二氯甲烷（沸点 40℃）

$$CH_2Cl_2+Cl_2 \xrightarrow[300\sim400℃]{光照} CHCl_3+HCl$$

三氯甲烷（沸点 61℃）

$$CHCl_3 + Cl_2 \xrightarrow[300 \sim 400℃]{光照} CCl_4 + HCl$$

四氯甲烷（沸点 77℃）

2）氯化反应的取向

丙烷和三个碳以上的烷烃发生一元氯化时，生成的氯代烷一般是两种或两种以上的构造异构体。例如：

$$CH_3CH_2CH_3 \xrightarrow[光照，25℃]{Cl_2} CH_3CH_2CH_2{-}Cl + \underset{\underset{Cl}{|}}{CH_3CHCH_3}$$

45%　　　　　　　55%

$$\underset{\underset{H}{|}}{\overset{\overset{CH_3}{|}}{CH_3{-}C{-}CH_3}} \xrightarrow[光照，25℃]{Cl_2} \underset{\underset{Cl}{|}}{\overset{\overset{CH_3}{|}}{CH_3{-}C{-}CH_3}} + \underset{\underset{H}{|}}{\overset{\overset{CH_3}{|}}{CH_3{-}C{-}CH_2Cl}}$$

37%　　　　　　　63%

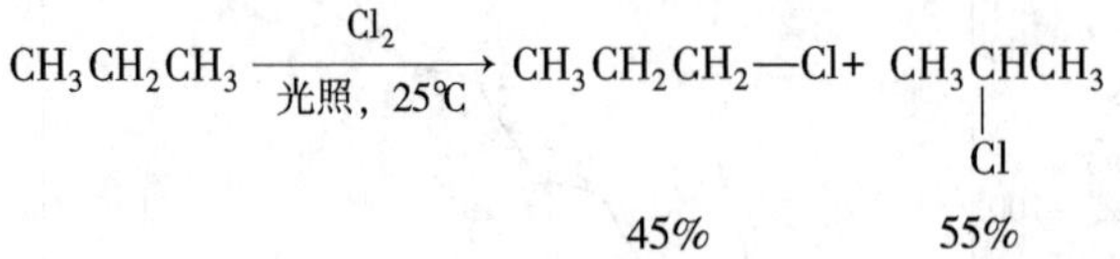

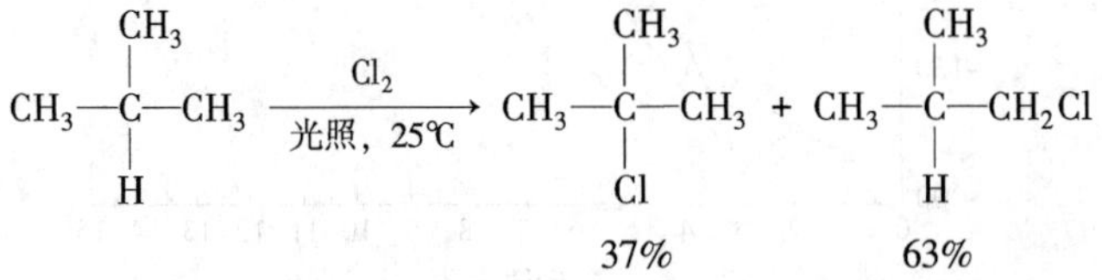

丙烷分子中有六个伯氢原子和两个仲氢原子。上述实验表明，在给定的氯化条件下，仲氢原子与伯氢原子的活性（指的是反应速率）之比是仲氢∶伯氢 = (55/2)∶(45/6) ≈ 4∶1。

异丁烷分子中有九个等同的伯氢原子和一个叔氢原子。同样，叔氢原子与伯氢原子的活性之比是叔氢∶伯氢 = (37/1)∶(63/9) ≈ 5∶1。

由此可见，烷烃中氢原子的活性顺序是叔氢原子>仲氢原子>伯氢原子。

烷烃的卤化反应是自由基的取代反应，键的离解能越小，即 C—H 键断裂所需的能量越低，则自由基越容易生成，生成的自由基也越稳定。于是，碳自由基的稳定性顺序是叔 C·>仲 C·>伯 C·>CH_3·。

3）氧化反应

物质的燃烧是一种强烈的氧化反应。烷烃在空气中完全燃烧时，生成二氧化碳和水，同时放出大量的热。例如：

$$CH_4 + 2O_2 \xrightarrow{点燃} CO_2 + 2H_2O$$

$$C_3H_8 + 5O_2 \xrightarrow{点燃} 3CO_2 + 4H_2O$$

烷烃是易燃易爆物质。烷烃（气体或蒸气）与空气混合达到一定比例时（爆炸范围以内），遇到火花就发生爆炸，这个比例叫作爆炸极限。例如，甲烷的爆炸极限为 5.53%～14%（体积分数）。在生产上和实验中处理烷烃时必须注意。

4）裂化反应

烷烃在隔绝空气下加热和加压，分子中的 C—C 键和 C—H 键断裂生成小分子的过程，称为裂化反应。在裂化反应过程中，伴随着脱氢反应和碳化反应，除了生成低级烷烃以外，还有烯烃和氢气产生，产物往往是复杂的混合物。例如，丁烷发生裂化反应可以得到甲烷、乙烷、乙烯、丙烯、丁烯和氢气等的混合物。

8. 烷烃的来源

（1）天然气。天然气的组成因产地不同而变化很大。天然气分为干气和湿气，干气的成分主要是甲烷；湿气除主要成分甲烷外，还有乙烷、丙烷、丁烷等。天然气中除上述烷烃外，还有一些其他气体，例如硫化氢、氮、氦等。

（2）石油。石油主要是烃类的混合物。从地下开采出来的石油一般是深褐色液体，叫作原油。原油的组成与质量因油田不同而有显著的差异。除了烷烃、环烷烃、芳烃外，在原油中还含有少量的含氧、含硫、含氮的化合物。

二、烯烃

1. 烯烃的通式与构造异构

分子中含有 C=C 双键的烃叫作烯烃。C=C 双键是烯烃的官能团。烯烃是不饱和脂肪烃。烯烃比相对应的烷烃少了两个氢原子，因此，烯烃的通式是 C_nH_{2n}（n 表示 C 原子数）。

乙烯和丙烯没有构造异构，含有四个碳原子的烯烃有三种构造异构体：

$$CH_3-CH_2-CH=CH_2 \qquad CH_3-\underset{\underset{CH_3}{|}}{C}=CH_2 \qquad CH_3-CH=CH-CH_3$$

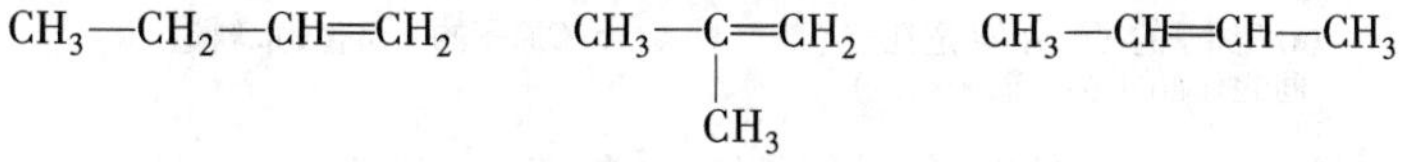

1-丁烯　　　　　　　　　异丁烯　　　　　　　　2-丁烯

从烯烃分子中去掉 1 个氢原子后所剩下的基团叫作烯基。乙烯只能生成 1 个烯基：

$$CH_2=CH- \qquad 乙烯基$$

丙烯（$CH_3-CH=CH_2$）则可生成 3 个烯基：

$$CH_3-CH=CH- \qquad CH_3-\underset{\underset{}{|}}{C}=CH_2 \qquad CH_2=CH-CH_2-$$

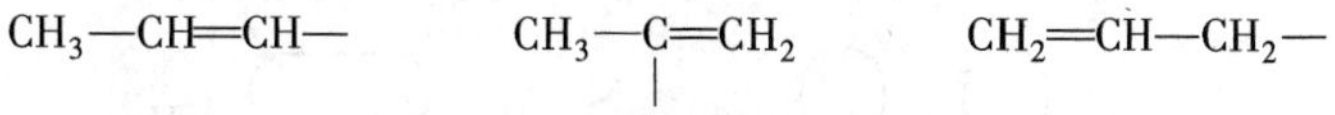

丙烯基　　　　　　　　异丙烯基　　　　　　　　烯丙基

2. 烯烃的命名

烯烃的命名原则与烷烃基本相同，也有普通命名法和系统命名法。只有个别烯烃才具有习惯名称，例如：

$$CH_3-\underset{\underset{CH_3}{|}}{C}=CH_2$$

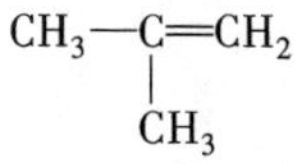

异丁烯

烯烃的系统命名法是以含有双键的最长碳链作为主链，把支链作为取代基来命名。烯烃的名称依主链中所含有的碳原子数而定。碳原子小于 10 个时，称为某烯，碳原子多于 10 个时，"烯"字前要缀一"碳"字。由于双键的存在，必须指出双键的位置。从靠近双键的一端开始，将主链中的碳原子依次编号。双键的位置，以双键上位次最小的碳原子号数来表明，写在烯烃名称的前面。按照大基团后列出的原则将取代基的位次、数目和名称，也写在烯烃名称的前面。例如：

$$\overset{1}{CH_2}=\overset{2}{C}-CH_2-CH_3 \qquad \overset{5}{CH_3}-\overset{4}{CH}-\overset{3}{CH_2}-\overset{2}{CH}-\overset{1}{CH_3} \qquad CH_3(CH_2)_{15}CH=CH_2$$

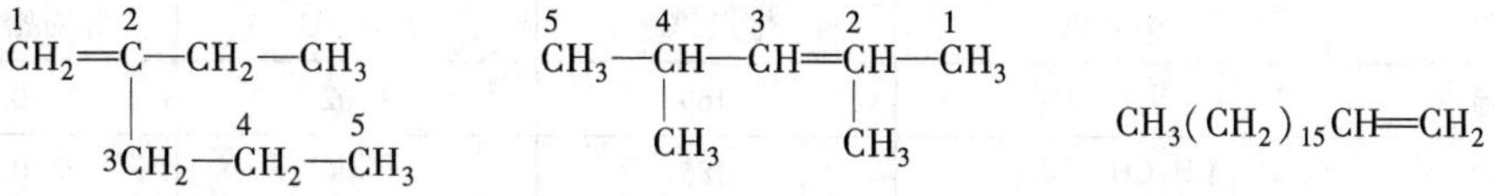

2-乙基-1-戊烯　　　　　　2,4-二甲基-2-戊烯　　　　　十八碳烯

3. 烯烃的结构

以乙烯（$CH_2=CH_2$）为例，其分子是平面结构，键长和键角如图 7-4 所示。

在乙烯分子中，C=C 双键中的 C 是以 sp^2 杂化轨道成键，每个 C 原子的三个 sp^2 杂化轨道分别和另一个 C 原子、两个 H 原子形成一个 C—C σ 键，两个 C—H σ 键。另外，

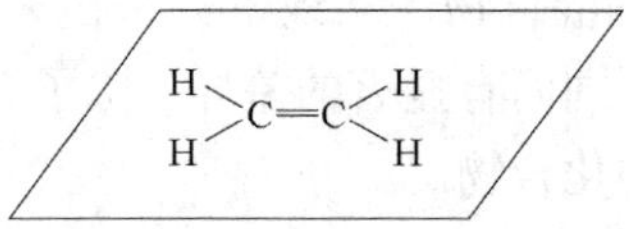

图 7-4　乙烯分子的平面结构

每个 C 原子上各有一个未参与杂化 p 轨道垂直于 C 原子 sp^2 杂化轨道所在的平面，如图 7-5 所示。

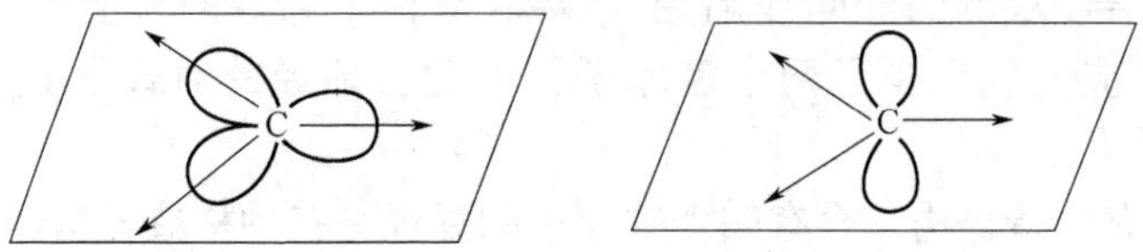

(a) C原子的三个sp^2轨道在空间的分布(小头一瓣未画出)　　(b) C原子的未杂化的p_z轨道

图 7-5　碳原子的 sp^2 轨道和 p 轨道

当两个碳原子形成 σ 键时，垂直于 sp^2 杂化轨道所在的平面的两个 p 轨道，互相平行，侧面重叠，这样两个 p 轨道的这种重叠方式所形成的化学键叫作 π 键，如图 7-6 所示。π 键不能沿着键轴旋转，所以 π 键没有 σ 键牢固。

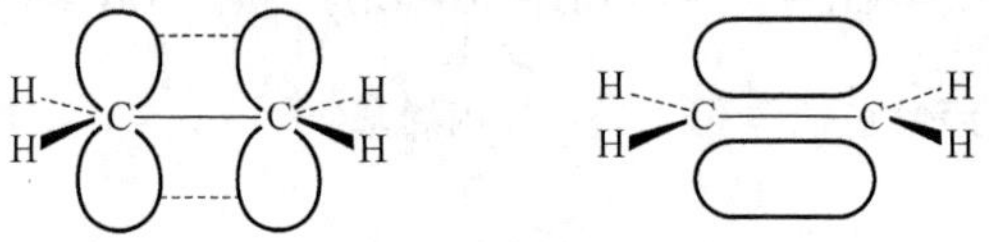

(a) 两个p_z轨道“肩并肩”的重叠　　(b) π轨道

图 7-6　乙烯分子中的 π 键

4. 烯烃的物理性质

烯烃的物理性质与烷烃相似。常温下，$C_2 \sim C_4$ 的烯烃为气体，$C_5 \sim C_{19}$ 的烯烃为液体，从 C_{20} 开始为固体。烯烃都是无色的，具有一定的气味，乙烯略带甜味，液态烯烃具有汽油的气味。烯烃的沸点和熔点随分子中碳原子数（或相对分子质量）的增大而升高。烯烃的相对密度（液态）小于 1，随分子中碳原子数（或相对分子质量）的增大而逐渐增大。烯烃难溶于水，易溶于有机溶剂，例如苯、乙醚、氯仿、四氯化碳等。一些直链 α-烯烃的物理常数见表 7-3。

表 7-3　直链 α-烯烃的物理常数

名称	构造式	熔点，℃	沸点，℃	相对密度（d_4^{20}）
乙烯	$CH_2{=}CH_2$	−169	−102	0.570
丙烯	$CH_3CH{=}CH_2$	−185	−48	0.610
1-丁烯	$CH_3CH_2CH{=}CH_2$	−130	−6.5	0.625
1-戊烯	$CH_3(CH_2)_2CH{=}CH_2$	−166	3.0	0.643
1-己烯	$CH_3(CH_2)_3CH{=}CH_2$	−138	63.5	0.675
1-庚烯	$CH_3(CH_2)_4CH{=}CH_2$	−119	93	0.698
1-辛烯	$CH_3(CH_2)_5CH{=}CH_2$	−104	122.5	0.716

5. 烯烃的化学性质

C≡C 双键是烯烃的官能团。在有机化合物分子中，与官能团直接相连的碳原子，叫作 α-碳原子，α-碳原子上的氢原子叫作 α-氢原子。例如，丙烯分子中有一个 α-碳原子和三个 α-氢原子。

$$CH_2=CH-\underset{\underset{H}{|}}{\overset{\overset{H}{|}}{C}}-H \quad \longleftarrow \alpha\text{-氢原子}$$

官能团

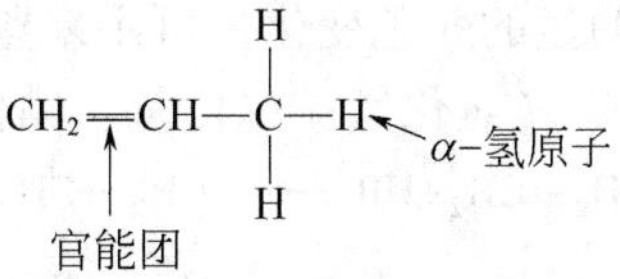

烯烃的化学性质主要表现在官能团 C≡C 双键上，以及受 C≡C 双键影响较大的 α-碳原子上。

1）加成反应

C≡C 双键中 π 键不牢固，较易断裂，在双键的两个碳原子上各加一个原子或基团，形成两个 σ 键，这种反应称为加成反应，这是 C≡C 双键最普遍、最典型的反应。

$$\overset{|}{\underset{|}{C}}=\overset{|}{\underset{|}{C} } +X-Y \longrightarrow -\overset{|}{\underset{X}{C}}-\overset{|}{\underset{Y}{C}}-$$

烯烃　　试剂　　加成产物

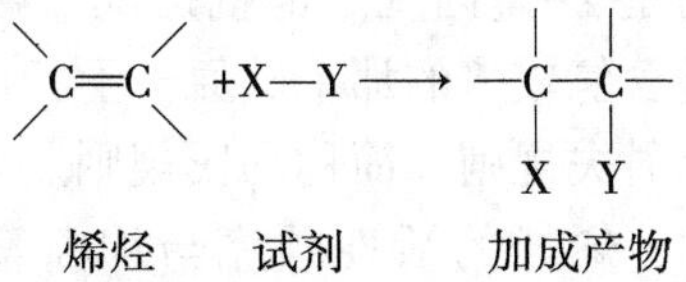

（1）催化加氢。在催化剂铂、钯或雷尼镍的催化下，烯烃能与氢加成生成烷烃，同时放出大量的热，例如：

$$CH_2=CH_2+H_2 \xrightarrow{催化剂} CH_3-CH_3$$

催化加氢的过程，一般认为是氢和烯烃都被吸附在催化剂的表面上进行反应。由于催化加氢反应能定量进行，因此在分析上可利用催化加氢反应，根据吸收氢气的体积，计算出混合物中不饱和化合物的含量。

烯烃加氢放出的热量叫作氢化热，所以可通过测定反应的氢化热来比较不同烯烃的稳定性，氢化热越高，说明烯烃体系能量越高，越不稳定。

（2）亲电加成。由于 π 电子受碳原子核的束缚力较小，易极化给出电子，因此易受缺电子的亲电试剂进攻而发生亲电加成反应。

$$\overset{|}{\underset{|}{C}}H=\overset{|}{\underset{|}{C}}H +HBr \xrightarrow[慢]{1} -\overset{\overset{H}{|}}{\underset{|}{C}}-\overset{+}{\underset{|}{C}}- + :Br^-$$

$$-\overset{\overset{H}{|}}{\underset{|}{C}}-\overset{+}{\underset{|}{C}}- + :Br^- \xrightarrow[快]{2} -\overset{\overset{Br}{|}}{\underset{|}{C}}-\overset{\overset{H}{|}}{\underset{|}{C}}-$$

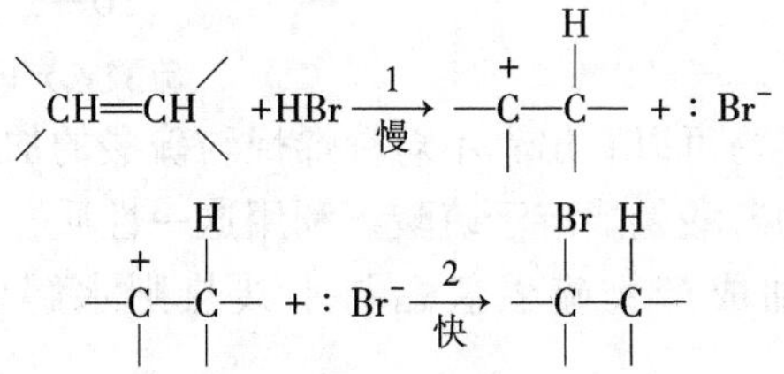

① 加卤素。氟与烯烃反应太剧烈，而碘与烯烃难反应，所以一般烯烃的加卤素，实际上是指加氯或加溴。

C≡C 双键与氯或溴的加成，可以在气相，也可以在液相进行。在液相进行时，四氯化碳、1,2-二氯乙烷等是常用的溶剂。

$$CH_2=CH_2+Cl_2 \xrightarrow{FeCl_3,\ 40℃} CH_2Cl-CH_2Cl$$

这是工业上和实验室制备连二氯化合物和连二溴化合物最常用的一个方法。

在常温、常压、不需加催化剂的情况下，烯烃与溴可迅速发生加成反应，生成1,2-二溴代烷烃。例如，将乙烯通入溴水或溴的四氯化碳溶液中，溴的红棕色很快褪去，生成

1，2-二溴乙烷。

$$CH_2\!=\!CH_2 + Br_2 \longrightarrow \begin{matrix} CH_2\!-\!CH_2 \\ \ \ \ | \quad\ \ | \\ \ \ Br \quad Br \end{matrix}$$

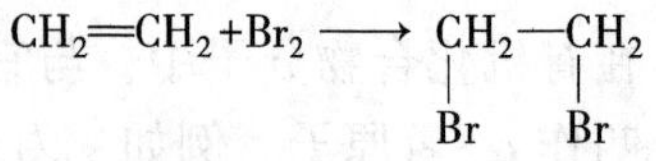

（红棕色）　　1，2-二溴乙烷（无色）

烯烃与溴的加成反应前后有明显的颜色变化，可用来鉴别烯烃。

② 加卤化氢。烯烃能与卤化氢（氯化氢、溴化氢、碘化氢）加成生成卤代烷，例如：

$$CH_2\!=\!CH_2 + HBr \longrightarrow \begin{matrix} CH_2\!-\!CH_2 \\ \ \ \ | \quad\ \ | \\ \ \ H \quad Br \end{matrix}$$

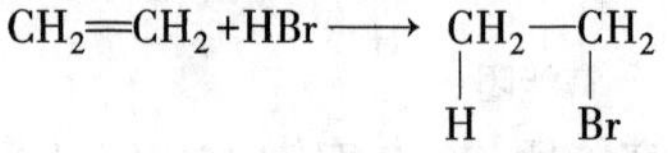

溴乙烷

不对称烯烃与卤化氢加成时显然可以生成两种产物，例如：

$$CH_3\!-\!CH\!=\!CH_2 + HBr \begin{cases} \longrightarrow CH_3CHBrCH_2 \quad 2\text{-溴丙烷} \\ \longrightarrow CH_3CH_2CH_2Br \quad 1\text{-溴丙烷} \end{cases}$$

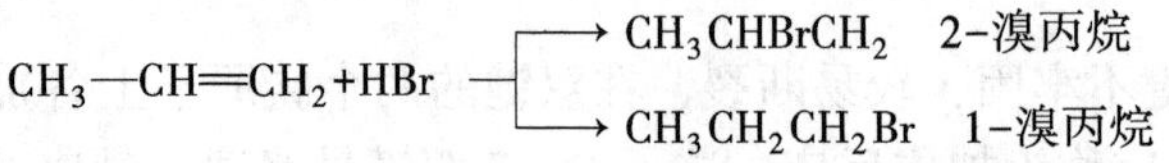

实验发现，生成的主要产物是 2-溴丙烷。也就是说，烯烃与卤化氢加成时，卤化氢分子中的氢原子主要加在碳碳双键含氢较多的那个碳原子上，卤原子则加在含氢较少的那个碳原子上。这个经验规则叫作马尔科夫规则，简称马氏规则。

C＝C 双键与卤化氢加成时，烯烃的活性顺序与加卤素相同。卤化氢的活性顺序是：HI>HBr>HCl。

烯烃与溴化氢加成，如果是在过氧化物存在下进行时，得到的产物与马氏规则不一致，是反马氏加成，例如：

$$CH_3\!-\!CH\!=\!CH_2 + HBr \begin{cases} \xrightarrow{\text{无过氧化物}} CH_3CHBrCH_2 \quad 2\text{-溴丙烷} \\ \xrightarrow{\text{有过氧化物}} CH_3CH_2CH_2Br \quad 1\text{-溴丙烷} \end{cases}$$

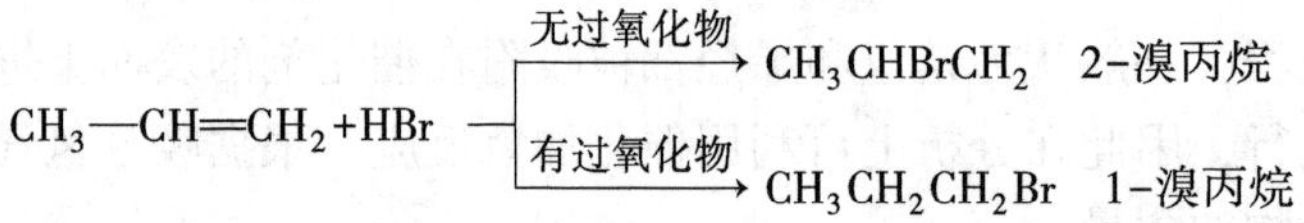

这是由于存在过氧化物而引起的加成定位的改变，叫作过氧化物效应。烯烃与卤化氢的加成，只有溴化氢有过氧化物效应。

③ 加硫酸。烯烃能与硫酸加成生成硫酸氢酯。例如：

$$CH_3\!-\!CH\!=\!CH_2 + HO\!-\!SO_2\!-\!OH \longrightarrow \begin{matrix} CH_3\!-\!CH\!-\!CH_3 \\ \ \ \ \ \ | \\ \ \ O\!-\!SO_2\!-\!OH \end{matrix}$$

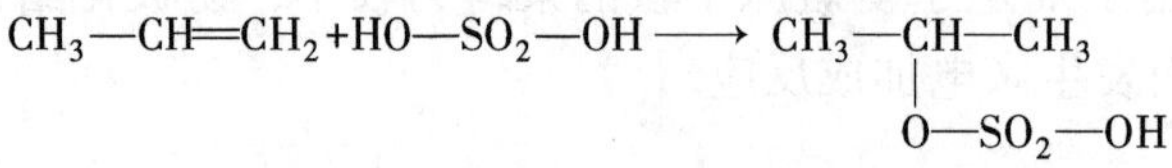

硫酸氢异丙酯

从丙烯与硫酸的加成产物可以看出，不对称烯烃与硫酸的加成符合马氏规则。

烯烃与硫酸的加成产物硫酸氢酯溶于硫酸。利用这一性质，可将混在烷烃中的少量烯烃分离除去。烯烃与硫酸的加成产物硫酸氢酯与水共热则水解生成醇，并重新给出硫酸，例如：

$$CH_3CH_2O\!-\!SO_2\!-\!OH + H_2O \xrightarrow{\triangle} CH_3\!-\!CH_2\!-\!OH + H_2SO_4$$

硫酸氢乙酯　　　　　　　　乙醇

烯烃与硫酸加成产物再水解生成醇，相当于在烯烃分子中加上了一分子水，因此这一反应又叫作烯烃的间接水合法。

④ 加水。在酸催化下，烯烃直接与水加成生成醇。这是烯烃的直接水合，例如：

$$CH_2\!=\!CH_2 + H_2O \xrightarrow[\sim300℃,\ \sim7MPa]{\text{磷酸—硅藻土}} CH_3\!-\!CH_2\!-\!OH$$

不对称烯烃与水的加成符合马氏规则。

2) 聚合反应

烯烃分子中的 C═C 双键不但能与许多试剂加成，而且还能在引发剂或催化剂作用下，断裂 π 键，通过加成反应自身结合起来生成聚合物，这类反应叫作聚合反应。

$$n\text{CH}_2\!=\!\text{CH}_2 \xrightarrow[\text{60～70℃}]{\text{TiCl}_4\!-\!\text{Al}(\text{C}_2\text{H}_5)_3} \text{╂CH}_2\!-\!\text{CH}_2\text{╂}_n$$

常温时聚乙烯为乳白色半透明物质，熔化后是无色透明液体。聚乙烯广泛用于工业、农业及国防上，可用于制造薄膜、管件、容器以及各种绝缘、防腐和防潮材料等。

3) 氧化反应

烯烃的 C═C 双键非常活泼，比较容易被氧化。随着氧化剂和氧化条件不同，氧化产物各异。常用的氧化剂（如高锰酸钾、重铬酸钾—硫酸、过氧化物等）都能把烯烃氧化成含氧化合物。

（1）氧化剂氧化。在非常缓和的情况下，例如，使用适量的稀高锰酸钾冷溶液（1%～5%，或更稀），烯烃被氧化成连二醇，高锰酸钾则被还原成棕色的二氧化锰从溶液中析出。

$$3\text{RCH}\!=\!\text{CHR}'+2\text{KMnO}_4+4\text{H}_2\text{O} \xrightarrow{\text{OH}^-} \underset{\underset{\text{OH}\ \ \text{OH}}{|\ \ \ \ |}}{3\text{RCH}\!-\!\text{CHR}'}+2\text{MnO}_2+2\text{KOH}$$

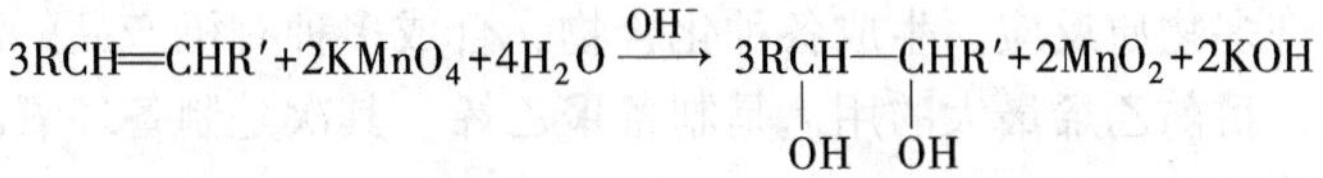

该反应速度较快，现象明显：紫色逐渐消失，并生成褐色的沉淀。因此，常用于检验 C═C 双键。但值得注意的是并不是只有 C═C 双键能使 KMnO$_4$ 褪色。

如果是用酸性高锰酸钾，氧化反应进行得更快，得到低级酮或羧酸，例如：

$$\text{R}\!-\!\text{CH}\!=\!\text{CH}\!-\!\text{R}' \xrightarrow{[\text{O}]} \underset{\text{羧酸}}{\text{RCOOH}}+\underset{\text{羧酸}}{\text{R}'\text{COOH}}$$

$$\underset{\underset{\text{R}'}{|}}{\text{R}\!-\!\text{C}\!=\!\text{CH}} \xrightarrow{[\text{O}]} \underset{\underset{\text{O}}{\|}}{\text{RCR}'} + \underset{\underset{\text{O}}{\|}}{\text{H}\!-\!\text{C}\!-\!\text{OH}} \xrightarrow{[\text{O}]} \text{CO}_2+\text{H}_2\text{O}$$

$$\qquad\qquad\qquad\qquad\qquad\quad\text{酮}\qquad\quad\text{甲酸}$$

（2）催化氧化。烯烃催化氧化可以生成不同的产物，例如：

$$\text{CH}_2\!=\!\text{CH}_2+1/2\text{O}_2\text{（空气）} \xrightarrow[\text{100℃，0.3MPa}]{\text{PdCl}_2\!-\!\text{CuCl}_2} \text{CH}_3\text{CHO}$$

$$\text{CH}_3\text{CH}\!=\!\text{CH}_2+1/2\text{O}_2\text{（空气）} \xrightarrow[\text{120℃，1.2MPa}]{\text{PdCl}_2\!-\!\text{CuCl}_2} \underset{\underset{\text{O}}{\|}}{\text{CH}_3\!-\!\text{C}\!-\!\text{CH}_3}$$

$$\text{CH}_2\!=\!\text{CH}_2+1/2\text{O}_2\text{（空气）} \xrightarrow[\text{200～280℃}]{\text{Ag}} \underset{\underset{\text{O}}{\diagdown\diagup}}{\text{CH}_2\!-\!\text{CH}_2}$$

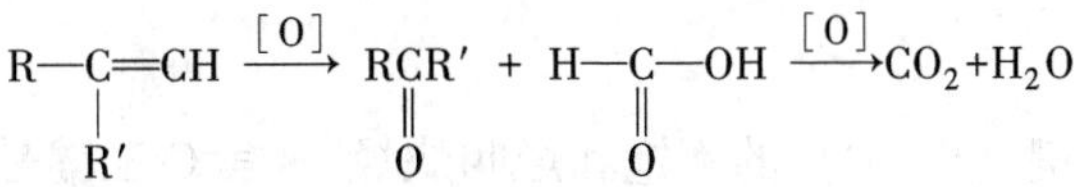

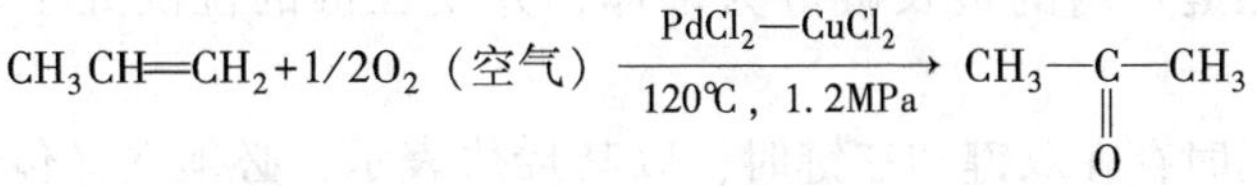

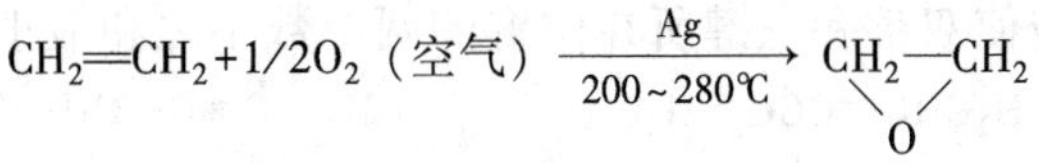

乙烯催化氧化是工业上制取环氧乙烷和乙醛的主要方法。环氧乙烷和乙醛都是十分重要的化工产品。

4) α-氢原子的反应

由于受 C═C 双键的影响，烯烃分子中的 α-氢原子比较活泼，容易发生取代反应和氧化反应。

（1）取代反应。在较高温度下，烯烃分子中的 α-氢原子容易被卤素原子取代，生成 α-卤代烯烃。例如丙烯与氯气反应时，在较低温度下，主要发生 C═C 双键的加成反应，生成 1,2-二氯丙烷；而在较高温度下，则主要发生 α-氯代反应，生成 3-氯丙烯：

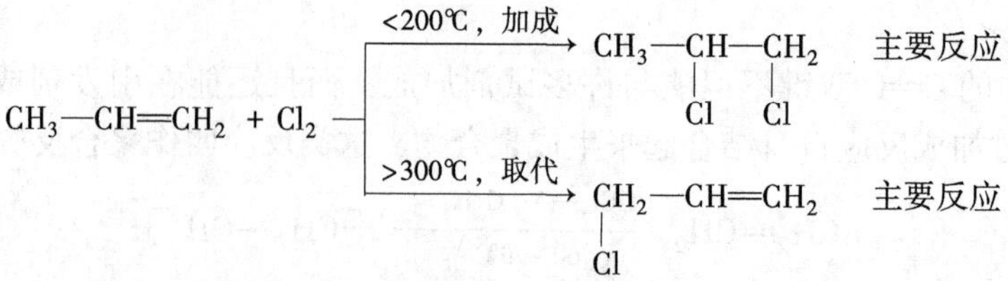

$$CH_3-CH=CH_2 + Cl_2 \begin{cases} \xrightarrow{<200℃,\ 加成} CH_3-\underset{\underset{Cl}{|}}{CH}-\underset{\underset{Cl}{|}}{CH_2} \quad 主要反应 \\ \xrightarrow{>300℃,\ 取代} \underset{\underset{Cl}{|}}{CH_2}-CH=CH_2 \quad 主要反应 \end{cases}$$

（2）氧化反应。在催化剂作用下，烯烃的 α-氢原子可被空气中的氧气氧化。在不同的催化条件下，氧化产物不同。例如，丙烯在氧化亚酮催化下，被空气氧化，生成丙烯醛：

$$CH_3-CH=CH+O_2 \xrightarrow[300\sim400℃]{Cu_2O} OHC-CH=CH_2+H_2O$$

这是工业上生产丙烯醛的主要方法。

6. 重要的烯烃

（1）乙烯。乙烯是一种稍带甜味的无色气体，沸点-103.7℃。乙烯在空气中容易燃烧，呈明亮的光焰，与空气能形成爆炸性混合物，其爆炸范围3%~29%（体积分数）。由于双键活泼，乙烯可以和许多物质反应，生成各种化合物，合成多种有机产品。乙烯是不饱和烃中最重要的化工原料，目前乙烯最大的用途是制备聚乙烯，其次是制备环氧乙烷、苯乙烯、乙醛、乙醇、氯乙烯等。

（2）丙烯。丙烯是无色气体，比空气密度大，沸点为-47.7℃，丙烯和乙烯一样，由于分子中含有活泼双键，化学性质活泼，可以和许多化合物发生反应，生成许多有用的有机产品。但与乙烯不同，丙烯目前只有随着石油炼制及乙烯化工的发展，才可以获得较多的产量。丙烯可以用来合成异丙醇、异丙苯、聚丙烯和丙烯腈等。

三、炔烃

分子中含有碳碳三键（C≡C）的不饱和烃叫炔烃。C≡C 三键是炔烃的官能团，含有一个 C≡C 三键的开链单炔烃通式是 C_nH_{2n-2}（n 表示碳原子数）。

1. 炔烃的命名

炔烃的系统命名法命名原则如下：

（1）选择包含三键在内的最长碳链为母体，并使三键的位次处于最小，支链作为取代基。

（2）当分子中同时存在双键和三键时，以某烯炔表示，必须选择包含双键和三键的最长碳链为母体，编号时应使双键和三键所在位置的两个数字之和最小。

$$CH_3CH_2\underset{\underset{CH_3}{|}}{CH}C\equiv CCH_2CH_3 \qquad CH_3-C\equiv C-\underset{\underset{CH_2CH_3}{|}}{CH}-CH_3$$

5-甲基-3-庚炔 　　　　　　　　　　4-甲基-2-己炔

$$CH_3CH=CHC\equiv CH \qquad\qquad CH_2=CH-C\equiv CH$$

3-戊烯-1-炔 　　　　　　　　　　　1-丁烯-3-炔

2. 炔烃的结构

炔烃的结构特征是分子中具有碳碳三键，乙炔是最简单的炔烃，分子式为 C_2H_2。乙炔分子中的两个碳原子采用 sp 杂化，两个碳原子各以一个 sp 杂化轨道沿键轴方向重叠形成一个 C—C σ 键，每个碳原子的另一个 sp 杂化轨道分别与氢原子的 s 轨道沿键轴方向重叠形成两个 C—H σ 键。这三个 σ 键的对称轴同在一条直线上，键角为 180°，如图 7-7 所示。

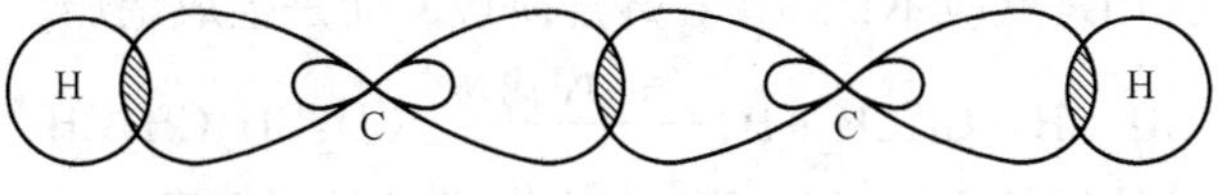

图 7-7　乙炔分子中的三个 σ 键

碳原子上没有参与杂化的两个 2p 轨道相互垂直，并与 sp 杂化轨道相垂直。每个碳上两个相互垂直的未经杂化的 2p 轨道在两个碳原子以 sp 杂化轨道形成 σ 键的同时也两两对应，从侧面“肩并肩”重叠形成两个相互垂直的 π 键，如图 7-8 所示。

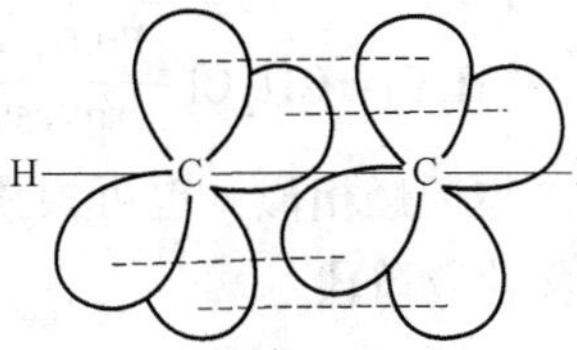

图 7-8　乙炔分子中的 π 键

其他炔烃分子中碳碳三键的结构与乙炔完全相同。

3. 炔烃的物理性质

炔烃是低极性化合物，物理性质类似于烷烃和烯烃。在常温常压下，C_2 ~ C_4 的炔烃为气体，C_5 ~ C_{15} 的炔烃为液体，C_{15} 以上为固体。炔烃有微弱的极性，不易溶于水，易溶于石油醚、乙醚、丙酮、苯和四氯化碳等有机溶剂。一些常见炔烃的物理性质见表 7-4。

表 7-4　炔烃的物理性质

名称	结构式	熔点,℃	沸点,℃	相对密度
乙炔	CH≡CH	-81.8（压力下）	-83.4	0.618（沸点时）
丙炔	CH_3C≡CH	-101.5	-23，3	0.671（沸点时）
1-丁炔	CH_3CH_2C≡CH	-122.5	8.5	0.668（沸点时）
1-戊炔	$CH_3CH_2CH_2C$≡CH	-98	39.7	0.695
1-己炔	$CH_3CH_2CH_2CH_2C$≡CH	-124	71.4	0.719
1-庚炔	$CH_3CH_2CH_2CH_2CH_2C$≡CH	-80.9	99.8	0.733
1-十八碳炔	$CH_3(CH_2)_{15}C$≡CH	22.5	180（2kPa）	0.8696（0℃）

4. 炔烃的化学性质

炔烃的化学性质主要表现在官能团碳碳三键上，碳碳三键中的 π 键不稳定，因此炔烃的化学性质比较活泼，与烯烃相似，容易发生加成、氧化和聚合反应。由于 sp 杂化碳原子的电负性比较大，因此与三键碳原子直接相连的氢原子具有一定酸性，比较活泼，容易被某些金属或金属离子取代，生成金属炔化物。

1）加成反应

炔烃含有 C≡C 三键，能与 H_2、HX、X_2、H_2O、ROH 等进行加成反应。但是炔烃有两个 π 键，所以在适当条件下，可以分步反应，得到与一分子试剂的加成产物，即烯烃或烯烃的衍生物，再与一分子试剂反应，产物为烷烃或其衍生物。

（1）催化加氢。炔烃在催化剂 Pt、Pd、Ni 等存在下加氢，先生成烯烃，再生成烷烃。在氢气过量的情况下，加氢反应不易停留在烯烃阶段，而是生成烷烃。

$$CH_3CH{=\!\!=}CHCH_3 + H_2 \xrightarrow{\text{Pt, Pd 或 Ni}} CH_3CH_2CH_2CH_3$$

若选用催化活性较低的林德拉（Lindlar）催化剂（是沉淀在 $BaSO_4$ 或 $CaCO_3$ 上的金属钯，加喹啉或醋酸铅使钯部分中毒，以降低其催化活性），可使炔烃的催化加氢反应停留在生成烯烃的阶段。

（2）亲电加成。

① 与卤素的加成。炔烃可以和卤素加成，先生成二卤化物，若卤素过量可继续加成，生成四卤化物。工业上就是利用氯加成乙炔制得四氯乙烷。

$$HC{\equiv}CH \xrightarrow[80\sim85℃]{FeCl_3,\ Cl_2} CH_2Cl{=\!\!=}CH_2Cl \xrightarrow[80\sim85℃]{FeCl_3,\ Cl_2} CHCl_2{-\!-}CHCl_2$$

炔烃与溴也可以进行加成反应。与烯烃相似，也可根据溴的褪色来检验三键的存在。如控制反应条件，可使反应停留在二卤化物阶段。

$$CH_3C{\equiv}CCH_3 \begin{cases} \xrightarrow[-20℃]{Br_2,\ 乙醚} \underset{Br\ \ Br}{CH_3C{=\!\!=}CCH_3} \\ \xrightarrow[25℃]{2Br_2} CH_3CBr_2CBr_2CH_3 \end{cases}$$

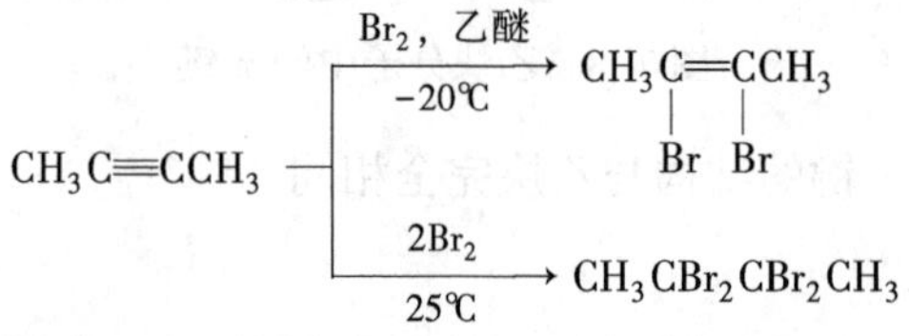

② 与卤化氢的加成。炔烃与烯烃一样，可以和卤化氢加成，不对称炔烃的加成反应也按马尔科夫规则进行，但反应活泼性不如烯烃。

$$R{-}C{\equiv}CH \xrightarrow[HgCl_2]{HCl} \underset{Cl}{R{-}C{=\!\!=}CH_2} \xrightarrow[HgCl_2]{HCl} \underset{Cl}{\overset{Cl}{R{-}C{-}CH_3}}$$

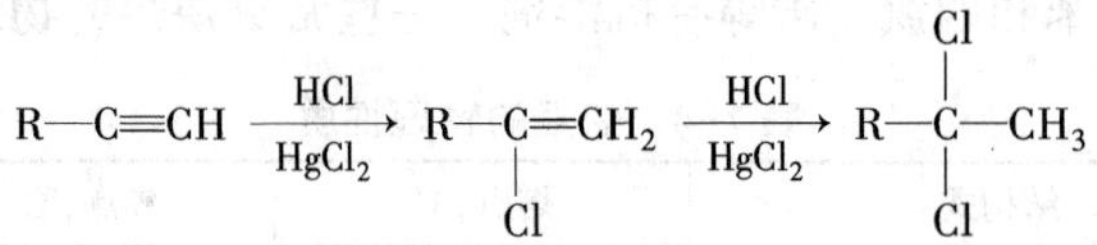

③ 与水加成。炔烃和水的加成也不如烯烃容易进行，必须在催化剂硫酸汞和稀硫酸的存在下才发生加成，例如：

$$HC{\equiv}CH + H_2O \xrightarrow[10\%H_2SO_4]{5\%HgSO_4} H_2C{=\!\!=}\overset{H\text{—}O}{CH} \xrightarrow{分子重排} \underset{H}{\overset{O}{CH_3{-}C}}$$

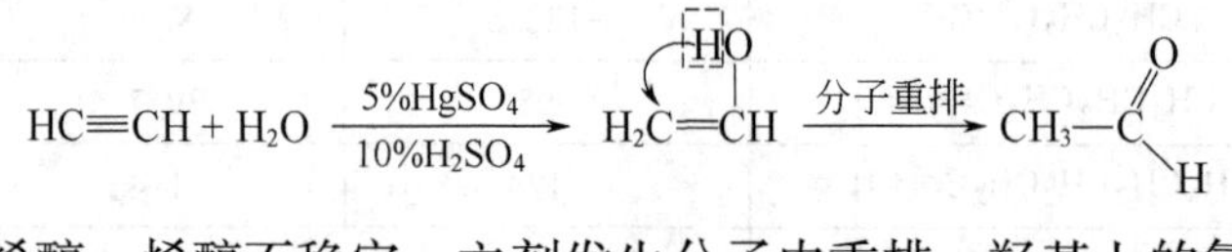

反应中先生成烯醇，烯醇不稳定，立刻发生分子内重排，羟基上的氢原子转移到相邻的双键碳上，原来的碳碳双键转变为碳氧双键，形成醛或酮。

不对称炔烃加水时，反应也是按马尔科夫规则进行的。除乙炔外，其他炔烃加水，最终的产物都是酮。末端炔烃与水加成产物为甲基酮。

④ 与氢氰酸加成。乙炔在催化剂氯化亚铜的作用下，于 $80\sim90℃$ 时与氢氰酸进行加成反应，生成丙烯腈，增加了一个碳链。含有—CN 基的化合物总称为腈。

$$HC{\equiv}CH + HCN \xrightarrow{Cu_2Cl_2}_{80\sim90℃} CH_2{=\!\!=}CH{-}CN$$

这个反应烯烃是不能发生的。

（3）炔氢原子的反应——酸性。

① 炔钠的生成——炔烃的制备。在液氨中，用氨基钠（1mol）处理乙炔是实验室中制备乙炔钠常采用的方法。

$$HC\equiv CH + Na^+NH_2^- \xrightarrow[-33℃]{液氨} HC\equiv C^- Na^+ + NH_3$$

氨基钠　　　　乙炔钠

$$HC\equiv CH \xrightarrow[-33℃]{NaNH_2，液氨} HC\equiv CNa \xrightarrow[液氨，-33℃]{CH_3CH_2CH_2Br} CH_3CH_2CH_2C\equiv CH$$

89%

这是实验室中从乙炔制备其他炔烃采用的一种方法。

② 炔银和炔亚铜的生成——末端炔烃的鉴定。末端炔烃分子中的炔氢（以质子的形式）可被 Ag^+或 Cu^+取代生成炔银或炔亚铜。这是末端炔烃的一个特征反应，反应非常灵敏，现象很明显，在实验室中和生产上经常用于乙炔以及其他末端炔烃的分析、鉴定。

$$RC\equiv CH+2[Ag(NH_3)_2]NO_3 \longrightarrow RC\equiv CAg\downarrow +2NH_4NO_3+2NH_3$$

白色沉淀

$$HC\equiv CH+2[Cu(NH_3)_2]Cl \longrightarrow CuC\equiv CCu\downarrow +2NH_4Cl+2NH_3$$

砖红色沉淀

炔银、炔亚铜潮湿时比较稳定，干燥时因撞击、震动或受热会发生爆炸。因此，实验后应立即用酸处理。

2）氧化反应

炔烃和氧化剂反应，往往可以使碳碳三键断裂，最后得到完全氧化的产物——羧酸或二氧化碳。反应后高锰酸钾的紫红色褪去，析出棕红色的二氧化锰沉淀，可定性地检验三键的存在，还可根据氧化产物的不同来判断炔烃中三键的位置从而确定炔烃的结构。

$$CH_3—CH\equiv CH+KMnO_4 \longrightarrow CH_3COOH+CO_2+H_2O$$

3）聚合反应

炔烃也能聚合，但较烯烃困难，仅能生成由几个分子聚合起来的低聚物。例如乙炔在不同的条件下，可发生二聚、三聚和四聚反应。

将乙炔通入氯化亚铜和氯化铵的盐酸溶液可以得到两分子乙炔加成的产物。

$$HC\equiv CH+HC\equiv CH \xrightarrow{Cu_2Cl_2—NH_4Cl} HC=CH—C\equiv CH$$

乙炔的二聚物（乙烯基乙炔）与氯化氢加成，生成 2-氯-1,3-丁二烯，它是合成氯丁橡胶的原料。

$$HC=CH—C\equiv CH+HCl \xrightarrow{Cu_2Cl_2—NH_4Cl} HC=CH—\underset{\displaystyle Cl}{\underset{|}{C}}=CH_2$$

5. 重要的炔烃——乙炔

纯的乙炔是无色无臭味的气体。乙炔溶于水，在 100kPa 下，乙炔可溶于等体积的水中，在丙酮中溶解度更大。乙炔是易爆物质，运输时注意。但乙炔的丙酮溶液是稳定的，它是一种重要的有机合成基础原料，用于生产乙醛、乙酸、乙酐、聚乙烯醇以及氯丁橡胶等。此外，乙炔在氧气中燃烧时生成的氧乙炔焰能达到 3000℃ 以上的高温，工业上常用来焊接或切断金属材料。工业上主要由电石法和由烃类裂解制备乙炔。

四、二烯烃

脂肪烃分子中含有两个 C=C 双键的，叫作二烯烃，它的通式是 C_nH_{2n-2}，与碳原子数相同的炔烃互为同分异构体。

1. 二烯烃的分类和命名

根据二烯烃分子中两个 C=C 双键的相对位置不同，可将其分为三类：

（1）累积二烯烃：两个双键连接在同一个碳原子上。例如：

$$H_2C=C=CH_2 \quad 丙二烯$$

（2）共轭二烯烃：两个双键被一个单键隔开。例如：

$$CH_2=CH-CH=CH_2 \quad 1,3-丁二烯$$

（3）隔离二烯烃：两个双键被两个或两个以上单键隔开。例如：

$$CH_2=CH-CH_2-CH=CH_2 \quad 1,4-戊二烯$$

三种不同类型的二烯烃中，累积二烯烃由于分子中的两个双键连在同一个碳原子上，很不稳定，自然界极少存在。隔离二烯烃分子中的两个双键相距较远，彼此没有什么影响，相当于两个孤立的烯烃，与烯烃的性质相似。只有共轭二烯烃分子中的两个双键被一个单键连接起来，由于结构比较特殊，具有独特的性质。

二烯烃的系统命名原则与烯烃相似。选择含有两个双键在内的最长碳链作为主链，根据主链的碳原子数称为某二烯。从靠近双键的一端开始将主链中碳原子依次编号，按照"较大基团后列出"的原则，将取代基的位次、数目、名称以及两个双键的位次写在母体名称前面。例如：

$$\overset{6}{CH_3}-\overset{5}{CH_2}-\overset{4}{\underset{\underset{CH_3}{|}}{CH}}-\overset{3}{CH}=\overset{2}{CH}-\overset{1}{CH_2} \qquad \overset{5}{CH_3}-\overset{4}{\underset{\underset{CH_3}{|}}{C}}=\overset{3}{CH}-\overset{2}{\underset{\underset{CH_2-CH_3}{|}}{C}}=\overset{1}{CH_2}$$

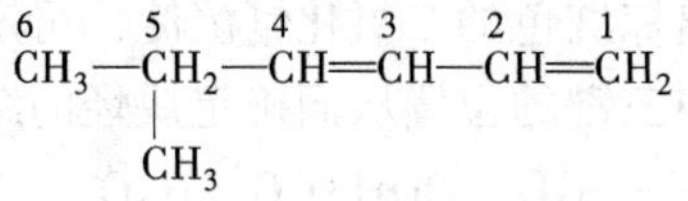

5-甲基-1,3-己二烯　　　　　4-甲基-2-乙基-1,3-戊二烯

2. 共轭二烯烃的化学性质

共轭二烯烃分子中含有 $CH_2=CH-CH=CH_2$ 共轭 π 键，与 C=C 双键相似，发生的化学反应主要是加成和聚合反应。此外，由于共轭二烯烃的特殊结构，共轭二烯烃还可发生一些特殊的化学反应。现以 1,3-丁二烯为例，介绍共轭二烯烃的化学性质。

1）1,2-加成和 1,4-加成

1,3-丁二烯与一分子卤素或卤化氢加成时，按着孤立二烯烃的加成方式，应该生成 1,2-加成产物，但实际上还有生成 1,4-加成产物，且 1,4-加成产物为主要产物。例如：

$$CH_2=CH-CH=CH_2 + Br_2 \longrightarrow$$

-80℃
$$\underset{Br}{\overset{|}{C}H_2}-\underset{Br}{\overset{|}{C}H}-CH=CH_2 \quad + \quad \underset{Br}{\overset{|}{C}H_2}-CH=CH-\underset{Br}{\overset{|}{C}H_2}$$
80%　　　　　　　　　　　20%

40℃
$$\underset{Br}{\overset{|}{C}H_2}-CH=CH-\underset{Br}{\overset{|}{C}H_2} \quad + \quad \underset{Br}{\overset{|}{C}H_2}-\underset{Br}{\overset{|}{C}H}-CH=CH_2$$
80%　　　　　　　　　　　20%

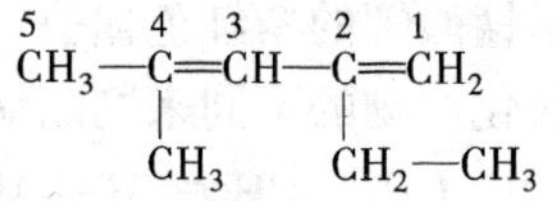

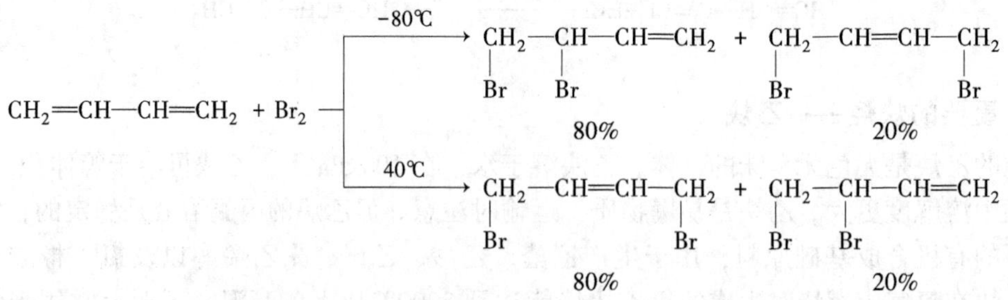

控制反应条件，可调节两种产物的比例，如在低温下或非极性溶剂中有利于 1,2-加成产物的生成，升高温度或在极性溶剂中则有利于 1,4-加成产物的生成。1,3-丁二烯与卤素或卤化氢的加成是亲电加成，与卤化氢加成时，符合马氏规则。

2）狄尔斯—阿尔德反应

在光或热作用下，共轭二烯烃可与具有 C=C 双键或 C≡C 三键的化合物进行 1,4-加成

反应，生成环状化合物，这类反应称为狄尔斯（Diels O）—阿尔德（Alder K）反应，又称双烯合成。

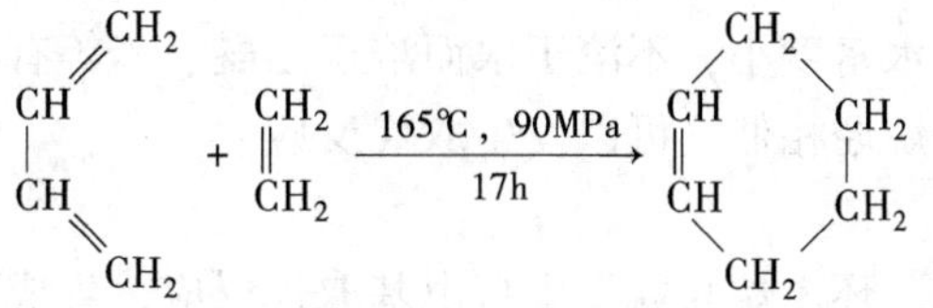

环己烯（78%）

在狄尔斯—阿尔德反应中，含有共轭双键的二烯烃叫作双烯体；含有 C═C 双键或 C≡C 三键的不饱和化合物叫作亲双烯体。当双烯体中有给电子基团（如 R—）或亲双烯体连有吸电子基团（如—CHO、—CN、—NO_2、—COOH），反应则较易进行。

3）聚合反应

共轭二烯烃，也容易发生聚合反应。异戊二烯（2-甲基-1,3-丁二烯）是一种重要的共轭二烯烃，在催化剂作用下，主要以 1,4-加成方式进行加成聚合，生成异戊橡胶。异戊橡胶与天然橡胶结构非常相似，被称为合成的天然橡胶。

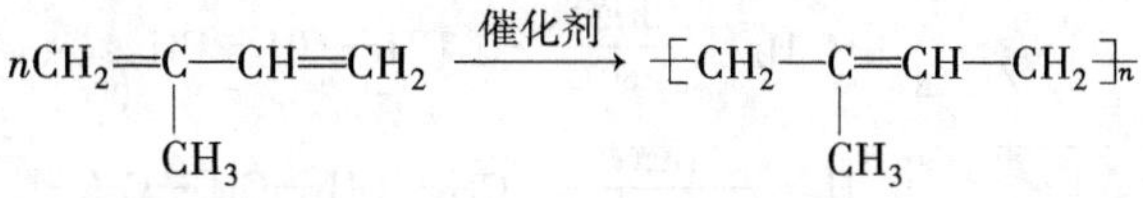

异戊二烯　　　　1,4-聚异戊二烯

天然橡胶主要来自橡胶树。它是一个线型高分子化合物，平均相对分子质量为 200000~500000。将天然橡胶干馏则得到异戊二烯。

五、脂环烃

分子中含有碳环构造，其性质却与开链的脂肪族化合物相似的一类化合物，称为脂环烃。它主要存在于石油中，在自然界也广泛存在，在许多精油中都含有不饱和脂环烃及其含氧衍生物，一些重要的植物激素等分子中也含有脂环烃结构。脂环烃包括环烷烃、环烯烃、环炔烃等。下面主要介绍环烷烃。

1. 环烷烃的分类

环烷烃具有和烯烃相同的通式，根据环的多少分为单环和多环。在单环体系中，根据碳原子数目分为小环（3~4 个碳原子）、普通环（5~7 个碳原子）、中环（8~12 个碳原子）和大环（12 个以上碳原子）。其中五元环和六元环最为常见。

2. 环烷烃的命名

环烷烃的命名与烷烃相似，只是在相应烷烃名称的前面加上一个“环”字称为“环某烷”，对于带有支链的环烷烃，则把环上的支链看作是取代基。当取代基不止一个时，还要把环上的碳原子编号，编号时要使取代基的位次尽可能小，规则同烷烃命名。

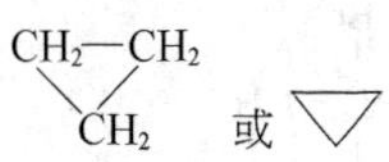

环丙烷

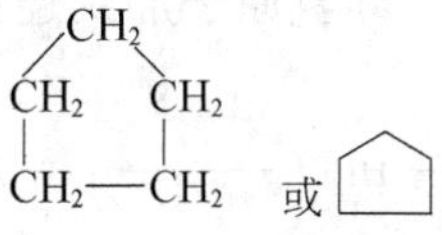

环戊烷

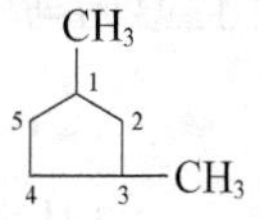

1, 3-二甲基环戊烷

3. 环烷烃的性质

环烷烃是无色、具有一定气味的物质。环烷烃的沸点、熔点和相对密度都比同碳原子数的直链烷烃高。环烷烃比水密度小，不溶于水而溶于乙醚、苯等有机溶剂。

环烷烃的化学性质与烷烃相似，可以发生取代反应。

1）取代反应

例如在光照或加热时，环戊烷与氯发生自由基取代反应，生成氯代环戊烷。

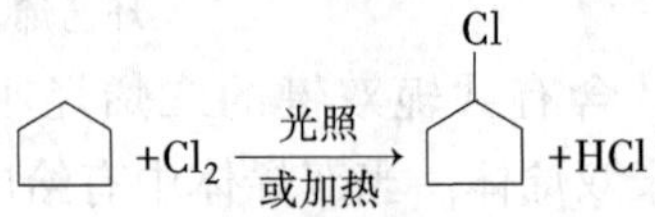

氯环戊烷

但是，三元环和四元环的环烷烃则与烷烃不同，它们表现出一种特殊的化学性质，较易发生开环加成反应。例如，在催化剂铂、钯或雷尼镍的作用下，环丙烷和环丁烷与氢发生开环加成反应。

2）催化加氢

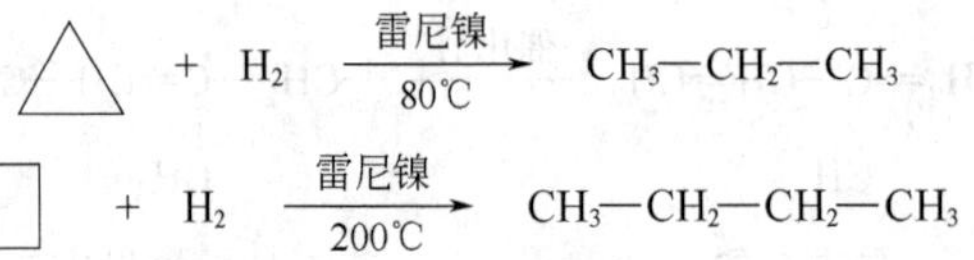

而在上述反应条件下，环戊烷和环己烷并不反应。

3）加溴

环丙烷和环丁烷与溴也发生开环加成反应。

1, 3–二溴丙烷

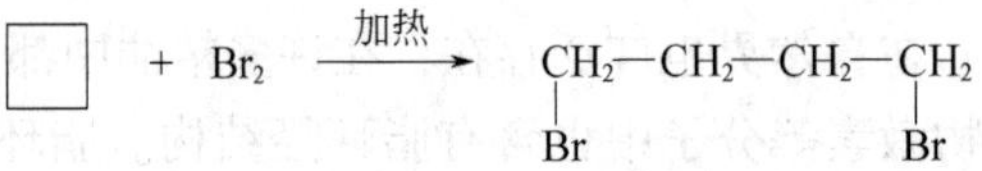

1, 4–二溴丁烷

而环戊烷、环己烷与溴并不发生上述反应。由此可见，环的稳定性与环的大小密切相关。应该指出，环丙烷和环丁烷常温时与高锰酸钾稀溶液并不发生氧化反应。由此可以鉴别环烷烃和烯烃。

4）加溴化氢

环丙烷还与溴化氢发生开环加成反应。

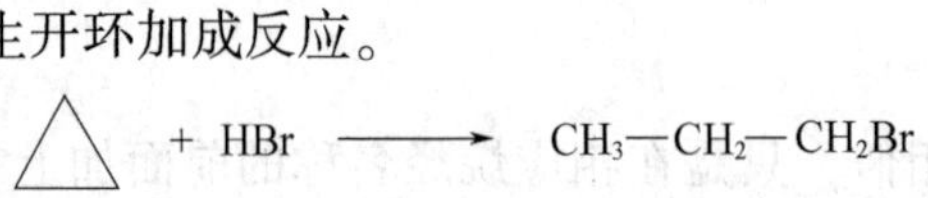

1–溴丙烷

环丙烷的烷基衍生物与溴化氢加成时，连接最多和最少氢原子的两个成环碳原子之间发生环的断裂，并且遵循马尔科夫规则，即氢原子加到连接氢原子较多的碳原子上。例如：

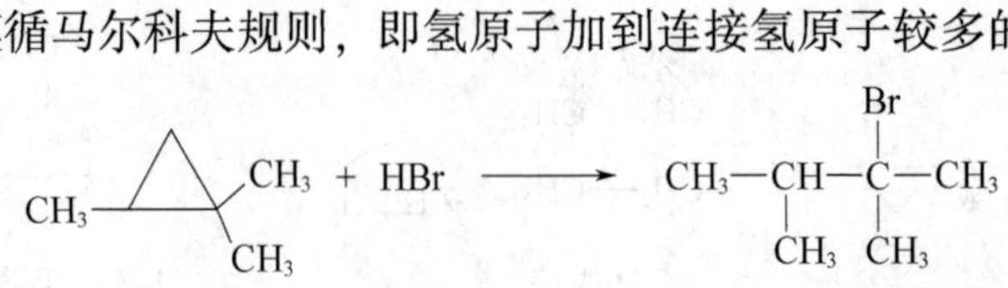

2, 3–二甲基–2–溴丁烷

而环丁烷、环戊烷、环己烷并不反应。

六、芳烃

芳香族碳氢化合物简称芳香烃或芳烃，一般是指分子中含有苯环结构的烃。芳烃及其衍生物总称为芳香族化合物。“芳香”二字，是因为最初从树脂中得到这类物质具有芳香味而得名。

1. 芳烃的分类与命名

苯是最简单的芳烃。根据分子中含有苯环的数目，芳烃可分为单环芳烃和多环芳烃。

1）单环芳烃

分子中只含有一个苯环结构的芳烃称为单环芳烃。简单烷基苯的命名是以苯环作为母体，烷基作为取代基。例如：

苯

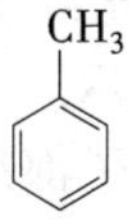

甲苯

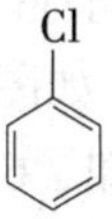

氯苯

当苯环上的烃基取代基为不饱和烃基或构造较为复杂的烃基时，也可以把苯环作为取代基（即苯基），把烃基作为母体。例如：

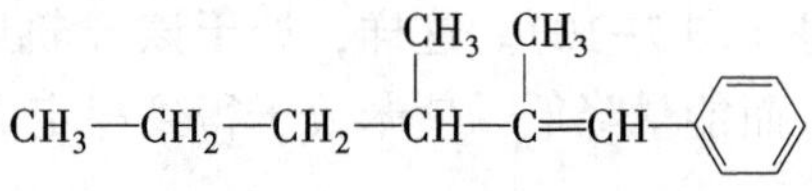

2,3-二甲基-1-苯基-1-己烯

当苯环上连有两个以上的烃基命名时应注明烃基的位置。

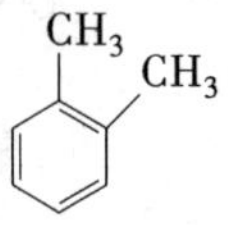

邻二甲苯
（1,2-二甲苯）

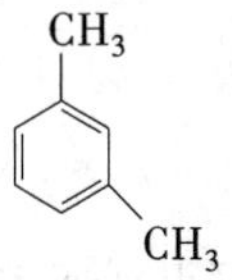

间二甲苯
（1,3-二甲苯）

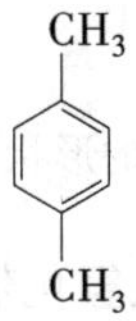

对二甲苯
（1,4-二甲苯）

芳烃分子中去掉一个氢原子剩下的原子团叫芳基，可用 Ar-表示。例如：

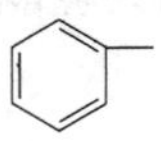
苯基

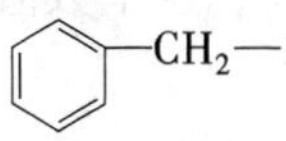

苯甲基（苄基）

2）多环芳烃

分子中含两个或两个以上独立苯环结构的芳烃为多环芳烃。多环芳烃根据苯环的结构又分为联苯类、多苯代脂肪烃和稠环芳烃三类。例如：

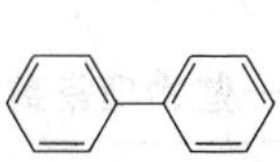
联苯

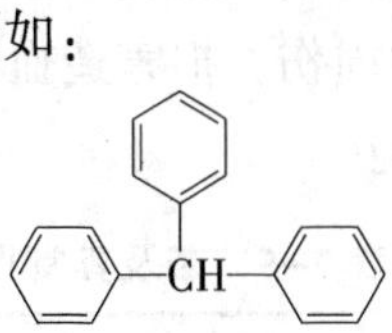

三苯甲烷

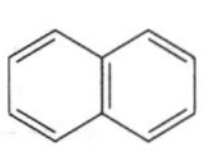
萘

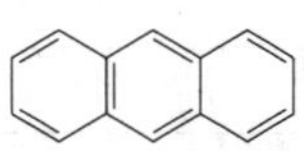
蒽

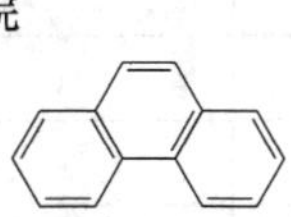
菲

2. 苯分子的结构

苯是单环芳烃中最简单又最重要的化合物，也是所有芳香族化合物的母体。了解苯的分子结构，对于理解和掌握芳烃及其衍生物的特殊性质具有重要意义。

苯的分子式为 C_6H_6，其碳氢原子比例为 1 ∶ 1，与乙炔相同，因此具有高度的不饱和性。然而，实验证明，在一般情况下，苯既不与溴发生加成反应，也不被高锰酸钾溶液氧化，却能够在一定条件下发生环上氢原子被取代的反应，而苯环不被破坏。也就是说，苯并不具有一般不饱和烃的典型的化学性质。苯的这种不易加成、不易氧化、容易取代和碳环异常稳定的特性被称为“芳香性”。

根据现代物理方法如 X 射线法、光谱法等证明了苯分子中的 6 个碳原子和 6 个氢原子都在同一平面内，6 个碳原子组成一个正六边形，键角都是 120°，碳碳键的键长都是 0.1397nm，比碳碳单键（0.154nm）短，比碳碳双键（0.134nm）长，碳氢键键长都是 0.108nm，所有键角都是 120°，如图 7-9 所示。

从图 7-9 苯分子的形状可知，6 个碳原子都是以 sp^2 杂化轨道成键，互相以 sp^2 轨道形成 6 个 C—C σ 键，另一个 sp^2 轨道分别与 6 个氢原子的 1s 轨道形成 6 个 C—H σ 键（所有的 σ 键轴在同一平面内）。每个碳原子还有一个 p 轨道（含 1 个 p 电子），这 6 个 p 轨道都垂直于碳氢原子所在的平面，互相平行，并且两侧同等程度地相互重叠，形成一个 6 个原子、6 个电子的环状共轭 π 键（图 7-10）。这样，处于该 π 轨道中的 π 电子能够高度离域，使电子云密度完全平均化，从而能量降低，使苯分子得到稳定。

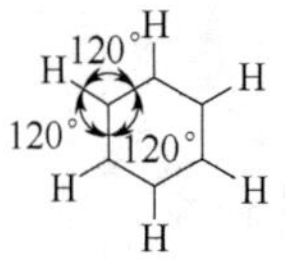

图 7-9　苯分子的形状

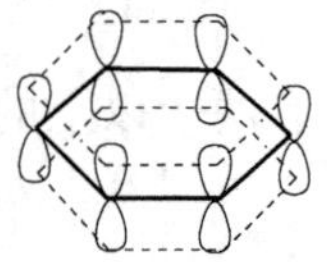

图 7-10　苯分子中的共轭 π 键

苯分子能量降低可以从氢化热的数据得到证实。苯的氢化热为 208.5kJ · L^{-1}，环己烯的氢化热为 119.5kJ · L^{-1}，假想的 1,3,5-环已三烯的氢化热应为环已烯的 3 倍，即 358.5kJ · L^{-1}。但实际苯的氢化热比假想 1,3,5-环已三烯低 150kJ · L^{-1}。也就是，由于环状共轭 π 键的形成使苯分子的能量降低了 150kJ · L^{-1}，这个数值称为苯的共轭能。由于这种能量降低导致的苯分子的稳定性叫作芳香稳定性。

3. 单环芳烃的物理性质

苯及其同系物多数是无色液体，相对密度小于 1，一般在 0.86~0.9 之间，不溶于水。液体芳烃本身是良好的有机溶剂，燃烧时带有浓烈的黑烟。苯及其同系物有特殊气味，蒸气有毒，长期吸入会引起肝的损伤，损害造血器官及神经系统，并能导致白血病。苯及其同系物的一些物理常数见表 7-5。

表 7-5　苯及其常见同系物的一些物理常数

名称	熔点，℃	沸点，℃	相对密度（d_4^{20}）
苯	5.5	80.0	0.879
甲苯	-95.0	110.5	0.867
邻二甲苯	-25.2	144.4	0.880

名称	熔点,℃	沸点,℃	相对密度（d_4^{20}）
间二甲苯	−47.9	139.1	0.864
对二甲苯	13.3	138.4	0.861
乙苯	−95.0	136.2	0.867
正丙苯	−99.5	159.2	0.862
异丙苯	−96.0	152.4	0.862

4. 单环芳烃的化学性质

由于苯环特殊的结构，它们的性质与脂肪族具有显著不同。苯环的特殊稳定性，使得其取代反应远比加成、氧化易于进行，这是芳香族化合物特有的性质。

1）取代反应

在一定条件下，苯环上的氢原子易被其他的原子或原子团取代，如苯环的硝化、卤化、磺化、烷基化和酰基化是典型的取代反应。

（1）卤化。卤化中最重要的是氯化和溴化。以铁粉无水氯化铁为催化剂，苯与氯发生氯化反应生成氯苯。

$$\text{苯} + Cl_2 \xrightarrow{Fe} \text{苯—Cl} + HCl$$

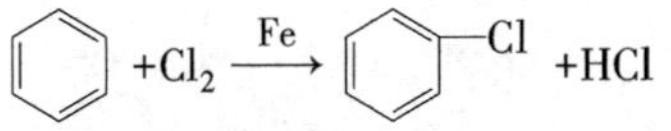

利用这个反应可合成重要的工业原料氯苯和溴苯，但还会得到少量二卤代苯。

（2）硝化。苯及其同系物与浓硝酸和浓硫酸的混合物（通常称混酸）在一定温度下可发生硝化反应，苯环上的氢原子被硝基（—NO_2）取代，生成硝基化合物。例如，苯硝化生成硝基苯。

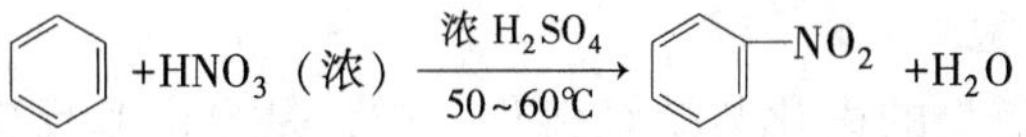

$$\text{苯} + HNO_3（浓）\xrightarrow[50\sim60℃]{\text{浓 } H_2SO_4} \text{苯—NO}_2 + H_2O$$
硝基苯

硝基苯继续硝化比苯困难，生成的产物主要是间二硝基苯。甲苯比苯容易硝化，硝化的主要产物是邻、对硝基甲苯。

（3）磺化。苯及其同系物与浓硫酸发生磺化反应，在苯环上引入磺（酸）基（—SO_3H），生成芳磺酸，例如：

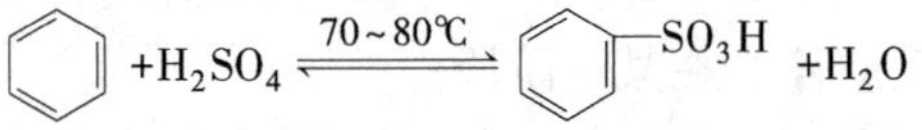

$$\text{苯} + H_2SO_4 \underset{}{\overset{70\sim80℃}{\rightleftharpoons}} \text{苯—SO}_3H + H_2O$$
苯磺酸

如果用发烟硫酸（$H_2SO_4 \cdot SO_3$），25℃时即可反应。苯磺酸再磺化比苯困难。

与硝化、氯化和溴化不同，磺化反应是可逆反应，磺化的逆反应称为脱磺基反应或水解反应。高温和较低的硫酸浓度对脱磺基反应有利。利用磺化反应的可逆性，在有机合成中，可把磺基作为临时占位基团，以得到所需的产物。

（4）傅—克（Friedel—Crafts）反应。傅—克（Friedel—Crafts）反应一般分为烷基化和酰基化两类。在无水氯化铝的催化下，芳烃与卤代烷、酰卤或酸酐的反应，环上的氢原子被烷基或酰基取代，是典型的傅—克烷基化反应的烷基化和酰基化反应。例如：

$$\text{苯} + CH_3CH_2Cl \xrightarrow{AlCl_3} \text{苯—CH}_2CH_3 + HCl$$

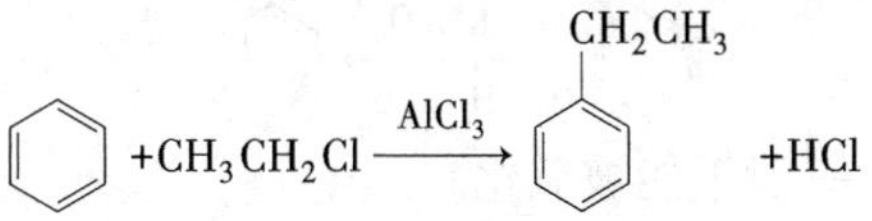

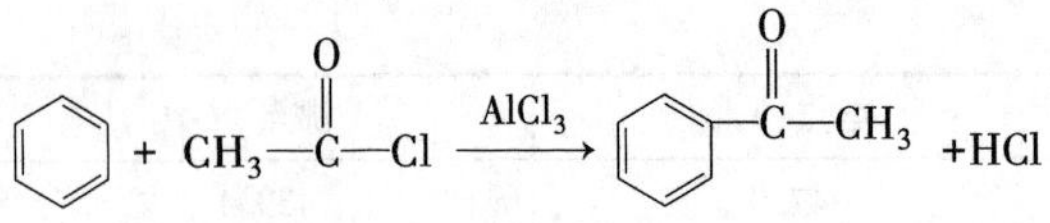

乙酰氯　　　　苯乙酮

2）加成反应

苯及其同系物与烯烃和炔烃相比，不易发生加成反应，但在一定条件下仍可与氢、氯发生加成反应，例如：

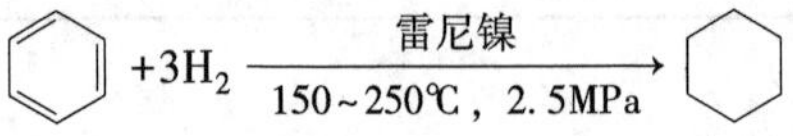

环己烷

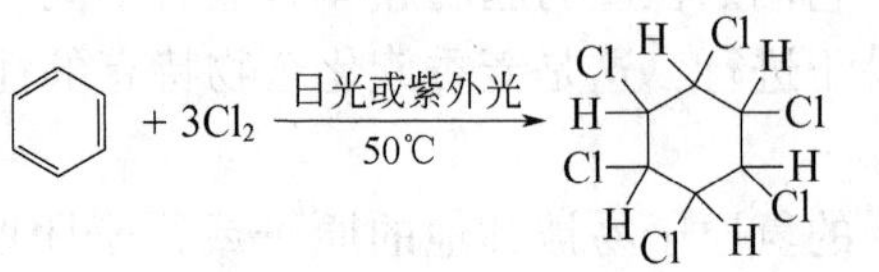

3）氧化反应

苯环很稳定不易被氧化，只是在催化剂存在下，高温时苯才会氧化开环，生成顺丁烯二酸酐：

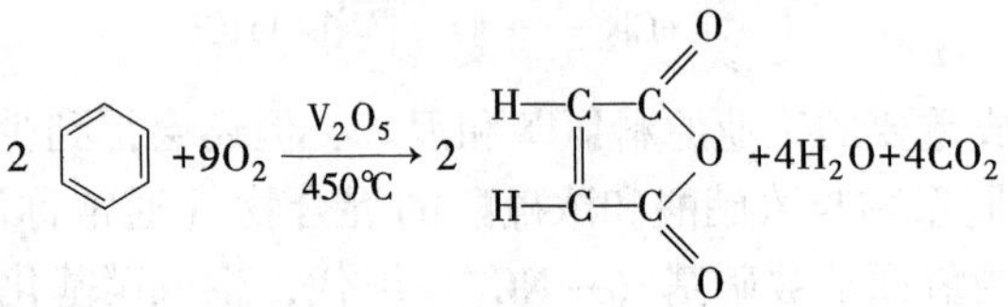

顺丁烯二酸酐

4）芳烃侧链上的反应

（1）卤化。芳烃侧链上的卤化与烷烃卤化一样，是自由基反应。在加热或光照下，反应主要发生在与苯环直接相连的 α-H 原子上，例如：

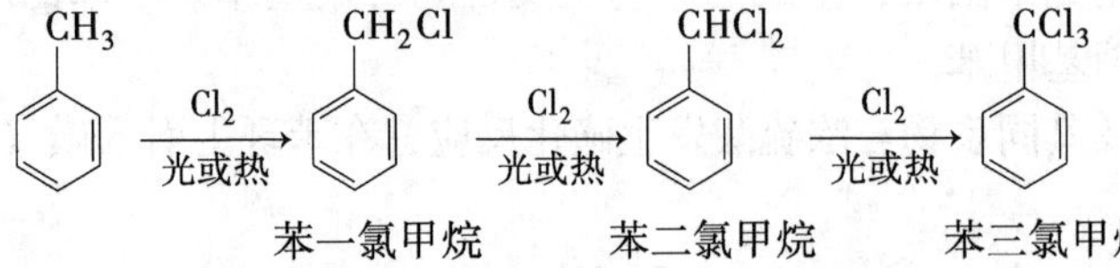

苯一氯甲烷　　苯二氯甲烷　　苯三氯甲烷

控制氯的用量可以使反应停止在某一阶段。

（2）氧化和脱氢。苯环侧链上有 α-H 时，苯环的侧链较易被氧化生成羧酸，例如：

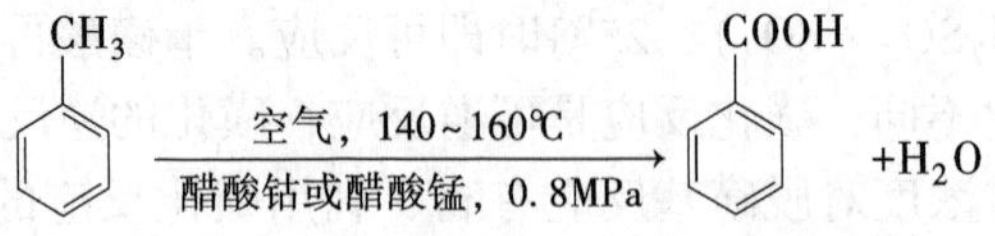

苯甲酸

92%

在侧链上只要有 α-H，无论侧链长短、结构如何，最后的氧化产物都是苯甲酸，例如：

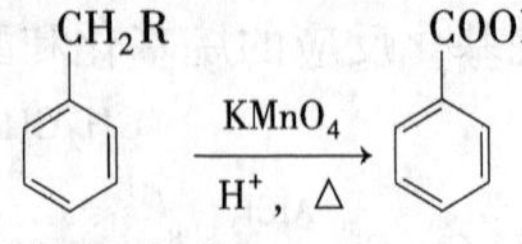

若无 α-H，如叔丁苯，一般不能被氧化。

第三节　烃的衍生物

一、卤代烃

烃分子中的一个或几个氢原子被卤原子取代生成的化合物，称为卤代烃。卤代烃的通式为 R—X 或 Ar—X。卤原子（也称卤基，—F、—Cl、—Br、—I）是卤代烃的官能团。

1. 卤代烃的分类

根据分子中烃基的不同，卤代烃可分为饱和卤代烃、不饱和卤代烃、卤代芳烃和脂环卤代烃。

CH_3CH_2Cl	$CH_2\!=\!CHCl$　$CH_2\!=\!CH\!-\!CH_2Cl$		Cl	Cl
氯乙烷	氯乙烯	3-氯丙烯	氯苯	氯代环戊烷
（饱和卤代烃）	（不饱和卤代烃）		（卤代芳烃）	（脂环卤代烃）

不饱和脂肪烃中，卤素与 C=C 双键相连的氯乙烯和氯苯，又叫乙烯型卤代烃，卤素与 C=C 双键之间隔开一个饱和碳原子如 3-氯丙烯，又叫烯丙基型卤代烃。

根据分子中所含卤原子数目的多少可分为一元、二元、三元等卤代烃，二元和二元以上的卤代烃统称多元卤代烃。

$$CH_3CH_2Cl \qquad CH_2Cl_2 \qquad CHCl_3$$

一元卤代烃　　　　二元卤代烃　　　　三元卤代烃

根据分子中与卤原子直接相连的碳原子（即 α-碳原子）的种类不同可分为：伯卤代烃（一级卤代烃 1°）、仲卤代烃（二级卤代烃 2°）和叔卤代烃（三级卤代烃，3°）。

$$CH_3\!-\!CH_2\!-\!CH_2\!-\!Cl \qquad CH_3\!-\!\underset{\underset{Cl}{|}}{CH}\!-\!CH_3 \qquad CH_3\!-\!\underset{\underset{Cl}{|}}{\overset{\overset{CH_3}{|}}{C}}\!-\!CH_3$$

1-氯丙烷　　　　　　2-氯丙烷　　　　　2-甲基-2-氯丙烷
（伯卤代烷）　　　　（仲卤代烷）　　　　（叔卤代烷）

2. 卤代烃的命名

简单的卤代烃可根据与卤原子相连的烃基来命名，称为"某基卤"，例如：

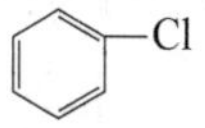

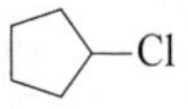

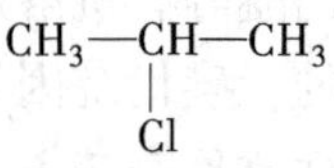

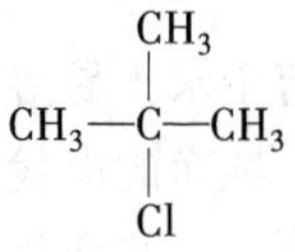

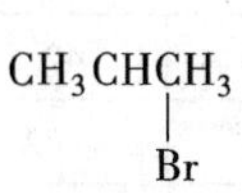

$$CH_3\underset{\underset{Br}{|}}{CH}CH_3 \qquad CH_2\!=\!CHCH_2Br$$

正丙基溴　　　　　烯丙基溴　　　　　环己基碘　　　　　苄基氯

复杂的卤代烃可用系统命名法命名，卤代烷可以烷烃为母体，卤原子作为取代基；选择带有卤原子的碳在内的最长碳链作为主链；根据主链中碳原子的数目命名为"某烷"。规则同烷烃的命名规则，先按"最低系列"原则给主链编号，然后按次序规则中"较大基团后列出"来命名，例如：

$$CH_3CH_2\underset{\underset{CH_2Cl}{|}}{CH}CH_2CH_3 \qquad CH_3\underset{\underset{CH_3}{|}}{CH}CH_2\underset{\underset{Cl}{|}}{CH}CH_3$$

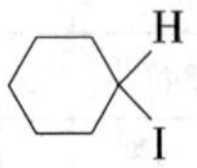

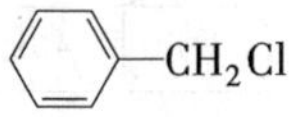

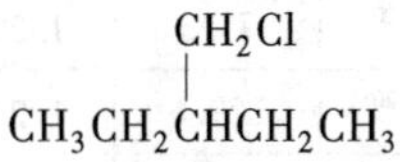

2-乙基-1-氯丁烷　　　　　　　　2-甲基-4-氯戊烷

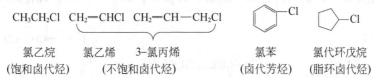

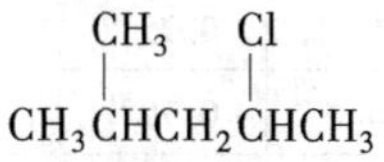

不饱和卤代烃应选择含有不饱和键和卤原子在内的最长碳链作为主链，卤原子作为取代基，规则同烯烃或炔烃的命名规则，例如：

CH_2═CH—Cl　　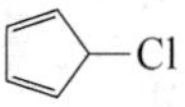　　HC≡CCH_2CH_2Br

氯乙烯　　5-氯-1, 3环戊二烯　　4-溴-1-丁炔

卤代芳烃的命名，当卤原子直接连在芳环上时，以芳烃为母体，卤原子作为取代基来命名，例如：

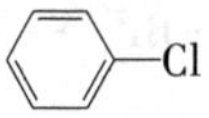　　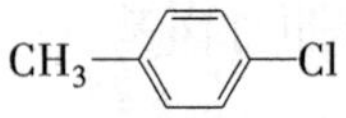

氯苯　　4-（或对）氯甲苯

当卤原子连在芳环侧链上时，则以脂肪烃为母体，芳基和卤原子都作为取代基来命名，例如：

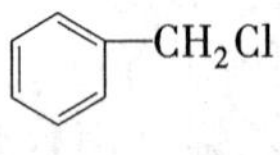　　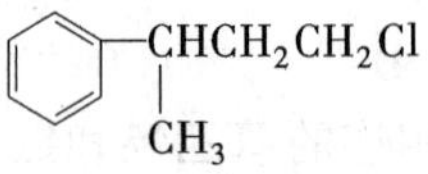　　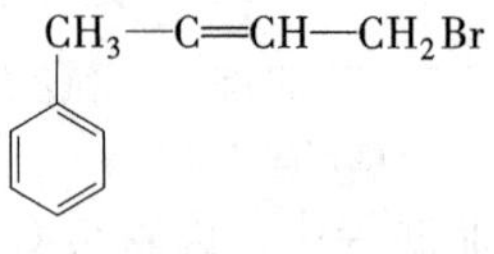

苄基氯　　3-苯基-1-氯丁烷　　1-苯基-4-溴-2-丁烯

3. 卤代烃的物理性质

常温常压下，氯甲烷、氯乙烷和溴甲烷是气体，其他卤代烷为液体，C_{15} 以上的卤代烷为固体。一卤代烷的沸点随碳原子数的增加而升高。烷基相同而卤原子不同时，以碘代烷沸点最高，其次是溴代烷与氯代烷。在卤代烷的同分异构体中，直链异构体的沸点最高，支链越多，沸点越低。一氯代烷相对密度小于 1，一溴代烷、一碘代烷及多卤代烷相对密度均大于 1。

卤代烷不溶于水，易溶于乙醇、乙醚等有机溶剂。某些卤代烷如 $CHCl_3$、CCl_4 等本身就是良好的溶剂。纯净的卤代烷是无色的，碘代烷因易受光、热的作用而分解，产生游离碘而逐渐变为红棕色。一些卤代烃的物理性质见表 7-6。

表 7-6　卤代烃的物理性质

R— ＼ 物理常数 ＼ —X	—F		—Cl		—Br		—I	
	沸点℃	相对密度 d^t	沸点℃	相对密度 d^t	沸点℃	相对密度 d^t	沸点℃	相对密度 d^t
CH_3—	-78.4	0.84^{-60}	-23.8	0.92^{20}	36	1.73^{0}	42.5	2.28^{20}
CH_3CH_2—	-37.7	0.72^{20}	13.1	0.91^{15}	38.4	1.46^{20}	72	1.95^{20}
$CH_3CH_2CH_2$—	2.5	0.78^{-3}	46.6	0.89^{20}	70.8	1.35^{20}	102	1.74^{20}
$(CH_3)_2CH$—	-9.4	0.72^{20}	34	0.86^{20}	59.4	1.31^{20}	89.4	1.70^{20}
$CH_3(CH_2)_3$—	32	0.78^{20}	78.4	0.89^{20}	101	1.27^{20}	130	1.61^{20}
$CH_3CH_2CH(CH_3)$—	—	—	68	0.87^{20}	91.2	1.26^{20}	120	1.60^{20}
$(CH_3)_2CHCH_2$—	—	—	69	0.87^{20}	91	1.26^{20}	119	1.60^{20}
$(CH_3)_3C$—	12	0.75^{12}	51	0.84^{20}	73.3	1.22^{20}	100（分解）	1.57^{0}
$CH_3(CH_2)_4$—	62	0.79^{20}	108.2	0.88^{20}	129.6	1.22^{20}	150^{740}	1.52^{20}
$(CH_3)_3CCH_2$—	—	—	84.4	0.87^{20}	105	1.20^{20}	127（分解）	1.53^{13}

续表

—X 物理常数 R—	—F		—Cl		—Br		—I	
	沸点℃	相对密度 d^t	沸点℃	相对密度 d^t	沸点℃	相对密度 d^t	沸点℃	相对密度 d^t
CH_2═CH—	-72	0.68^{26}	-13.9	0.91^{20}	16	1.52^{20}	56	2.04^{20}
CH_2═$CHCH_2$—	3	—	45	0.94^{20}	70	1.40^{20}	102～103	1.84^{22}
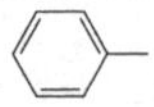	85	1.02^{20}	132	1.10^{20}	155	1.52^{20}	189	1.82^{20}
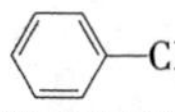—CH_2—	140	1.02^{-5}	179	1.10^{25}	201	1.44^{20}	93^{10}	1.73^{25}

4. 卤代烷的化学性质

由于卤原子的电负性比碳原子大，C—X 键是极性共价键，比较容易断裂，使卤代烷能够发生多种反应而转变为其他有机化合物。卤原子是卤代烷的官能团，卤代烷的化学性质主要表现在卤原子上。

1）取代反应

（1）水解。伯卤代烷与稀氢氧化钠水溶液反应时，主要发生取代反应生成醇，例如：

$$R—X+NaOH \xrightarrow[\triangle]{H_2O} R—OH+NaX$$

（2）醇解。在相应的醇中，伯卤代烷与醇钠主要发生取代反应生成醚。这是制备醚特别是制备混合醚的重要方法，称为 Williamson 合成法。例如：

$$R—X+NaOR' \xrightarrow{ROH} R—OR'+NaX$$

（3）氰解。伯卤代烷与氰化钠主要发生取代反应生成腈，例如：

$$R—X+NaCN \xrightarrow[\triangle]{ROH} R—CN+NaX$$

$$R—CN+H_2O \xrightarrow[\triangle]{H^+} RCOOH$$

由卤代烷转变成为腈时，分子中增加了一个碳原子。在有机合成上，这是增长碳链常用的一种方法。这也是从伯卤代烷制备羧酸 RCOOH 的一种方法。但氰化钠剧毒，故应用受到限制。

（4）氨解。伯卤代烷与氨主要发生取代反应生成胺，伯卤代烷与过量的氨反应生成伯胺，例如：

$$R—X+NH_3 \xrightarrow{ROH} R—NH_2+HX$$

（5）与硝酸银—乙醇溶液反应。卤代烷与硝酸银—乙醇溶液反应生成卤化银沉淀：

$$R—X+AgNO_3 \xrightarrow{\text{乙醇溶液}} \underset{\text{硝酸烷基酯}}{R—O—NO_2}+AgX\downarrow$$

卤代烷的活性顺序是：叔卤代烷>仲卤代烷>伯卤代烷。叔卤代烷生成卤化银沉淀最快，一般是立即反应；而伯卤代烷最慢，常常需要加热。可用于卤代烷的定性鉴定。

2）消除反应

卤代烷与 NaOH 或 KOH 的醇溶液共热时，进行的不是取代反应而是脱去一分子卤化氢形成烯烃的消除反应。分子中脱去一个简单分子（一般是 HX、H_2O、NH_3 等）而生成不饱和化合物的反应叫作消除反应，例如：

$$CH_3-CH_2-\underset{\underset{Br}{|}}{CH}-CH_3 \xrightarrow[\triangle]{KOH\ 乙醇溶液} CH_3-CH=CH-CH_3 +HBr$$

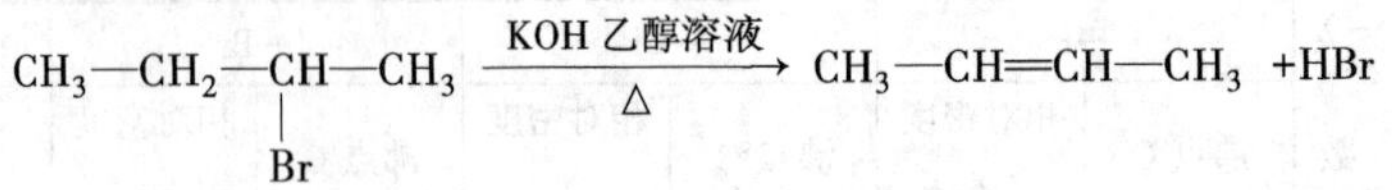

在仲卤代烷或叔卤代烷分子中，若存在几种不同的 β-氢原子，进行消除时，就可能生成几种不同的烯烃，例如：

$$CH_3-CH_2-\underset{\underset{Br}{|}}{\overset{\overset{CH_3}{|}}{C}}-CH_3 \xrightarrow[\triangle]{KOH,\ 乙醇} CH_3-CH=\overset{\overset{CH_3}{|}}{C}-CH_3 + CH_3-CH_2-\overset{\overset{CH_3}{|}}{C}=CH_2$$

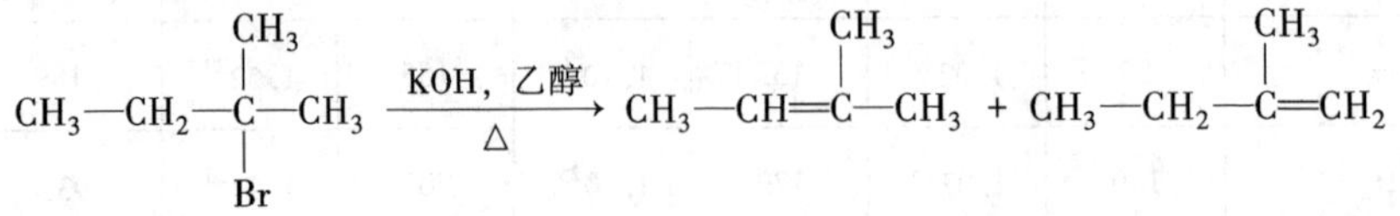

2-甲基-2-丁烯（71%）　2-甲基-1-丁烯（29%）

通过大量实验，札依采夫（Saytzeff）总结出以下规律：卤代烷消除卤化氢时，主要是从含氢较少的 β-碳原子上消除氢原子形成烯烃，这一经验规律称为札依采夫规则。

3）与金属镁反应——格氏试剂的生成

卤代烷能与多种金属发生反应生成金属有机化合物，其中卤代烷与金属镁在无水乙醚（简称甘醚）中反应，生产烷基卤化镁。烷基卤化镁又称为格利雅（Grignard）试剂或格氏试剂，是一种重要的有机合成试剂。

$$R-X+Mg \xrightarrow[回流]{甘醚} R-Mg-X$$

烷基卤化镁

制备格氏试剂时，卤代烷的活性顺序是碘代烷>溴代烷>氯代烷。碘代烷太贵以及较易发生副反应，氯代烷活性较小，所以，实验室中一般常用溴代烷来制备格氏试剂。格氏试剂的产率则是伯卤代烷>仲卤代烷>叔卤代烷。

格氏试剂极性很强，性质非常活泼，它能与含活泼氢的化合物（如酸、水、醇、氨、炔烃等）反应，被分解生成烷烃。

$$RMgX \xrightarrow{无水乙醚} \begin{cases} H-OR & \rightarrow RH+Mg(OR)X \\ H-OH & \rightarrow RH+Mg(OH)X \\ H-OCOR & \rightarrow RH+Mg(OCOR)X \\ H-NH_2 & \rightarrow RH+Mg(NH_2)X \\ H-X & \rightarrow RH+MgX_2 \\ R'-C\equiv C-H & \rightarrow RH+R'C\equiv CMgX \end{cases}$$

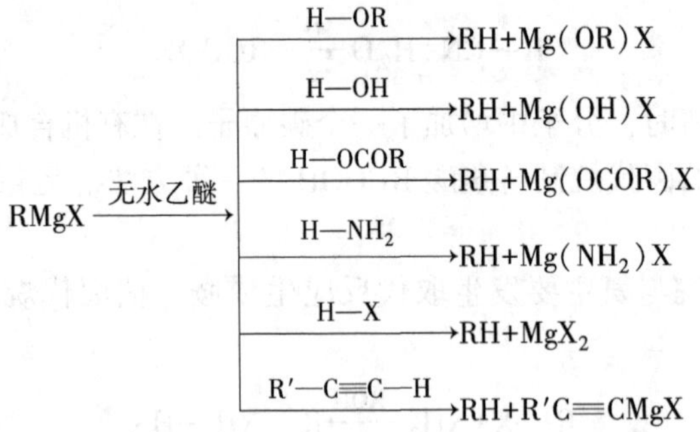

5. 重要的卤代烃

1）三氯甲烷

三氯甲烷（$CHCl_3$）俗称氯仿，是一种无色有甜味的透明液体，沸点 61.2℃，相对密度 1.482，不溶于水，易溶于乙醇、乙醚、苯及石油醚等有机溶剂。三氯甲烷本身是良好的有机溶剂，在工业上，它可由甲烷氯代或四氯化碳还原制得。光照下，氯仿容易被氧化成光气（$COCl_2$），光气毒性很大，吸入肺中会引起肺水肿，氯仿应保存在密封的棕色瓶中。

2）四氯化碳

四氯化碳（CCl_4）是无色液体，沸点 76.8℃，相对密度 1.594，不溶于水，能溶解多种有机物，是良好的有机溶剂。四氯化碳不能燃烧，其蒸气比空气重，能隔绝燃烧物与空气的接触，所以常用作灭火剂。四氯化碳高温时会生成剧毒的光气，因此，用四氯化碳灭火时，要注意空气流通。

3）四氟乙烯和聚四氟乙烯

四氟乙烯是无色无臭的气体，沸点-76.3℃，不溶于水，而溶于有机溶剂，主要用于生产聚四氟乙烯。聚四氟乙烯是白色或淡灰色固体，具有优良的耐热和耐寒性能，可以在-200~300℃温度范围内使用。聚四氟乙烯化学稳定性超过一切塑料，任何强酸、强碱、强氧化剂，甚至王水，都不与聚四氟乙烯发生反应。聚四氟乙烯也不溶于任何溶剂，摩擦系数小，机械强度高，又有良好的电绝缘性，故有“塑料王”之称。近年来，随着原子能、超音速飞机、火箭、导弹等尖端技术发展的需要，聚四氟乙烯的产量在不断地增加。

二、醇、酚、醚

醇、酚、醚是烃的含氧衍生物。脂肪烃分子中的氢原子被羟基（—OH）取代后的衍生物叫作醇（R—OH），苯环上的氢原子被羟基（—OH）取代后的衍生物叫作酚（Ar—OH），醇或者酚中的羟基氢原子被烃基取代的产物叫作醚（R—O—Ar 或 R—O—R′）。

1. 醇

醇可以看成是烃分子中饱和碳原子上的氢原子被羟基（—OH）取代后的生成物，常用通式 R—OH 表示。羟基是醇的官能团。

1）醇的分类

（1）根据醇分子中烃基的不同，醇可以分为脂肪醇、脂环醇和芳香醇（羟基连在芳环的侧链），例如：

$CH_3CH_2—OH$　　乙醇　　环己醇　　苯甲醇

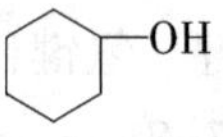

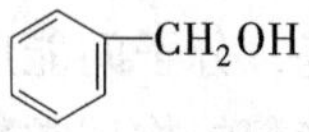

脂肪醇　　脂环醇　　芳香醇

（2）根据醇分子中所含羟基的数目，醇可分为一元醇、二元醇、三元醇和多元醇，例如：

CH_3CH_2OH　　$\begin{array}{c}CH_2—CH_2\\ | \quad\quad | \\ OH \quad OH\end{array}$　　$\begin{array}{c}CH_2—CH—CH_2\\ | \quad\quad | \quad\quad | \\ OH \quad OH \quad OH\end{array}$　　$\begin{array}{c}CH_2OH\\ | \\ HOH_2C—C—CH_2OH\\ | \\ CH_2OH\end{array}$

乙醇　　乙二醇（甘醇）　　丙三醇（甘油）　　新戊四醇（季戊四醇）

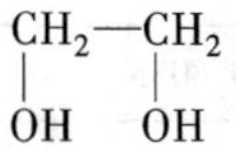

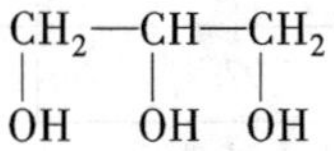

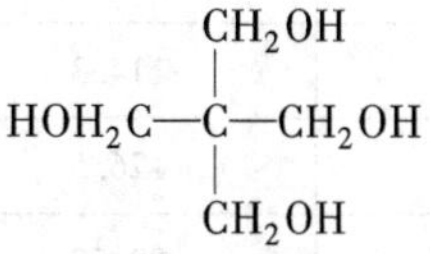

一元醇　　二元醇　　三元醇　　多元醇

（3）根据羟基所连接的碳原子类型不同，醇可分为伯醇、仲醇和叔醇。羟基与伯碳原子相连的是伯醇；与仲碳原子相连的是仲醇；与叔碳原子相连的是叔醇。例如：

$\overset{1°}{RCH_2OH}$　　$\begin{array}{c}\quad\quad 2° \\ RCH_2—CH—R' \\ \quad\quad | \\ \quad\quad OH\end{array}$　　$\begin{array}{c}R' \\ |\,3° \\ R—C—R'' \\ | \\ OH\end{array}$

伯醇　　仲醇　　叔醇

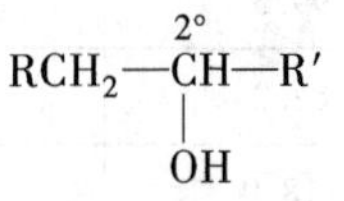

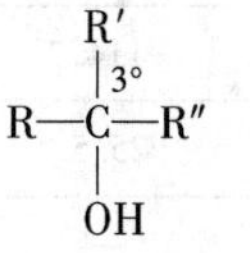

2）醇的命名

（1）普通命名法。简单的一元醇可用普通命名法命名，即根据与羟基相连的烃基名称来命名，在“醇”字前面加上烃基的名称，一般把烃基中的“基”字省去，例如：

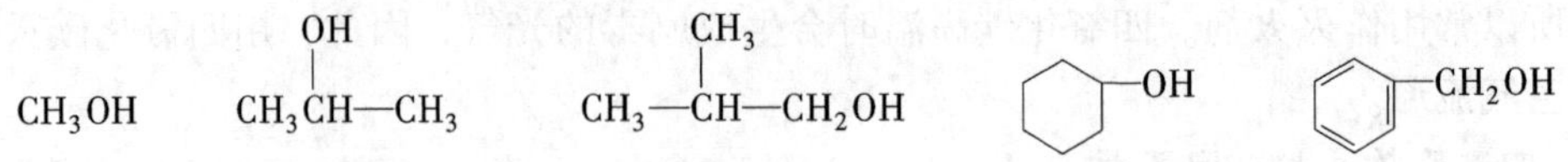

甲醇　　异丙醇　　异丁醇　　环己醇　　苄醇

（2）系统命名法。构造比较复杂的醇，采用系统命名法。羟基为官能团，以醇为母体命名，命名原则如下：选择连有羟基碳在内的最长碳链为主链，把羟基看作取代基，从离羟基最近的一端开始编号，按照主链所含碳原子的数目称为“某醇”；醇名称前按次序规则写出取代基的位次、数目、名称及羟基的位次、数目。如果羟基在1位的醇，可省去羟基的位次数，例如：

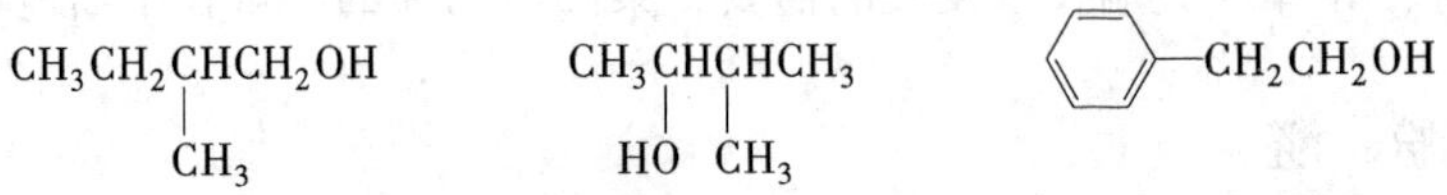

2-甲基-1-丁醇　　3-甲基-2-丁醇　　2-苯基乙醇

不饱和醇应选择同时含有羟基和不饱和键的最长碳链作为主链，例如：

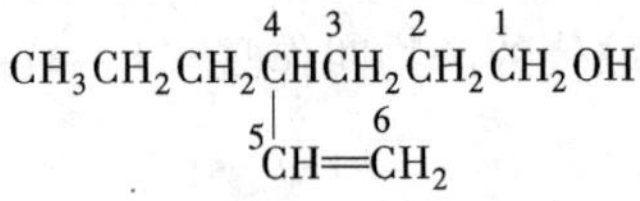

4-丙基-5-己烯-1-醇

3）醇的物理性质

常温常压下，$C_1 \sim C_4$ 的醇是无色透明带有酒味的液体；$C_5 \sim C_{11}$ 的醇是具有令人不愉快气味的无色油状液体；C_{12} 以上的醇为无色无嗅无味的蜡状固体。二元醇、三元醇等多元醇是具有甜味的无色液体或固体。

醇分子中含有羟基，分子间能形成氢键。氢键比一般分子间作用力强得多，它明显地影响醇的物理性质。一些醇的物理常数见表7-7。

表7-7　醇的物理常数

名称	熔点,℃	沸点,℃	相对密度（d_4^{20}）	在水中的溶解度（25℃）g/100g
甲醇	-97	64.96	0.7914	∞
乙醇	-114.3	78.5	0.7893	∞
1-丙醇	-126.5	97.4	0.8035	∞
1-丁醇	-89.53	117.25	0.8098	8.00
1-戊醇	-79	137.3	0.817	2.70
1-癸醇	7	231	0.829	—
2-丙醇	-89.5	82.4	0.7855	∞
2-丁醇	-114.7	99.5	0.808	12.5
2-甲基-2-丙醇	25.5	82.2	0.789	∞
2-戊醇	—	118.9	0.8103	4.9
2-甲基-2-丁醇	-12	102	0.809	12.15
3-甲基-1-丁醇	-117	131.5	0.812	3

续表

名称	熔点,℃	沸点,℃	相对密度（d_4^{20}）	在水中的溶解度（25℃）g/100g
2-丙烯-1-醇	-129	97	0.855	∞
环己醇	25.15	161.5	0.9624	3.6
苯甲醇	-15.3	205.35	1.0419	4
乙二醇	-16.5	198	1.13	∞
丙三醇	20	290（分解）	1.2613	∞

低级醇能与水混溶，从丁醇开始，溶解度逐渐减小；高级醇不溶于水而溶于有机溶剂；多元醇的溶解度大于一元醇。一元醇的密度小于水，多元醇和芳香醇的密度大于水。

4）醇的化学性质

醇的化学性质主要发生在官能团羟基以及受羟基影响而比较活泼的 α-H 和 β-H 上：O—H 键断裂，氢原子被取代；C—O 键断裂，羟基被取代；α-（或β-）C—H 键断裂，形成不饱和键。

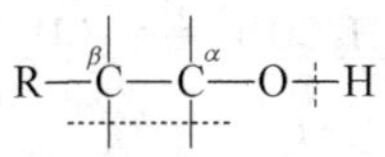

（1）醇的酸碱性。醇与水相似，羟基（—O—H）上的氢原子比较活泼，可以和金属钾、钠、镁或铝反应生成氢气和醇金属，但醇的反应要缓和得多，例如：

$$C_2H_5OH+Na \longrightarrow C_2H_5ONa+H_2\uparrow$$

醇钠为白色固体，是离子化合物，化学性质活泼，在有机合成中常被用作碱性催化剂和烷基化剂。醇钠遇水时会立即水解而恢复到醇和氢氧化钠：

$$RCH_2ONa+H_2O \longrightarrow RCH_2OH+NaOH$$

（2）卤化氢反应。醇与氢卤酸反应生成卤代烷，反应中醇羟基被卤原子取代。

$$R—OH+HX \longrightarrow R—X+H_2O$$

醇与卤化氢的反应速率与醇的结构和氢卤酸的性质有关。醇的活性次序为烯丙醇、苄醇>叔醇>仲醇>伯醇。氢卤酸的活性次序为 HI>HBr>HCl（HF 通常不起反应）。若用伯醇分别与这三种氢卤酸反应，氢碘酸可直接反应，氢溴酸需用硫酸来增强酸性，而浓盐酸需与无水氯化锌混合使用，才能发生反应。例如：

$$CH_3CH_2CH_2CH_2OH \xrightarrow[\triangle]{HI} CH_3CH_2CH_2CH_2I$$

$$CH_3CH_2CH_2CH_2OH \xrightarrow[\triangle]{HBr,\ H_2SO_4} CH_3CH_2CH_2CH_2Br$$

$$CH_3CH_2CH_2CH_2OH \xrightarrow[\triangle]{HCl,\ ZnCl_2} CH_3CH_2CH_2CH_2Cl$$

浓盐酸和无水氯化锌的混合物称为卢卡斯（Lucas）试剂，可用来鉴别六碳和六碳以下的伯、仲、叔醇。将三种醇分别加入盛有卢卡斯试剂的试管中，经振荡后可发现，叔醇立刻反应，生成油状氯代烷，它不溶于酸中，溶液呈浑浊后分两层，反应放热；仲醇 2~5min 反应，放热不明显，溶液分两层；伯醇在室温下几乎不反应，必须加热才能反应。

（3）脱水反应。在浓硫酸或氧化铝催化作用下，醇能发生脱水反应。醇的脱水反应有两种方式，一种是在较高温度下分子内脱水生成烯烃，另一种是在较低温度下分子间脱水生成醚。

分子内脱水举例如下：

$$\underset{\text{H}}{\underset{|}{CH_2}}—\underset{\text{OH}}{\underset{|}{CH_2}} \xrightarrow[\text{或 }Al_2O_3\text{，}360℃]{\text{浓 }H_2SO_4\text{，}170℃} CH_2{=}CH_2$$

分子间脱水举例如下：

$$CH_3CH_2—OH+H—OCH_2CH_3 \xrightarrow[\text{或 }Al_2O_3\text{，}240℃]{\text{浓 }H_2SO_4\text{，}140℃} CH_3CH_2OCH_2CH_3$$

醇在发生分子内脱水反应时，与卤代烷脱卤化氢相似，遵循札依采夫（Saytzeff）规则，即脱去羟基和与它相邻的含氢较少碳原子上的氢原子，而生成含烷基较多的烯烃，例如：

$$(CH_3)_2\underset{\text{H}}{\underset{|}{C}}H\underset{\text{OH}}{\underset{|}{C}}HCH_3 \xrightarrow[350\sim400℃]{Al_2O_3} (CH_3)_2CHCH{=}CHCH_3$$

（4）酯化反应。醇与酸反应，失去一分子水生成相应的酯，醇与有机酸作用，生成有机酸酯。

$$CH_3CH_2OH+\ CH_3\underset{\text{O}}{\underset{\|}{C}}OH \overset{H^+}{\rightleftharpoons} CH_3\underset{\text{O}}{\underset{\|}{C}}OC_2H_5\ +H_2O$$

醇与无机含氧酸作用，发生分子间脱水生成相应的酯。醇与硝酸作用，生成硝酸酯。例如工业上用丙三醇（甘油）与浓硝酸发生酯化反应，可以制得三硝酸甘油酯：

$$\begin{array}{l}CH_2—OH\\ |\\ CH—OH\\ |\\ CH_2—OH\end{array} +3H—ONO_2 \xrightarrow[10\sim20℃]{\text{浓 }H_2SO_4} \begin{array}{l}CH_2—ONO_2\\ |\\ CH—ONO_2\\ |\\ CH_2—ONO_2\end{array} +3H_2O$$

三硝酸甘油酯（硝化甘油）

三硝酸甘油酯俗称硝化甘油，是无色或淡黄色黏稠液体，受热或撞击时立即发生爆炸，是一种烈性炸药。由于其具有扩张冠状动脉的作用，在医学上用作治疗心绞痛的急救药物。

（5）氧化与脱氢。醇分子中与羟基直接相连的 α-碳原子上若有氢原子，由于羟基的影响，α-H 较活泼，较易脱氢或氧化生成羰基化合物。

① 氧化。伯醇在重铬酸钾的硫酸溶液中氧化先生成醛，醛能继续氧化生成酸，生成的醛和酸与原来的醇含有相同的碳原子数。如果要制得醛，必须把生成的醛立即从反应混合物中蒸馏出去，以避免继续氧化成羧酸，此法只能用于制备低沸点（<100℃）醛。这类氧化剂对碳碳双键、三键也无影响。

$$\underset{\text{伯醇}}{R—CH_2—OH} \xrightarrow{[O]} \underset{\text{醛}}{R—\underset{\text{O}}{\underset{\|}{C}}—H} \xrightarrow{[O]} \underset{\text{羧酸}}{R—\underset{\text{O}}{\underset{\|}{C}}—OH}$$

$$\underset{\text{仲醇}}{R—\overset{\text{OH}}{\overset{|}{C}}H—R'} \xrightarrow{[O]} \underset{\text{酮}}{R—\overset{\text{O}}{\overset{\|}{C}}—R'}$$

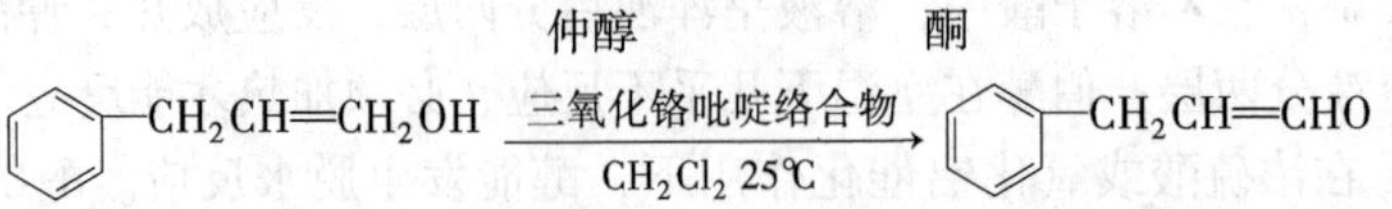

（81%）

叔醇分子中不含 α-氢，在上述条件下不被氧化。但在剧烈条件下与高锰酸钾或重铬酸钾的硫酸溶液一起加热回流，则氧化断链生成含碳原子数较少的产物。

② 脱氢。伯、仲醇的蒸气在高温下通过催化剂活性铜时发生脱氢反应，生成醛或酮。

$$RCH_2OH \underset{325℃}{\overset{Cu}{\rightleftharpoons}} RCHO+H_2$$

$$R-\overset{R'}{\overset{|}{C}}HOH \underset{400℃}{\overset{Cu}{\rightleftharpoons}} R-\overset{R'}{\overset{|}{C}}=O + H_2$$

5）重要的醇

(1) 甲醇。甲醇最初是用木材干馏得到的，因此也叫作木醇，其特征如下：无色透明的液体，挥发性强，有特殊的气味，易燃，其沸点温度是65℃，空气中的爆炸极限为6%~36.5%（体积分数），能溶于水，毒性很强，长期接触可导致失明，甚至死亡。

目前制备甲醇主要是用合成气（CO 和 H_2）为原料，在加热、加压和催化剂存在下合成的：

$$CO+2H_2 \xrightarrow[20MPa,\ 300℃]{ZnO,\ Cr_2O_3,\ CuO} CH_3OH$$

(2) 乙醇。乙醇俗名酒精，是最常见和应用最广的一种醇。乙醇为无色透明的液体，易燃，沸点为78.5℃，能与水及多数有机物混溶。工业酒精是含有95.6%乙醇和4.4%水的恒沸混合物，其沸点为78.15℃，用蒸馏的方法无法将乙醇中的水分进一步除去。工业上制备无水乙醇的方法如下：可在工业乙醇中加入生石灰后回流，使水与生石灰结合后再进行蒸馏，可以得到99.5%的乙醇。

乙醇也可以用发酵的方法制备。早在几千年前，我国劳动人民就懂得用发酵法酿酒，而且一直沿用至今。

$$\text{谷物、甘薯等} \longrightarrow \text{淀粉} \xrightarrow[HOH]{\text{淀粉酶}} \text{麦芽糖} \xrightarrow[HOH]{\text{麦芽糖酶}} \text{葡萄糖} \xrightarrow{\text{酒化酶}} C_2H_5OH+CO_2$$

乙醇的用途很广，是常用的有机溶剂，也是有机合成工业的重要原料，在医药上用70%~75%的乙醇作为消毒剂和防腐剂。

(3) 乙二醇。乙二醇俗称甘醇，是最简单且最重要的二元醇。乙二醇是带有甜味的黏稠状的无色液体，沸点198℃，相对密度1.13，能与水、乙醇及丙酮等混溶，是常用的高沸点溶剂。

乙二醇的熔点低，60%的水溶液的凝固点为-40℃，是汽车冬季很好的防冻剂，也是飞机发动机制冷剂，乙二醇的硝酸酯是一种炸药。

(4) 丙三醇。丙三醇俗称甘油，是无色无臭有甜味的黏稠状液体。沸点290℃，相对密度1.261，能与水混溶，但不溶于有机溶剂，具有强烈的吸水性。

甘油是油脂的组成部分，可以从动植物油脂水解制得，也是油脂水解制肥皂时的副产物。甘油是重要的有机原料，重要的用途之一是制备三硝酸甘油酯，还广泛用于合成树脂、食品、纺织、皮革等工业。

2. 酚

1）酚的命名

酚的命名一般是在酚字的前面加上芳环的名称作为母体，其他取代基按最低系列原则冠以位次、数目和名称，例如：

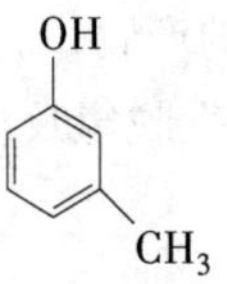

间甲苯酚　　　　邻氯苯酚　　　5-甲基-2-异丙基苯酚（百里酚）

如果芳环上连有—COOH、—SO₃H 等官能团时，羟基要作为取代基来命名，例如：

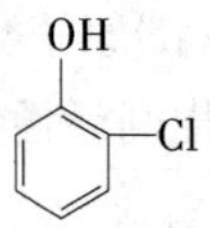

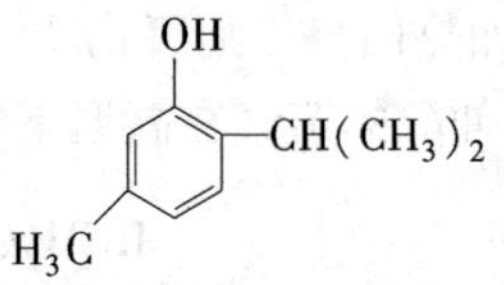

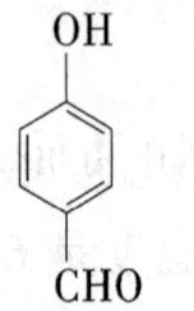

对羟基苯甲醛　　　对羟基苯磺酸

多元酚则需要表示出羟基的位次和数目，例如：

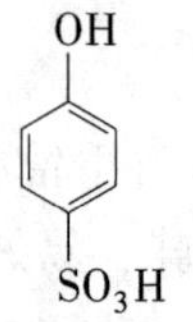

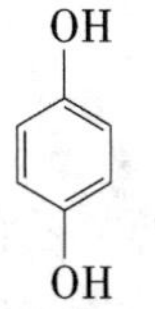

对苯二酚　　　　1,2,3-苯三酚　　　　1,3,5-苯三酚

2）酚的物理性质

常温下，大多数酚是无色晶体，只有少数烷基酚为高沸点液体。纯的酚是无色的，但酚容易被空气氧化而呈粉红色或红褐色。由于酚分子间能形成氢键，酚有较高的沸点，其熔点也比相应的烃高。酚具有极性，也能与水分子形成氢键，易溶于水。

3）酚的化学性质

（1）酚羟基的反应。

① 酸性。苯酚具有弱酸性，酚的酸性比醇、水强，但比碳酸要弱。因此酚能溶于氢氧化钠溶液生成钠盐，而醇不能。当向苯酚钠溶液中通入 CO_2 气体之后，可以使酚又重新游离出来。

$$\text{C}_6\text{H}_5\text{ONa} + CO_2 + H_2O \longrightarrow \text{C}_6\text{H}_5\text{OH} + NaHCO_3$$

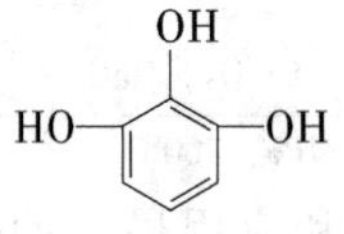

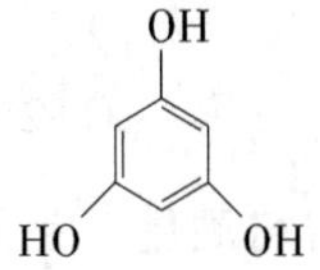

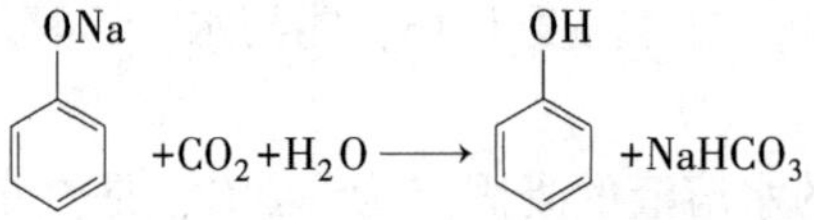

这个性质可以用来区别、分离不溶于水的醇、酚和羧酸，或者从混合物中分离提纯酚。

② 酚醚的生成。与醇相似，酚也可以生成醚。但酚醚不能通过酚分子之间脱水制得。通常是通过酚钠与比较强的烃基化试剂如卤代烷或硫酸二甲酯反应制得，例如：

$$\text{C}_6\text{H}_5\text{ONa} + CH_3OSO_2OCH_3 \longrightarrow \text{C}_6\text{H}_5\text{OCH}_3 + CH_3OSO_2ONa$$

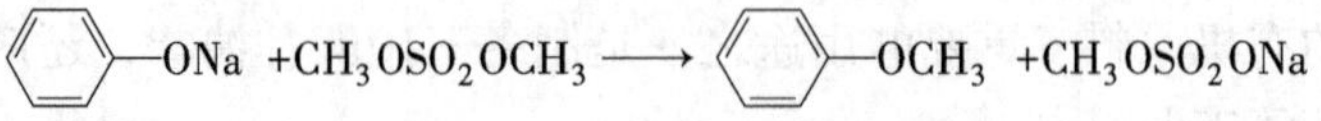

③ 与三氯化铁的显色反应。大多数酚与三氯化铁溶液作用能生成带颜色的配离子，不同的酚所产生的颜色也不同这个特性常用于鉴定酚，例如：

$$6C_6H_5OH + FeCl_3 \longrightarrow H_3[Fe(OC_6H_5)_6] + 3HCl$$

（2）芳环上的反应。

① 卤代。苯酚与溴水在常温下可迅速反应生成 2,4,6-三溴苯酚白色沉淀。

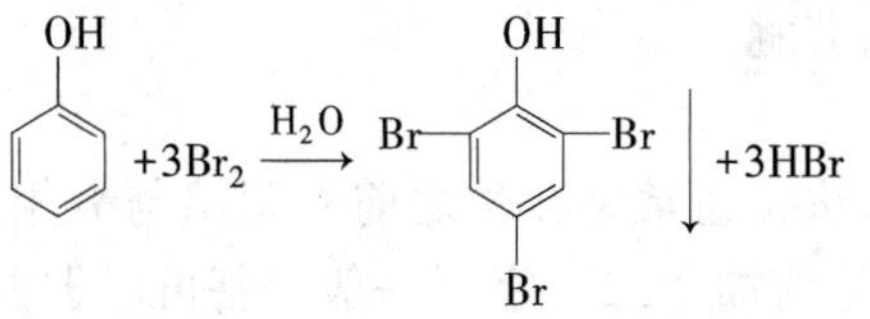

这个反应很灵敏，极稀的苯酚溶液（10μg/g）也能与溴生成沉淀，常用作苯酚的鉴别和定量测定。

② 硝化。苯酚比苯容易硝化，在室温下苯酚与稀硝酸作用生成邻硝基苯酚和对硝基苯酚的混合物。

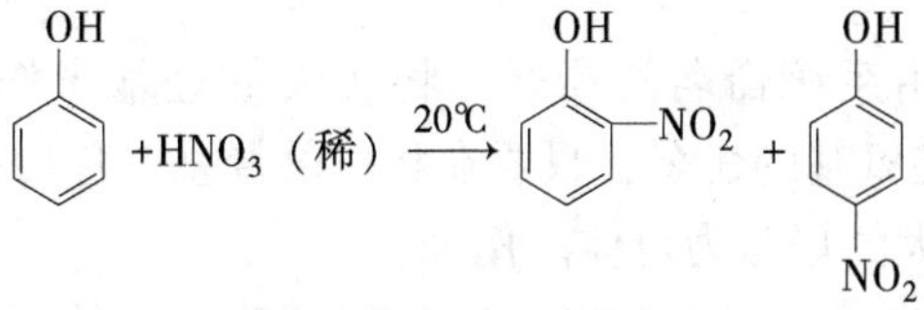

（30%~40%）　（15%）

苯酚与混酸作用，可生成2,4,6-三硝基苯酚，俗称苦味酸。

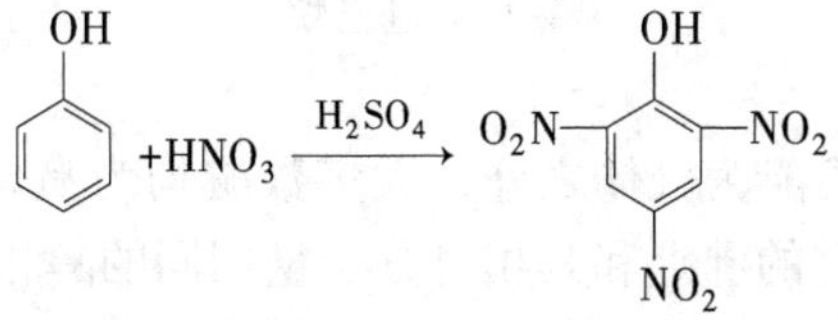

苦味酸是黄色晶体，溶于乙醇、乙醚和热水中，其水溶液的酸性很强。苦味酸及其盐类都易爆炸，用于制作炸药和农药。

4）重要的酚

（1）苯酚。苯酚俗称石炭酸，纯净的苯酚为无色透明的针状晶体，具有特殊气味，熔点43℃，在空气中逐渐氧化而呈微红色。苯酚微溶于水，25℃时在水中的溶解度为8g/100g，65℃以上可与水混溶。苯酚易溶于乙醇及乙醚等有机溶剂。

苯酚有毒，对皮肤有强烈的腐蚀性，能灼烧皮肤，一旦触及皮肤，可及时用酒精擦洗。工业上，苯酚是一种重要的化工原料，大量用于制造酚醛树脂（电木粉）及其他高分子材料、离子交换树脂、合成纤维、染料、药物、炸药等，有着广泛的用途。苯酚具有一定的杀菌消毒能力，可用作防腐剂和消毒剂。

（2）苯甲酚。苯甲酚有邻、间、对三种异构体，都存在于煤焦油中，它们的沸点很接近，不易分离，因此一般使用它们的混合物。苯甲酚的杀菌能力比苯酚还大，医院用作消毒剂，通常用作消毒的“来苏儿”就是含有47%~53%这三种苯甲酚混合物的肥皂溶液，实际应用稀释到3%~5%。

3. 醚

1）醚的分类

醚的通式是R—O—R、Ar—O—Ar或Ar—O—R，醚是两个烃基通过氧原子结合起来的化合物，从结构上可以看作是水分子中的两个氢原子被烃基取代的生成物，而C—O—C键称为醚键，是醚的官能团。

当与氧原子相连接的两个烃基相同时，简称为单醚。当与氧原子相连接的两个烃基不相同时，简称为混醚。当与氧原子相连接的两个烃基都是饱和烃时，称为饱和醚。当与氧原子相连接的两个烃基中至少有一个是不饱和烃，则称为不饱和醚。当与氧原子相连接的两个烃基中有一个是芳基，则称为芳醚。

2）醚的命名

醚的命名常用习惯命名法，通常是在醚之前先写出与氧相连的两个烃基的名称（基字可以省去）。单醚在烃基名称前加“二”字（一般烃基可以省去，但芳醚和某些不饱和醚除外），混醚则将次序规则中较大烃基放在后面，芳醚则是把芳基放在前面。例如：

$CH_3CH_2OCH_2CH_3$ 乙醚

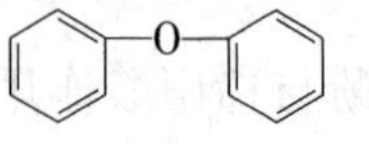

二苯醚

$CH_3OCH_2CH{=}CH_2$ 甲基烯丙基醚

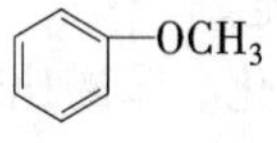

苯甲醚（茴香醚）

结构比较复杂的醚利用系统命名法命名，将较大的烃基当作母体，剩下的 RO—部分（烷氧基）看作取代基。烷氧基的命名，只要在相应的烃基名称后面加“氧”字即可。芳醚则以芳环为母体，也可以大的烃基为母体。例如：

$$CH_3CH_2CH_2\underset{\displaystyle OCH_3}{\underset{|}{C}H}CH_2CH_3$$

3-甲氧基己烷

3）醚的物理性质

在常温下除了甲醚和甲乙醚为气体之外，大多数醚均为易燃的、具有芳香气味的液体。醚的分子内没有氢键，所以醚的沸点和其相对分子量相同的醇相比要低得多，跟相对分子质量的烷烃接近。例如乙醚（相对分子质量 74）的沸点为 34.6℃，正戊烷（相对分子质量 72）的沸点为 36.1℃。

4）醚的化学性质

醚是一类不活泼的化合物（除环醚外），对于大多数试剂比如碱、稀酸、氧化剂、还原剂等都十分稳定，醚在常温下和金属钠不反应，可以用金属钠作为干燥剂来干燥醚。由于醚键（C—O—C）的存在，可以发生一些特有的反应。

（1）鉾盐的生成。由于醚链上的氧原子上具有未共用的孤电子对，能接受强酸中的 H^+ 而生成 鉾盐，所以醚都能溶于强酸中。

$$R—O—R + HCl \longrightarrow R—\overset{+}{\underset{\displaystyle H}{\underset{|}{O}}}—R + Cl^-$$

鉾盐是强酸弱碱盐，不稳定，仅在强酸中稳定，遇水很快分解为原来的醚，利用这一性质可以将醚从烷烃或卤代烃等混合物中分离出来。

（2）醚键断裂。在较高温度下，强酸能使醚键断裂，能使醚键断裂的最有效的试剂是浓氢碘酸（或 HBr），例如：

$$CH_3CH_2OCH_2CH_3 + HI \rightleftharpoons CH_3CH_2\overset{+}{\underset{\displaystyle H}{\underset{|}{O}}}CH_2CH_3 \xrightarrow{I^-} CH_3CH_2I + CH_3CH_2OH$$

$$\xrightarrow{\text{过量HI}} 2CH_3CH_2I$$

醚键断裂时往往是较小的烃基生产碘代烷，例如

$$CH_3CH_2OCH_2CH_2CH_3 + HI \xrightarrow{\triangle} CH_3CH_2I + CH_3CH_2CH_2OH$$

芳基烷基醚与氢卤酸作用时，总是烷氧键断裂，生成酚和卤代烷，例如：

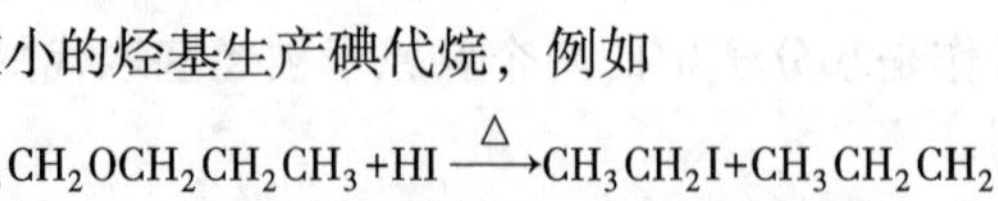

（3）过氧化物的生成。醚对氧化剂是比较稳定的，但许多烷基醚在长时间和空气接触可被空气中的氧气氧化为过氧化物。过氧化物是不稳定的，而且不易挥发，加热时容易发生强烈的爆炸。

$$RCH_2OCH_2R \longrightarrow RCH_2O\underset{\text{O—O—H}}{\underset{|}{C}}H_2R \quad \text{过氧化物}$$

储存过久的乙醚在使用前，尤其是在蒸馏前，应当检验是否有过氧化物存在。检验过氧化物的方法：可以用硫酸亚铁和硫氰化钾（KSCN）混合液与醚一起振荡，如果有过氧化物存在，会将亚铁离子氧化成为铁离子，铁离子与硫氰根作用生成血红色的络离子：

$$\text{过氧化物} + Fe^{2+} \longrightarrow Fe^{3+} \xrightarrow{SCN^-} Fe(SCN)_6^{3+}$$

除去过氧化物的方法是在蒸馏以前，加入适量5%的 $FeSO_4$ 于醚中并振荡，使过氧化物分解除去。

5）重要的醚

乙醚是无色易挥发的液体，沸点34.6℃，微溶于水，易溶于有机溶剂，乙醚蒸气易燃、易爆，使用时远离火源。

吸入一定量的乙醚气体，会使人失去知觉，所以纯乙醚可用作外科手术时的麻醉剂。

三、醛和酮

醛和酮的分子中都含有羰基（$-\overset{O}{\overset{\|}{C}}-$），统称为羰基化合物。羰基碳原子上至少连有一个氢原子的叫作醛，因此常将 $-\overset{O}{\overset{\|}{C}}H$ 叫作醛基，是醛的官能团。醛基总是位于碳链的一端，醛的通式为 $R-\overset{O}{\overset{\|}{C}}H$。甲醛 $H-\overset{O}{\overset{\|}{C}}-H$ 是最简单的醛。羰基碳原子上同时连有两个烃基的叫作酮，酮的通式为 $R-\overset{O}{\overset{\|}{C}}-R'$。最简单的酮是丙酮 $CH_3-\overset{O}{\overset{\|}{C}}-CH_3$，酮分子中的羰基也叫作酮羰基。

1. 醛和酮的分类

根据与羰基相连的烃基不同，醛和酮可以分为脂肪族醛酮、脂环族醛酮和芳香族醛酮；根据烃基是否饱和又可分为饱和醛酮和不饱和醛酮；根据分子中所含羰基的数目还可分为一元醛酮、二元醛酮等。一元酮又可分为单酮和混酮，羰基连接两个相同烃基的酮叫单酮；羰基连接两个不同烃基的酮叫混酮。

碳原子相同的醛和酮互为同分异构体。饱和一元醛和酮的通式为 $C_nH_{2n}O$，如 CH_3COCH_3 和 CH_3CH_2CHO，其分子式都是 C_3H_6O。

2. 醛和酮的命名

醛、酮的命名法主要有两种，即习惯命名法和系统命名法。简单的醛、酮用习惯命名法命名，复杂的醛、酮则用系统命名法命名。

1）习惯命名法

醛的习惯命名和伯醇相似，只要把“醇”字改为“醛”字即可，例如：

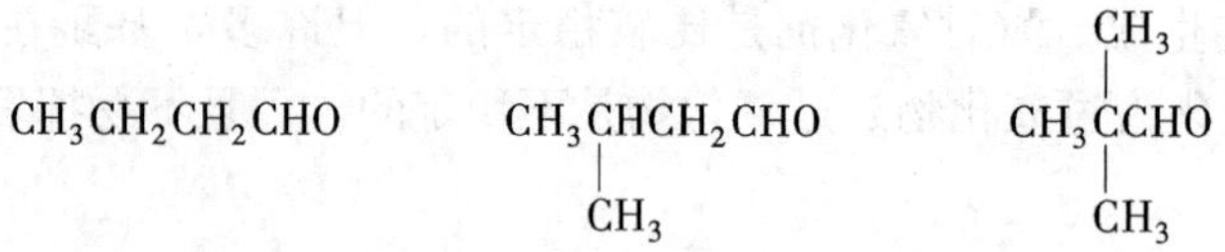

正丁醛　　　　　　　异戊醛　　　　　　　新戊醛

酮的习惯命名法与醚相似，只需在羰基所连接的两个烃基名称后面加上"酮"字。混酮命名时将"次序规则"中较大的烃基写在后，如有芳基则要将芳基写在前，例如：

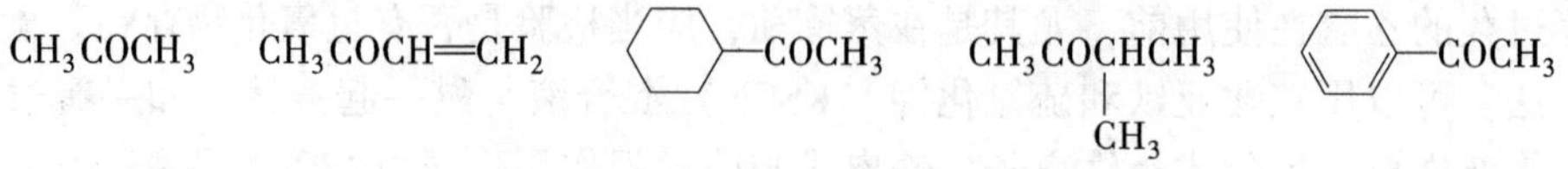

二甲酮　　　甲基乙烯基酮　　　甲基环己酮　　　甲基异丙基酮　　　苯甲酮

2）系统命名法

（1）选择含有羰基的最长碳链为主链，根据主链上所含的碳原子数称为某醛或某酮。

（2）从靠近羰基最近的一端给主链碳原子编号，然后把取代基的位次、数目、名称写在醛、酮母体名称前面。

$$CH_3CH_2CHCHO \atop \quad\ CHCH_3 \atop \quad\quad CH_3$$　　　　$$CH_3COCH_2CHCH_3 \atop \qquad\qquad CH_3$$

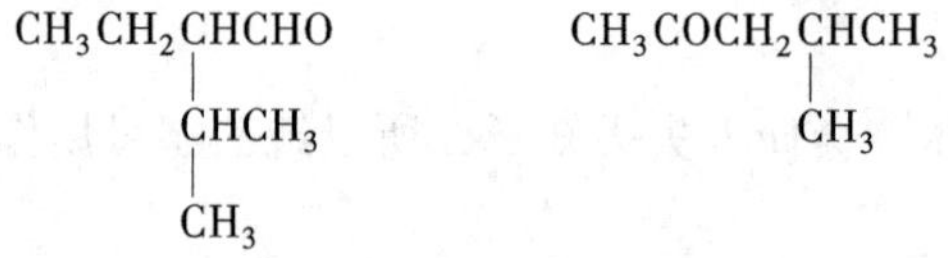

3-甲基-2-乙基丁醛　　　　4-甲基-2-戊酮

（3）命名芳香醛、酮时，常把脂肪链作为主链，芳环作为取代基。

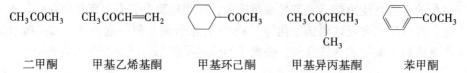

苯乙酮　　　　　　　苯甲醛

（4）命名不饱和醛酮时，应选择同时含有不饱和键和羰基在内的最长碳链为主链，编号从靠近羰基一端开始，称为某烯醛（或酮），同时要标明不饱和键及酮羰基的位次。

$$CH_2{=}CHCHCOCH_3 \atop \qquad\quad CH_3$$　　　　苯环—CH=CHCHO

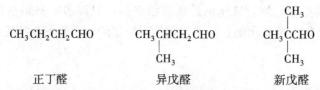

3-甲基-4-戊烯-2-酮　　　　3-苯基-2-丙烯醛
（肉桂醛）

3. 醛和酮的物理性质

在常温下，除甲醛是气体外，C_{12} 及 C_{12} 以下的醛、酮为液体，C_{12} 以上的醛、酮为固体。低级醛具有强烈的刺激气味，中级醛具有果香味，中级酮具有花香味，因此常用于香料工业。

醛、酮的沸点比相对分子质量相近的醇低，这是因为醛、酮分子间不能形成氢键，没有缔合现象。由于醛、酮分子的极性较大，分子间的静电引力比烷烃和醚大，因而沸点比相对分子质量相近的烷烃和醚沸点高。

低级醛、酮易溶于水，例如甲醛、乙醛、丙酮可以任意比例与水混溶，这是因为羰基上的氧原子可以与水分子中的氢原子形成氢键。随着碳原子数的增加，水溶性降低，C_6 以上的醛、酮基本上不溶于水，芳醛和芳酮一般难溶于水。醛、酮可溶于一般的有机溶剂，丙酮是良好的有机溶剂，能溶解很多有机化合物。

脂肪醛和脂肪酮的相对密度小于 1，比水密度小；芳醛和芳酮的相对密度大于 1，比水密度大。

4. 醛和酮的化学性质

醛和酮具有相同的官能团，所以它们有许多相似的化学性质，主要表现在羰基的加成反应、α-H 的反应及还原反应。但羰基上所连基团不完全相同，又使它们在化学性质上存在一定的差异。

$$
\begin{array}{c}
\underset{3}{\overset{1}{R-CH-C=O}}\\
\underset{\underset{3}{H}\quad\underset{2}{H(R)}}{}
\end{array}
$$

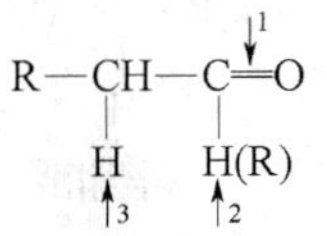

1 羰基的加成、还原反应　　2 羰基上 H 原子的反应　　3 α-H 原子的反应

1）羰基上的加成反应

（1）与氢氰酸加成。在碱的催化下，氢氰酸能与醛、脂肪族甲基酮及 C_8 以下的环酮发生加成反应，生成 α-羟基腈（α-氰醇）。

$$
\underset{(CH_3)}{\overset{R}{\underset{H}{C=O}}} \xrightarrow[\text{OH}^-]{\text{HCN}} \underset{(CH_3)}{\overset{R}{\underset{CN}{C-OH}}}
$$

α-羟基腈

α-羟基腈比原料醛、酮增加了一个碳原子，这是使碳链增长一个碳原子的一种方法。α-羟基腈根据不同的条件可以转化为 α-羟基酸和 α,β-不饱和酸，在有机合成中有重要用途。

$$
CH_3-\overset{O}{\underset{}{C}}-H \xrightarrow[OH^-]{HCN} CH_3-\overset{OH}{\underset{}{CH}}-CN
\begin{cases}
\xrightarrow[-H_2O]{H^+,\ \triangle} CH_2=CH-CN \quad \text{丙烯腈}\\[2mm]
\xrightarrow[]{H^+,\ H_2O} CH_3-\overset{OH}{\underset{}{CH}}-COOH \quad \alpha\text{-羟基丙酸}
\end{cases}
$$

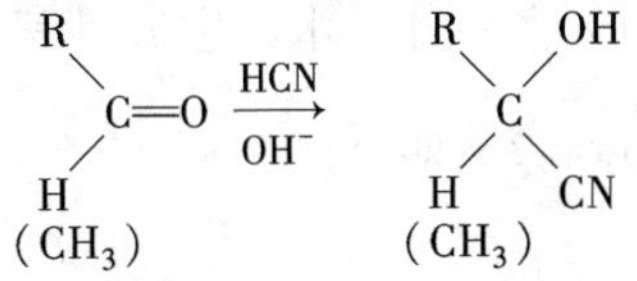

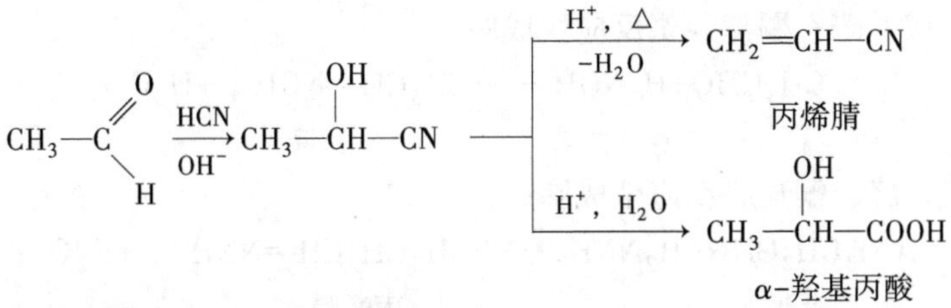

（2）与亚硫酸氢钠加成。醛、脂肪族甲基酮、C_8 以下的环酮与 $NaHSO_3$ 饱和溶液发生加成反应，生产 α-羟基磺酸钠。α-羟基磺酸钠易溶于水，但不溶于饱和 $NaHSO_3$ 溶液中，而以无色晶体析出。α-羟基磺酸钠遇稀酸或稀碱都可以重新分解为原来的醛、酮，利用此性质可以鉴别、分离醛、脂肪族甲基酮和 C_8 以下的环酮。

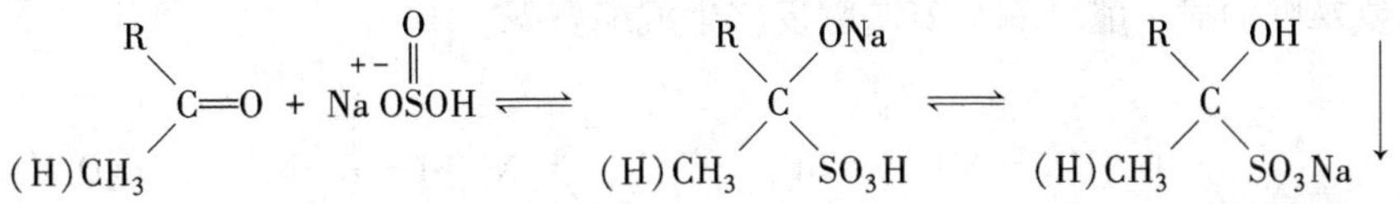

$$
\underset{(H)CH_3}{\overset{R}{C=O}} + Na\overset{+\ -}{O}SOH \rightleftharpoons \underset{(H)CH_3}{\overset{R}{\underset{SO_3H}{C-ONa}}} \rightleftharpoons \underset{(H)CH_3}{\overset{R}{\underset{SO_3Na}{C-OH}}} \downarrow
$$

饱和　　　　　　　　　　　　　　　　　　　　　　α-羟基磺酸钠

（3）与格氏试剂加成。所有的醛、烃基不太大的酮都可与格氏试剂发生加成反应，生成的加成产物水解可以得到不同种类的醇，这是实验室制备醇的主要方法。

$$
RMgX + \overset{}{\underset{}{C=O}} \xrightarrow{\text{无水乙醚}} R-\overset{}{\underset{}{C}}-OMgX \xrightarrow{H_3O^+} R-\overset{}{\underset{}{C}}-OH
$$

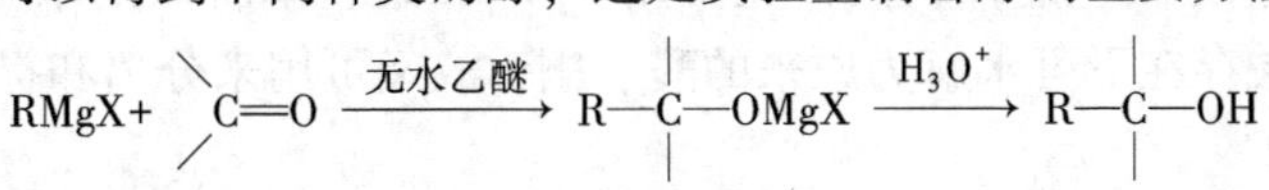

格氏试剂与甲醛作用生成伯醇，与其他醛作用生成仲醇，与酮作用生成叔醇。

（4）与醇加成。在干燥氯化氢的作用下，一分子醛与一分子醇发生加成反应分别生成半缩醛。半缩醛不稳定，容易分解为原来的醛。半缩醛可以继续与醇反应，发生分子间脱水而生成稳定的缩醛。与醛相比，酮形成半缩酮和缩酮要困难些。反应是可逆的，缩醛（缩酮）在中性或碱性条件下稳定，酸可以使它们分解为原来的醛或酮，因此在有机合成中常用生成缩醛（缩酮）保护羰基。

$$\underset{H}{\overset{R}{C}}{=}O + H{-}OR' \underset{}{\overset{\text{干 HCl}}{\rightleftharpoons}} R{-}\underset{H}{\overset{OH}{C}}{-}OR' \underset{HOR'}{\overset{\text{干 HCl}}{\rightleftharpoons}} R{-}\underset{H}{\overset{OR'}{C}}{-}OR'$$

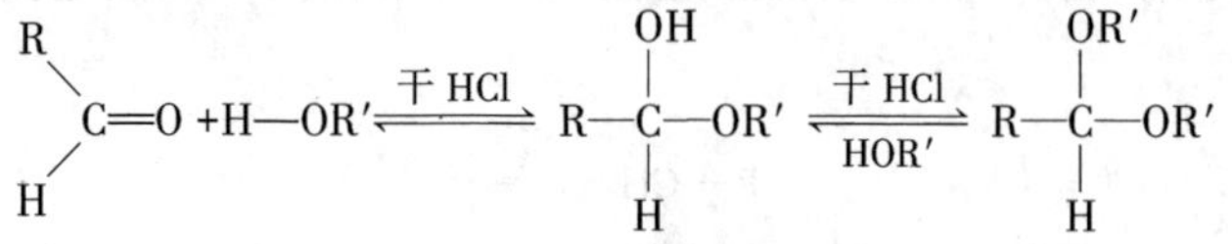

半缩醛　　　　　缩醛
不稳定　　　　　稳定

（5）与氨的衍生物反应。醛、酮能和氨的衍生物（Y—NH$_2$），如胺（R—NH$_2$）、羟氨（HO—NH$_2$）、肼（H$_2$N—NH$_2$）、苯肼（Ph—NHNH$_2$）、氨基脲（$\overset{O}{\overset{\|}{\text{H}_2\text{NCNHNH}_2}}$）等发生亲核加成，但加成产物不稳定，随即失去一分子水，生成具有 $\diagup\text{C}{=}\text{N}{-}$ 结构的产物，这类反应称之为加成—消除反应，可以用通式表示如下：

$$\diagup\text{C}{=}\text{O} + \text{H}_2\text{N}{-}\text{Y} \rightleftharpoons \underset{\text{NH}{-}\text{Y}}{\overset{\text{OH}}{\text{C}}} \longrightarrow \text{C}{=}\text{N}{-}\text{Y} + \text{H}_2\text{O}$$

Y＝—R、—OH、—NH$_2$、—NH—〔苯环〕、—NHCONH$_2$ 等

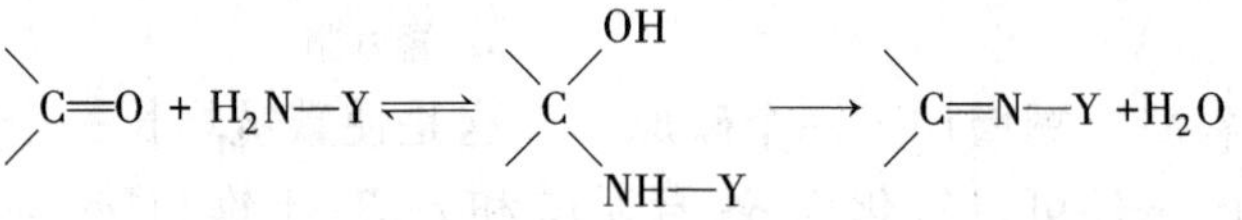

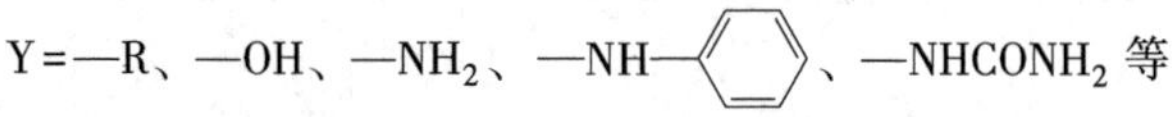

① 与羟胺加成。醛、酮与羟氨反应生成肟。

$$\text{CH}_3\text{CHO} + \text{H}_2\text{NOH} \longrightarrow \text{CH}_3\text{CH}{=}\text{NOH} \downarrow + \text{H}_2\text{O}$$

乙醛肟

② 与肼加成。醛、酮与肼反应生成腙。

$$\text{CH}_3\text{CH}_2\text{CHO} + \text{H}_2\text{NNH}_2 \longrightarrow \text{CH}_3\text{CH}_2\text{CH}{=}\text{NNH}_2 \downarrow + \text{H}_2\text{O}$$

丙醛腙

$$\text{CH}_3\text{COCH}_3 + \text{H}_2\text{NHN}{-}\underset{\text{NO}_2}{〔苯环〕}{-}\text{NO}_2 \longrightarrow (\text{CH}_3)_2\text{C}{=}\text{NHN}{-}\underset{\text{NO}_2}{〔苯环〕}{-}\text{NO}_2 \downarrow + \text{H}_2\text{O}$$

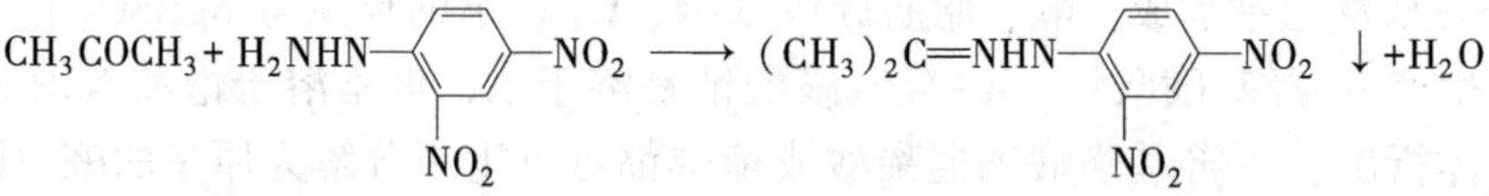

2,4-二硝基苯肼　　　　丙酮-2,4-二硝基苯腙（黄色晶体）

③ 与氨基脲加成。醛、酮与氨基脲反应生成缩氨脲。

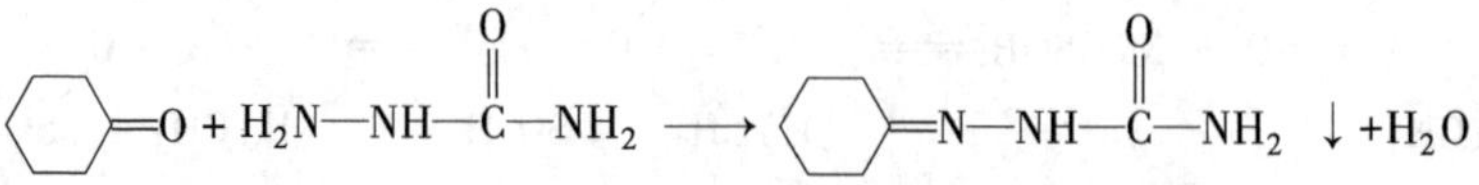

$$〔环己烷〕{=}\text{O} + \text{H}_2\text{N}{-}\text{NH}{-}\overset{O}{\overset{\|}{\text{C}}}{-}\text{NH}_2 \longrightarrow 〔环己烷〕{=}\text{N}{-}\text{NH}{-}\overset{O}{\overset{\|}{\text{C}}}{-}\text{NH}_2 \downarrow + \text{H}_2\text{O}$$

环己酮缩氨基脲

　　肟、腙、缩氨脲均为具有确定熔点的晶体，可通过测定熔点来鉴别醛、酮。由于加成产物2,4-二硝基苯腙是黄色晶体，因而也常用2,4-二硝基苯肼试剂来鉴别醛和酮。另外，上述反应产物在稀酸存在下可水解为原来的醛、酮，故又可用来分离和提纯醛、酮。

　　2）α-H 的反应

　　由于羰基强吸电子诱导效应影响，使醛、酮分子中 α-氢原子表现出一定的活泼性，能

发生一些特有反应。

（1）卤代反应和卤仿反应。在酸或碱催化下，醛、酮的 α-H 容易被卤素取代。如在酸催化下反应，往往得到一取代产物。

$$CH_3-\overset{O}{\underset{\|}{C}}-CH_3 +Br_2 \xrightarrow[65℃]{CH_3COOH} CH_3-\overset{O}{\underset{\|}{C}}-CH_2Br +HBr$$

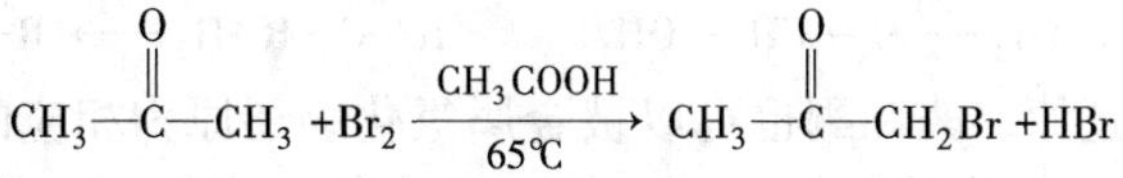

如在碱催化下的卤代反应速率很快，较难控制。若醛、酮分子中含有 $-\overset{O}{\underset{\|}{C}}-CH_3$ 结构，则甲基上的三个氢原子都能被取代，生成同碳三卤代物 $-\overset{O}{\underset{\|}{C}}-CX_3$。在这种三卤代物分子中，在碱性条件下很不稳定，极易发生断裂，生成三卤甲烷（卤仿）和羧酸盐，所以此反应又叫卤仿反应。若卤素是碘，生成的碘仿是亮黄色晶体，称为碘仿反应。

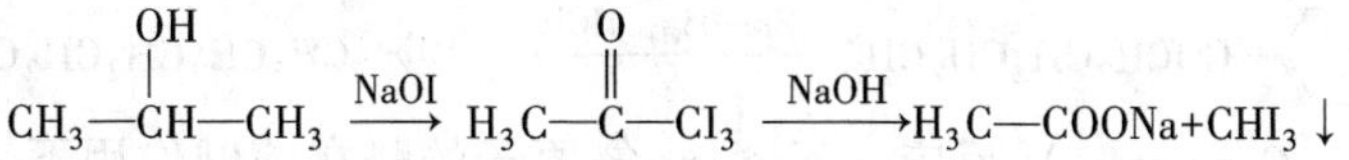

$$CH_3-\overset{OH}{\underset{|}{CH}}-CH_3 \xrightarrow{NaOI} H_3C-\overset{O}{\underset{\|}{C}}-CI_3 \xrightarrow{NaOH} H_3C-COONa+CHI_3\downarrow$$

凡是具有三个 α-氢原子的醛、酮和结构为 $CH_3-\underset{\underset{OH}{|}}{CH}-$ 的醇，都能发生卤仿反应，因为次卤酸盐本身是氧化剂，可以把具有三个 α-氢原子的醇氧化为甲基醛酮，利用碘仿反应可鉴定上述结构的醛酮醇。

（2）羟醛缩合反应。在稀碱作用下，含有 α-H 的醛可以发生自身的加成反应，即一分子的醛以其 α-碳对另一分子的醛的羰基加成生成 β-羟基醛，这种生成羟基醛的反应称作羟醛缩合反应。β-羟基醛受热即发生分子内脱水形成 α,β-不饱和醛。

$$CH_3-\overset{O}{\underset{\|}{C}}-H + HCH_2-\overset{O}{\underset{\|}{C}}-H \xrightarrow[5℃, 4\sim5h]{10\%NaOH} CH_3-\overset{}{\underset{}{CH}}-CH_2-\overset{O}{\underset{\|}{C}}-H \xrightarrow[\triangle]{-H_2O} CH_3-CH=CH-\overset{O}{\underset{\|}{C}}-H$$

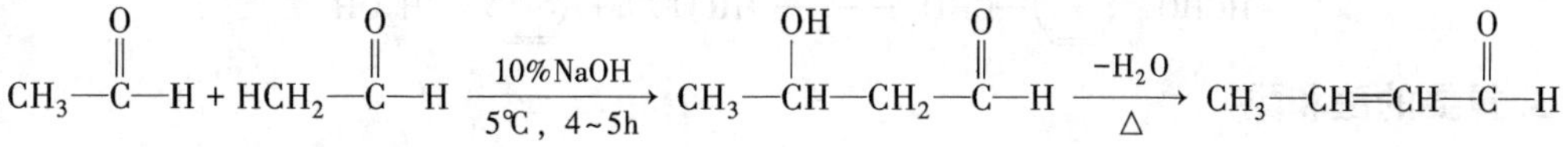

3-羟基丁醛（~50%）　　　　　　2-丁烯醛

3）氧化还原反应

（1）氧化反应。醛和酮的很多化学性质基本相同，但在氧化反应中有很大的差别，这与醛、酮的结构不同有关。醛有醛基氢，而酮没有，所以醛比酮易氧化，容易氧化为羧酸。常用的氧化剂有 Ag_2O、H_2O_2、$KMnO_4$、CrO_3 和过氧酸，例如醛被过氧乙酸氧化的反应：

$$CH_3(CH_2)_5CHO+ CH_3-\overset{O}{\underset{\|}{C}}-OOH \longrightarrow CH_3(CH_2)_5COOH+CH_3COOH$$

过氧乙酸　　　　　　　庚酸（88%）

弱氧化剂有托伦试剂（银氨溶液）和斐林试剂（酒石酸钾钠的碱性硫酸铜溶液）。反应时，醛氧化成酸，银离子还原成银，如果反应器壁干净，形成一个银镜附着在器壁上，因此这个反应又称为银镜反应。酮与托伦试剂不发生反应，因此常用托伦试剂区别醛和酮。

$$RCHO+2Ag(NH_3)_2OH \longrightarrow RCOONH_4+2Ag\downarrow（白色）+3NH_3+H_2O$$

斐林试剂可使醛氧化成羧酸，而本身被还原成砖红色沉淀。斐林试剂只氧化脂肪醛而不氧化芳香醛，利用斐林试剂可以区别脂肪醛与芳香醛。

$$RCHO+2Cu^{2+}+OH^-+H_2O \longrightarrow RCOO^-+Cu_2O\downarrow（砖红色）+4H^+$$

（2）还原反应。醛和酮都可以发生还原反应，不同条件下得到的产物不同。

① 催化加氢。醛酮在铂、钯、镍、铜催化下加氢，生成醇。醛还原为伯醇，酮还原为仲醇。

$$R-\overset{\overset{\displaystyle O}{\|}}{C}-H+H_2 \xrightarrow{Ni} R-CH_2-OH \qquad R-\overset{\overset{\displaystyle O}{\|}}{C}-R+H_2 \xrightarrow{Ni} R-\overset{\overset{\displaystyle OH}{|}}{C}H-R$$

② 用金属氢化物还原。醛和酮也可以被金属氢化物还原为相应的醇。常用的还原剂有氢化锂铝（$LiAlH_4$）、硼氢化钠（$NaBH_4$）等。反应的选择性高，只能还原醛和酮中的羰基，不还原其他任何不饱和基团。例如：

$$CH_3CH_2CH{=}CHCHO \xrightarrow[H_2O]{NaBH_4} CH_3CH_2CH{=}CHCH_2OH$$

③ 克莱门森还原法。在酸性条件下，醛或酮与锌汞齐（金属锌与汞形成的合金）作用，使羰基直接还原为亚甲基转变为烃的反应叫克莱门森（Clemmensen）还原法。有机合成中常用此方法由芳酮来制备直链烷基苯。

$$\text{〈〉}-COCH_2CH_2CH_3 \xrightarrow[\triangle]{Zn-Hg,\ HCl} \text{〈〉}-CH_2CH_2CH_2CH_3$$

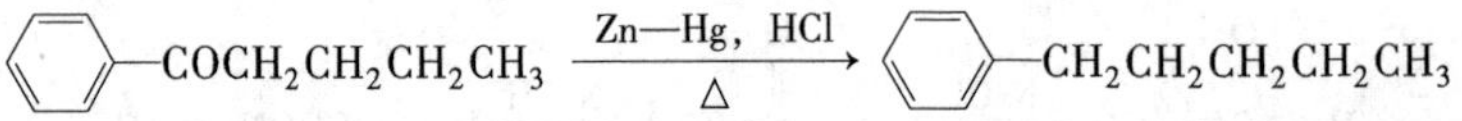

④ 坎尼扎罗（Cannizzaro）反应。不含 α-氢原子的醛在浓碱作用下，发生自身氧化还原反应，一分子醛被还原为醇，另一分子醛被氧化为羧酸的反应称为坎尼扎罗（Cannizzaro）反应，也叫歧化反应。例如：

$$2HCHO \xrightarrow{\text{浓}\ NaOH} CH_3OH+HCOONa$$

如果甲醛和另一种不含 α-氢原子的醛进行交叉歧化反应，由于甲醛具有较强的还原性，总是被氧化为甲酸，而另一种醛总是被还原为醇。这一反应在有机合成上却是很有用的，把芳醛还原为芳醇，例如：

$$HCHO+\text{〈〉}-CHO \xrightarrow[\triangle]{\text{浓}\ NaOH} HCOONa+\text{〈〉}-CH_2OH$$

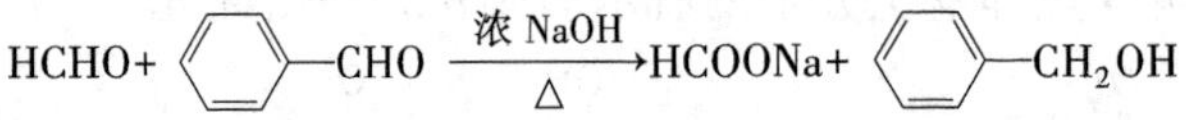

5. 重要的醛和酮

1）甲醛

甲醛又叫蚁醛，沸点−21℃，常温下为无色、有刺激性气味的气体。甲醛与空气混合后遇火发生爆炸，爆炸极限为7%～73%（体积分数）。甲醛易溶于水、乙醇、乙醚、丙酮和苯中。它的37%～40%的水溶液称为福尔马林，福尔马林可使蛋白质变性，对皮肤有强腐蚀性，被广泛地用作消毒剂和生物标本的防腐剂。

甲醛是重要的有机合成原料，用于制造酚醛树脂、脲醛树脂、维尼纶、季戊四醇及"乌洛托品"等。乌洛托品是易溶于水的白色结晶粉末，具有甜味，主要用作酚醛塑料的固化剂，氨基塑料的催化剂及橡胶硫化的促进剂，在医药上用作利尿剂和尿道杀菌剂。甲醛非常容易聚合，常温下，甲醛可自动聚合为环状的三聚甲醛。三聚甲醛为白色结晶粉末，熔点62℃，沸点112℃，在强酸下可解聚为甲醛。蒸发甲醛水溶液，可以生成白色固体状的多聚甲醛。多聚甲醛是白色固体，加热到180～200℃，会发生解聚生成甲醛，所以常以聚合物的形式进行储存和运输。

三聚甲醛   六亚甲基四胺 $H(OCH_2)_nOH$
(乌洛托品)   多聚甲醛

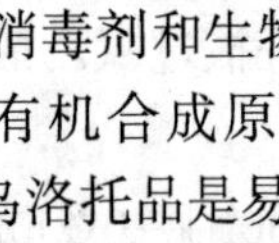

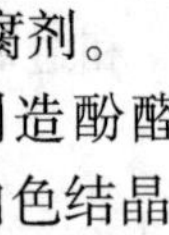

乌洛托品与浓硫酸作用可以制备烈性炸药。

2）乙醛

乙醛沸点为20.8℃，是无色透明液体，有刺激性气味，易溶于水、乙醇及乙醚中，在少量酸的催化下，室温时就能聚合成三聚乙醛。三聚乙醛沸点124℃，是液体，用稀酸加热时可解聚为乙醛，所以乙醛多以三聚体形式保存。乙醛也是重要的有机合成原料，可以用来合成乙酸、乙酐、季戊四醇等。工业上制备乙醛主要有乙醇氧化、乙炔水合和乙烯氧化等方法。

3）丙酮

丙酮是最简单的酮类化合物，常温下是无色透明、易燃、易挥发的液体，有微香气味，沸点56℃，能与水、甲醇、乙醇、乙醚、氯仿、吡啶、二甲基甲酰胺（DMF）等溶剂混溶，是良好的有机反应溶剂。丙酮广泛用于油漆和人造纤维工业，同时还是用来合成有机玻璃、环氧树脂、聚异戊二烯橡胶等产品的重要有机合成原料。

4）苯甲醛

苯甲醛（C_6H_5—CHO）是最简单的芳香醛，以结合态存在于水果的果实中，是具有苦杏仁味的无色液体，沸点79℃，有毒，俗称苦杏仁油，微溶于水，易溶于乙醇、乙醚中。苯甲醛是合成多种香料、染料和药物的原料。

四、羧酸及其衍生物

由羰基和羟基组成的基团叫作羧基，构造式为$-\overset{\overset{O}{\|}}{C}-OH$（简写为—COOH）。分子中含有—COOH的化合物称为羧酸，常用通式RCOOH（甲酸R为H）和ArCOOH来表示。羧酸的官能团是羧基。

1. 羧酸

1）羧酸的分类

根据分子中烃基种类的不同，羧酸可分为脂肪族羧酸、脂环族羧酸和芳香族羧酸；根据烃基是否饱和，可分为饱和羧酸和不饱和羧酸；根据羧酸分子中所含羧基数目的多少，又可分为一元羧酸、二元羧酸和多元羧酸。

脂肪族羧酸：

$CH_3CH_2CH_2COOH$	$H_2C{=}CHCOOH$	HOOC—COOH
丁酸	丙烯酸	乙二酸
饱和一元羧酸	不饱和一元羧酸	饱和二元羧酸

脂环族羧酸：

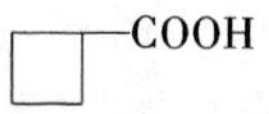

环丁基甲酸（饱和一元羧酸）

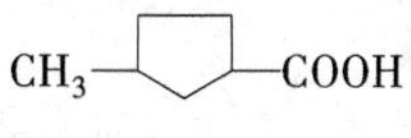

3-甲基环戊基甲酸（饱和一元羧酸）

芳香族羧酸：

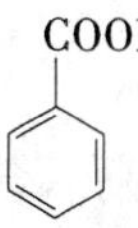

苯甲酸（不饱和一元羧酸）

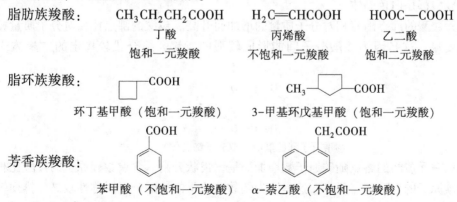

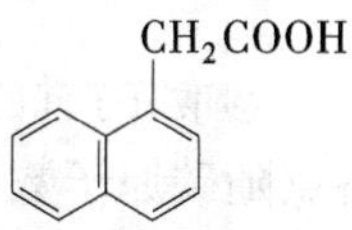

α-萘乙酸（不饱和一元羧酸）

2）羧酸的命名法

（1）俗名。羧酸广泛存在于自然界中，而且早已被人们所认识，因此，许多羧酸有俗名，这些俗名一般是根据它们最初来源命名的。例如：甲酸最初从蒸馏非洲红蚂蚁所得，故称为蚁酸；乙酸是食醋的主要成分，因此叫醋酸。

（2）系统命名法。脂肪族羧酸的系统命名原则和醛相似，即选择含有羧基的最长碳链作为主链，根据主链碳原子的数目称为"某酸"，编号从羧基碳原子开始，用阿拉伯数字标明取代基的位次，并将取代基的位次、数目、名称写于酸名称之前。对于不饱和酸，则选取含有不饱和键和羧基在内的最长碳链作为主链称为某烯酸或某炔酸，并标明不饱和键的位次。例如：

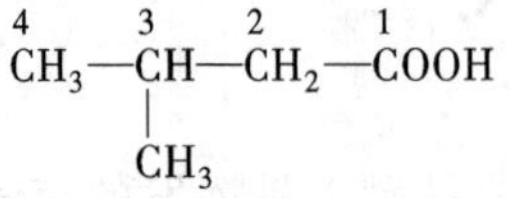

$$\overset{4}{C}H_3-\overset{3}{C}H-\overset{2}{C}H_2-\overset{1}{C}OOH$$
$$\qquad\qquad\underset{CH_3}{|}$$

3-甲基丁酸

$$ClCH_2\overset{5}{}-\overset{4}{C}H=\overset{3}{C}H-\overset{2}{C}H_2-\overset{1}{C}OOH$$

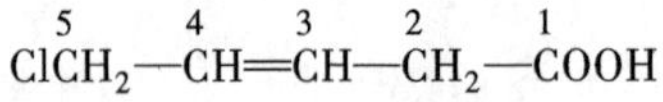

5-氯-3-戊烯酸

脂肪族二元羧酸命名时，则选择含有两个羧基在内的最长碳链为主链，根据主链上碳原子的数目称为"某二酸"，例如：

$$HOOC-\underset{\underset{Cl}{|}}{CH}-CH_2-COOH$$

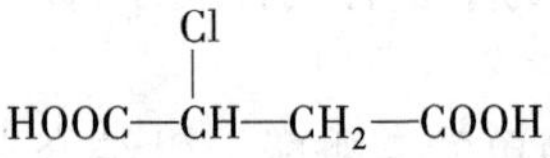

氯代丁二酸

芳香酸分为两类：一类是羧基连在芳环上，一类是羧基连在侧链上。前者以芳甲酸为母体，环上其他基团作为取代基来命名；后者以脂肪酸为母体，芳基作为取代基来命名。例如：

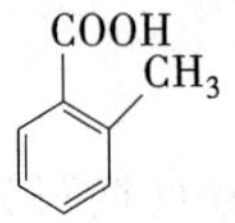

2-甲基苯甲酸

1,4-苯二甲酸

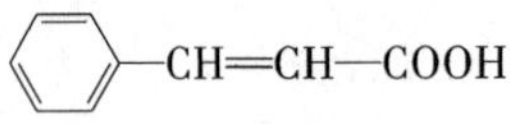

3-苯丙烯酸

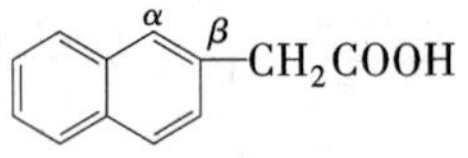

β-萘乙酸

3）羧酸的物理性质

常温常压下，$C_1 \sim C_3$ 羧酸都是无色透明具有刺激性气味的液体，$C_4 \sim C_9$ 羧酸是具有腐败气味的油状液体，C_{10} 及以上的直链一元羧酸是无臭无味的白色蜡状固体。脂肪族二元羧酸和芳香族羧酸都是白色晶体。

饱和一元羧酸的沸点随着相对分子质量的增加而升高。羧酸的沸点比相对分子质量相同的醇的沸点要高，这是因为羧酸分子间能形成较强的氢键，缔合成较稳定的二聚体或多聚体。

$$R-\overset{O\cdots H-O}{\underset{O-H\cdots O}{C}}C-R$$

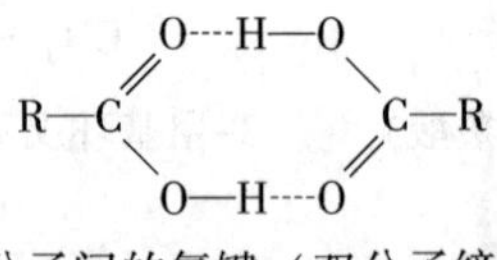

羧酸分子间的氢键（双分子缔合体）

直链饱和一元羧酸的熔点随碳原子数增加而呈锯齿状升高。含偶数碳原子的羧酸比相邻两个含奇数碳原子的羧酸熔点要高，这是因为偶数碳原子的羧酸分子对称性较高，排列较紧密，分子间作用力较大的缘故。

直链饱和一元羧酸的相对密度随碳原子数增加而降低。其中，甲酸、乙酸的相对密度大于1，其他饱和一元羧酸的相对密度都小于1，比水轻。二元羧酸和芳酸的相对密度都大于1。芳香酸一般具有升华特性，有些能随水蒸气挥发，这些特性可用来分离、精制芳香酸。

4）羧酸的化学性质

羧酸的官能团是羧基（—COOH），其化学性质主要表现在官能团羧基上。羧基形式上是由羰基和羟基组成，但又与醛、酮中的羰基和醇中的羟基有显著差别，这是羰基和羟基相互影响的结果。羧酸的性质有以下几类。

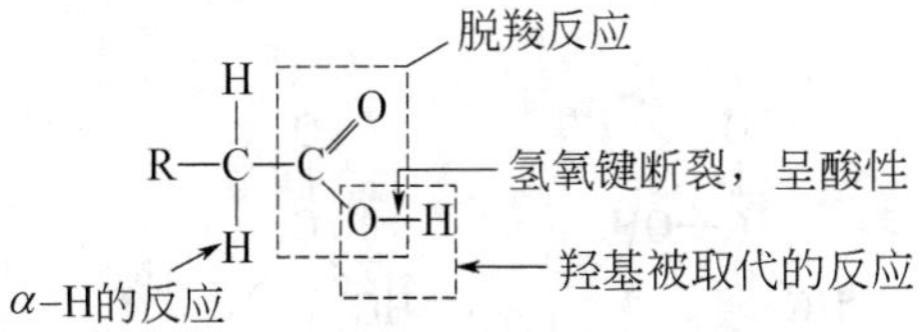

（1）酸性。羧酸具有明显的酸性，在水溶液中存在解离平衡：

$$RCOOH \rightleftharpoons RCOO^- + H^+$$

乙酸的解离常数 $K_a = 1.75\times10^{-5}$，$pK_a = 4.74$，比碳酸（$pK_{a1} = 6.38$）和苯酚（$pK_a = 9.96$）的酸性强。因此羧酸能与氢氧化钠、碳酸钠及碳酸氢钠作用生成羧酸钠和水，能分解碳酸盐和碳酸氢盐生成二氧化碳，利用这个性质可以鉴别、分离酚类和羧酸类化合物。

$$RCOOH + NaOH \longrightarrow RCOONa + H_2O$$

$$RCOOH + NaHCO_3 \longrightarrow RCOONa + CO_2\uparrow + H_2O$$

（2）羟基被取代的反应。羧酸分子中羧基中的羟基被其他原子或基团取代，生成羧酸衍生物。

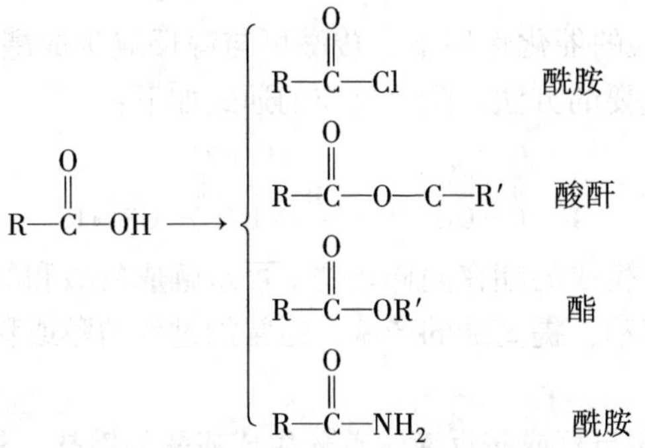

① 酰卤的生成。羧酸（除甲酸外）与三氯化磷、五氯化磷、亚硫酰氯（氯化亚砜）反应生成相应的酰氯，例如：

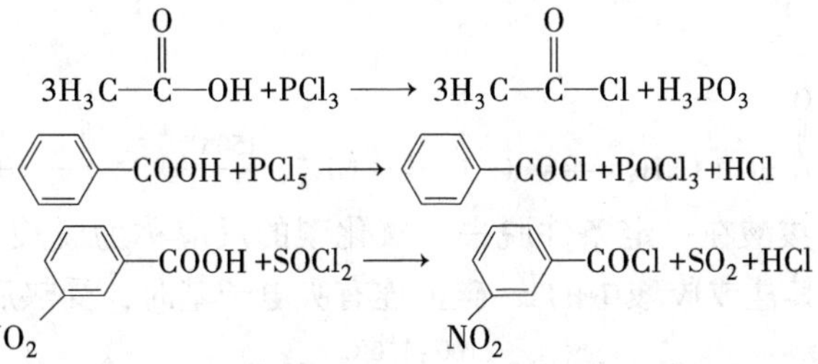

酰氯很活泼，它是一类具有高度反应活性的化合物，广泛应用于药物和有机合成中。酰氯是一类重要的酰基化试剂。甲酰氯极不稳定，不存在。

② 酸酐的生成。羧酸（除甲酸外）在脱水剂（如 P_2O_5）作用下或在加热情况下，两个羧基间失水生成酸酐，例如：

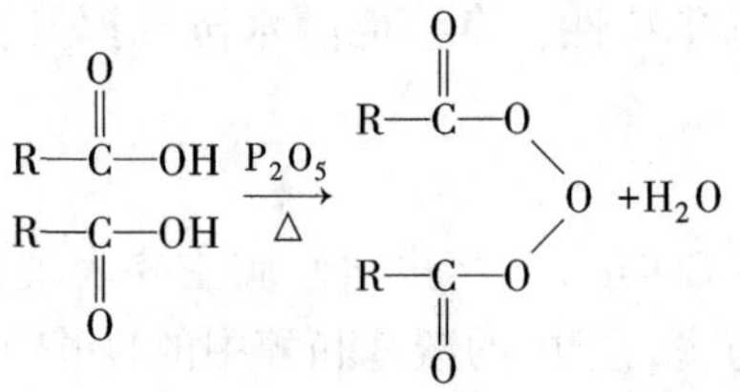

较稳定的具有五元环或六元环的环状酸酐，可由二元酸受热分子内失水形成，不需要任何脱水剂，例如：

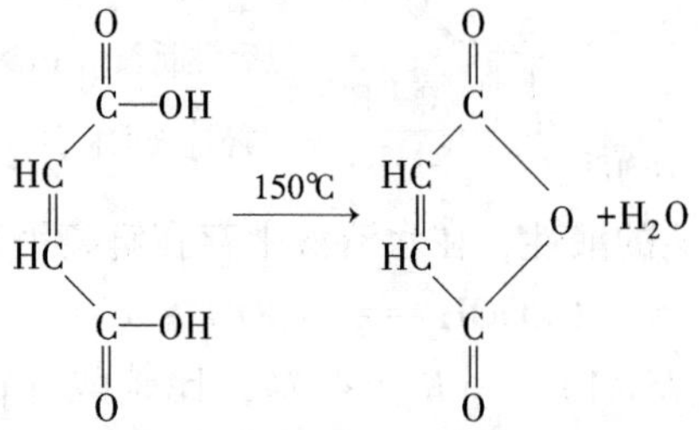

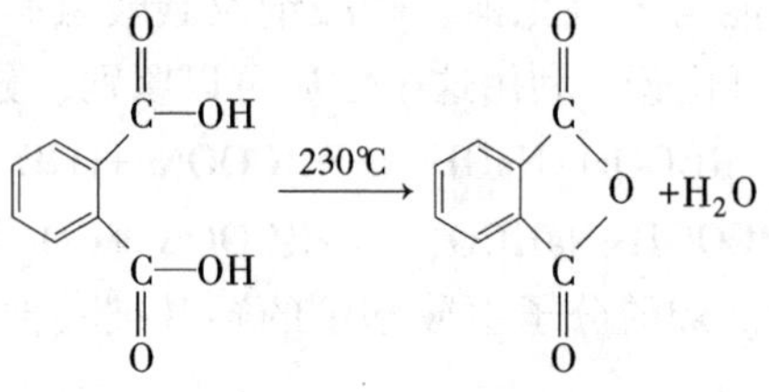

(~100%)

③ 酯的生成。在强酸的催化作用下，羧酸可与醇反应生成酯和水，该反应被称为酯化反应，这是制备酯的最重要的方法。酯化反应的通式如下：

$$R-\overset{\overset{\displaystyle O}{\|}}{C}-OH+HOR' \xrightleftharpoons{H^+} R-\overset{\overset{\displaystyle O}{\|}}{C}-OR'+H_2O$$

酯化反应是可逆的，生成的酯在同样条件下可水解成羧酸和醇，称为酯的水解反应。为使平衡向生成酯的方向移动，提高酯的产率，通常加过量的醇或移走低沸点的酯和水使平衡向右移动。

④ 酰胺的生成。羧酸与氨或胺反应，首先生成羧酸的铵盐，然后高温（150℃以上）分解得到酰胺。很多药物的分子结构中都含有酰胺的结构，所以酰胺是一类很重要的有机化合物。酰胺的生成反应是一个可逆反应，反应过程中不断蒸出所生成的水使平衡右移，产率很好，例如：

$$R-\overset{\overset{\displaystyle O}{\|}}{C}-OH+NH_3 \rightleftharpoons R-\overset{\overset{\displaystyle O}{\|}}{C}-O-NH_4^+ \xrightarrow{150℃} R-\overset{\overset{\displaystyle O}{\|}}{C}-NH_2+H_2O$$

（3）脱羧反应。羧酸在一定条件脱去二氧化碳的反应称为脱羧反应。饱和一元羧酸在加热下较难脱羧，但其盐或羧酸中的 α-碳上连有吸电子基时，受热后可以脱羧，例如：

$$Cl_3CCOOH \xrightarrow{100\sim150℃} CHCl_3+CO_2\uparrow$$

羧酸盐和碱石灰混合，在强热下可以脱去羧基生成烃。例如在实验室中加热无水醋酸钠和碱石灰的混合物可以制取甲烷。

$$CH_3COONa+NaOH(CaO) \xrightarrow{\triangle} CH_4\uparrow+Na_2CO_3$$

二元羧酸也较容易发生脱羧反应，例如：

$$HO-\overset{O}{\overset{\|}{C}}-CH_2-\overset{O}{\overset{\|}{C}}-OH \xrightarrow{120\sim140^{\circ}C} H_3C-\overset{O}{\overset{\|}{C}}-OH+CO_2$$

（4）还原反应。羧酸不容易被一般还原剂或催化氢化法还原，但氢化铝锂能顺利地将羧酸还原成相应的伯醇，不仅可获得高产率的伯醇，而且分子中的碳碳不饱和键不受影响，但由于它价格昂贵，仅限于实验室使用。

$$(CH_3)_3CCOOH+LiAlH_4 \xrightarrow[\text{②}H_2O,\ H^+]{\text{①干醚}} (CH_3)_3CCH_2OH$$

（92%）

（5）α-H 的卤代反应。羧基和羰基一样，分子中的 α-H 由于羧基吸电子效应的影响，而具有一定的活性。由于羧基吸引电子的能力比羰基小，所以羧酸中 α-H 的活性比醛和酮中 α-H 的活性小，必须在碘、硫或红磷等催化剂存在下 α-H 才能被卤原子取代生成α-卤代酸。

$$RCH_2COOH+X_2 \xrightarrow{P} \underset{\displaystyle X}{\underset{|}{RCH}}COOH+HX$$

通过控制条件，可使反应停留在一元取代阶段，也可以继续发生多元取代。例如，工业上利用此反应制取一氯乙酸、二氯乙酸和三氯乙酸。

$$CH_3COOH \xrightarrow[P]{Cl_2} \underset{\displaystyle Cl}{\underset{|}{CH_2}}COOH \xrightarrow[P]{Cl_2} \overset{\displaystyle Cl}{\overset{|}{\underset{\displaystyle Cl}{\underset{|}{CH}}}}COOH \xrightarrow[P]{Cl_2} Cl-\overset{\displaystyle Cl}{\overset{|}{\underset{\displaystyle Cl}{\underset{|}{C}}}}-COOH$$

一氯乙酸、三氯乙酸是无色晶体，二氯乙酸是无色液体，三者都是重要的有机化工原料，广泛用于有机合成和制药工业。

5）重要的羧酸

（1）甲酸。甲酸俗称蚁酸，因最初从红蚂蚁体内发现而得名，它也存在于许多昆虫的分泌物及某些植物（如荨麻、松叶）中。甲酸为无色有刺激性臭味的液体，沸点为 100.5℃，可与水、乙醇、乙醚混溶，具有较强的腐蚀性。蚂蚁或蜂类蜇伤引起皮肤红肿和疼痛，就是由甲酸刺激引起的。

甲酸分子的结构比较特殊，它的羧基直接与氢原子相连，分子中既有羧基的结构，又有醛基的结构，是一个双官能团化合物。

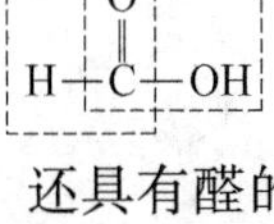

因此，甲酸除了具有羧酸的性质外，还具有醛的还原性。它是一个很好的酸性还原剂，能与托伦试剂发生银镜反应，能与新配的氢氧化铜试剂反应产生砖红色沉淀，还能使高锰酸钾溶液褪色。利用这些反应可以区别甲酸与其他的羧酸。

甲酸在工业上可用作酸性还原剂、媒染剂、防腐剂、橡胶凝聚剂。

（2）乙酸。乙酸俗名醋酸，是食醋的主要成分，纯净的乙酸无色透明，具有强烈刺激性气味，熔点 16.6℃，沸点 118℃。室温低于 16.6℃时，乙酸易凝结成冰状固体，通常称为冰醋酸。乙酸可与水、乙醇、乙醚、四氯化碳等混溶。

乙酸是有机合成工业中不可缺少的原料。乙酸的稀溶液在医药上可作为消毒防腐剂，如用于烫伤或灼伤感染的创面洗涤。乙酸还有消肿治癣、预防感冒等作用。

（3）乙二酸。乙二酸俗名草酸，是最简单的二元羧酸，常以盐的形式存在于许多草本植物的细胞壁中。草酸为无色结晶，含两分子结晶水，加热到100℃，则失去结晶水成为无水草酸。草酸有毒，熔点189℃，易溶于水和乙醇，而不溶于乙醚。

草酸加热至150℃以上，则分解脱羧生成二氧化碳和甲酸。草酸是饱和脂肪二元羧酸中酸性最强的一个。它除了具有一般羧酸的性质外，还具有还原性，可被高锰酸钾氧化为二氧化碳和水。

$$5HOOC—COOH+2KMnO_4+8H_2SO_4 \longrightarrow K_2SO_4+2MnSO_4+10CO_2+8H_2O+5Na_2SO_4$$

草酸还可将高价的铁盐还原成易溶于水的低价铁盐，所以可用来洗涤铁锈或蓝墨水沾染的污渍。

（4）苯甲酸。苯甲酸是典型的芳香酸，因最初来源于安息香胶，故俗称安息香酸。苯甲酸是鳞片状或针状白色晶体，熔点122.0℃，微溶于冷水，可溶于热水和乙醇、乙醚等有机溶剂，能升华，具有较强的抑菌、防腐作用，其钠盐是食品和药液中常用的防腐剂。苯甲酸也用于制备药物、染料和香料等。

2. 羧酸衍生物

1）*羧酸衍生物的命名法*

羧酸衍生物一般指羧基中羟基被其他原子或基团所取代的产物，即酰氯、酸酐、酯和酰胺等，它们都含有酰基R—CO—或ArCO—，因此统称为酰基化合物。

酰氯和酰胺都是以其相应的酰基称为“某酰某”，例如：

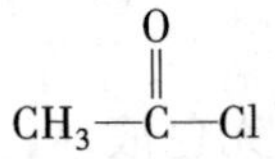
乙酰氯

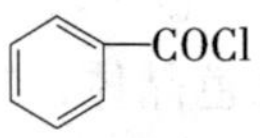
苯甲酰氯

酰胺分子中氮原子上的氢原子被烃基取代生成的取代酰胺命名时，在酰胺前冠以*N*—烃基，例如：

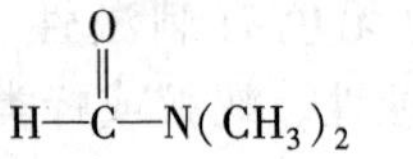
N,*N*-二甲基甲酰胺（DMF）

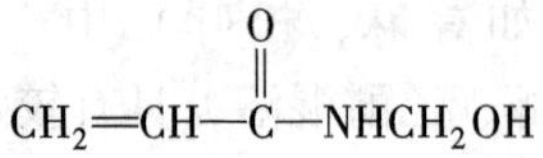
N-羟甲基丙烯酰胺

酸酐是根据相应的酸命名，例如：

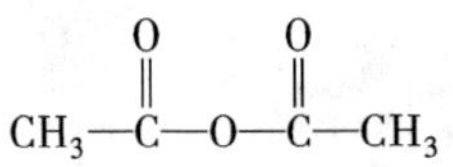
乙丙（酸）酐

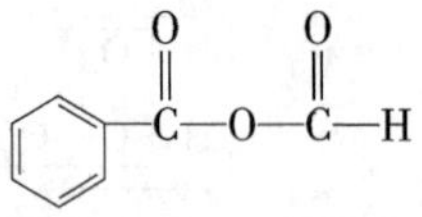
苯甲酸酐

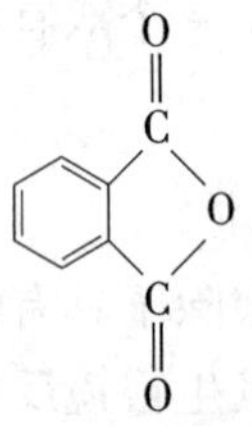
邻苯二甲酸酐

酯的命名是按照形成它的酸和醇称为某酸某酯，多元醇酯也可以把酸的名称写在后面，例如：

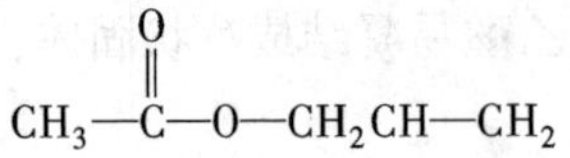
乙酸丙酯

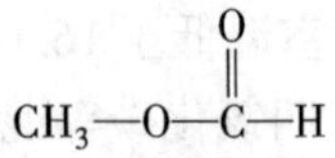
甲酸甲酯

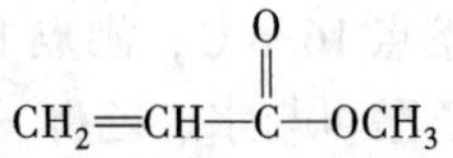
丙烯酸甲酯

2）羧酸衍生物的物理性质

室温下，酰氯、酸酐、酯和酰胺大多为液体或低熔点的固体，低级酰氯有强烈刺激性气味，低级酸酐有不愉快气味，低级酯有果香味。例如，乙酸异戊酯有香蕉香味，丁酸甲酯有菠萝香味等。

酰氯、酸酐、酯的分子间不能通过氢键缔合，它们的沸点比分子量相近的羧酸低。酰胺分子间能形成氢键，其沸点比分子量相近的羧酸高。所有羧酸衍生物均溶于有机溶剂，如乙醚、氯仿、丙酮和苯等，难溶于水。

3）羧酸衍生物的化学性质

（1）水解反应。酰氯、酸酐、酯和酰胺都能发生水解反应，生成相应的羧酸，例如：

$$
\left.\begin{array}{l}
R{-}\overset{\displaystyle O}{\overset{\|}{C}}{-}Cl \\[2mm]
R{-}\overset{\displaystyle O}{\overset{\|}{C}}{-}O{-}\overset{\displaystyle O}{\overset{\|}{C}}{-}R \\[2mm]
R{-}\overset{\displaystyle O}{\overset{\|}{C}}{-}OR' \\[2mm]
R{-}\overset{\displaystyle O}{\overset{\|}{C}}{-}NH_2
\end{array}\right\}+H_2O \longrightarrow R{-}\overset{\displaystyle O}{\overset{\|}{C}}{-}OH +\left\{\begin{array}{l}
HCl \\[2mm]
R{-}\overset{\displaystyle O}{\overset{\|}{C}}{-}OH \\[2mm]
R'OH \\[2mm]
NH_3
\end{array}\right.
$$

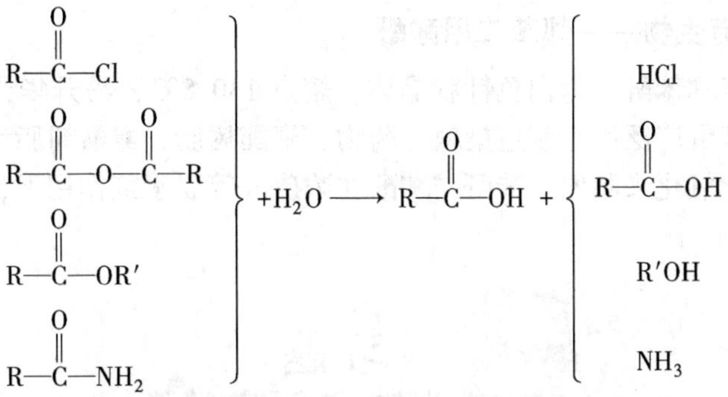

不同羧酸衍生物水解反应的难易程度不同。酰氯和酸酐容易水解，因此在制备和储存这两类化合物时，必须隔绝水汽。酯和酰胺的水解需要用酸或碱催化并加热。酯的酸催化水解是酯化反应的逆反应，水解不完全。酯的碱催化水解反应也叫皂化反应，其产物是羧酸盐和醇，例如：

$$
R{-}\overset{\displaystyle O}{\overset{\|}{C}}{-}OR' \underset{}{\overset{OH^-}{\rightleftharpoons}} R{-}\overset{\displaystyle O}{\overset{\|}{C}}{-}OH +R'O^- \longrightarrow R{-}\overset{\displaystyle O}{\overset{\|}{C}}{-}O^- +R'OH
$$

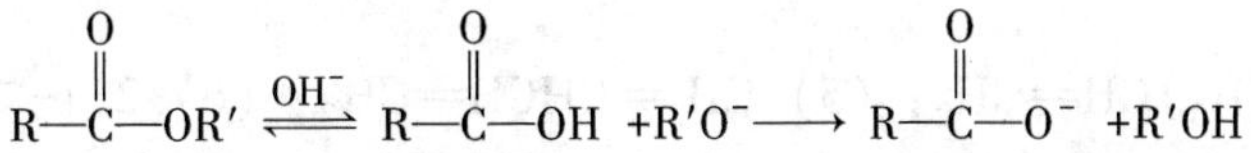

酰胺在酸性溶液中水解得到羧酸和铵盐；在碱作用下水解得到羧酸盐并放出氨。此反应可用于鉴定酰胺的结构。

$$
R{-}\overset{\displaystyle O}{\overset{\|}{C}}{-}NH_2 +HOH \longrightarrow \left\{\begin{array}{l}
\overset{H_2O^+}{\longrightarrow} R{-}\overset{\displaystyle O}{\overset{\|}{C}}{-}OH +NH_4^+ \\[3mm]
\overset{OH^-}{\longrightarrow} R{-}\overset{\displaystyle O}{\overset{\|}{C}}{-}O^- +NH_3\uparrow
\end{array}\right.
$$

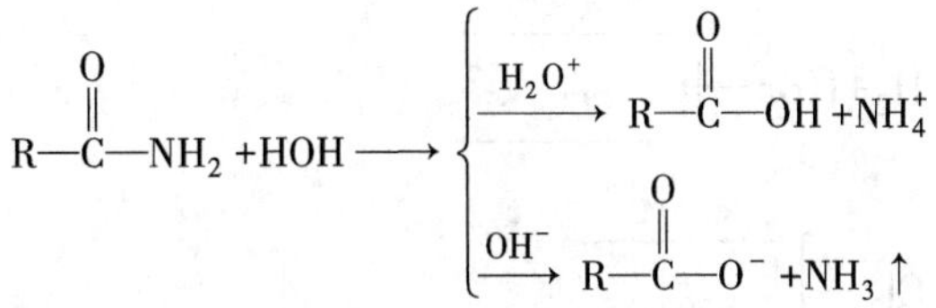

（2）醇解。酰氯、酸酐、酯与醇或酚作用，生成相应的酯。

$$
\left.\begin{array}{l}
R{-}\overset{\displaystyle O}{\overset{\|}{C}}{-}Cl \\[2mm]
R{-}\overset{\displaystyle O}{\overset{\|}{C}}{-}O{-}\overset{\displaystyle O}{\overset{\|}{C}}{-}R \\[2mm]
R{-}\overset{\displaystyle O}{\overset{\|}{C}}{-}OR
\end{array}\right\}+HOR' \longrightarrow R{-}\overset{\displaystyle O}{\overset{\|}{C}}{-}OR' +\left\{\begin{array}{l}
HCl \\[2mm]
R{-}\overset{\displaystyle O}{\overset{\|}{C}}{-}OH \\[2mm]
ROH
\end{array}\right.
$$

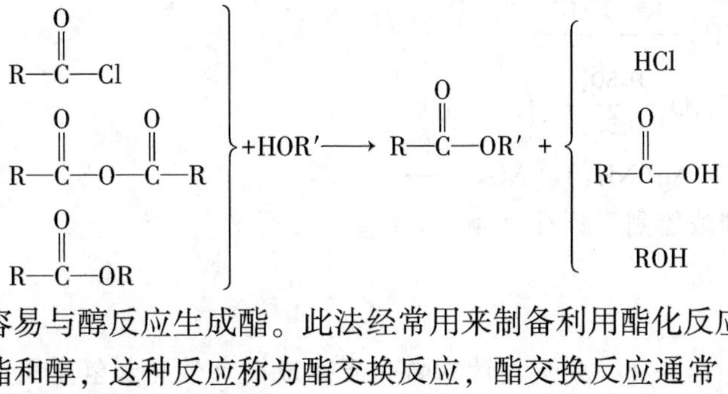

酰氯和酸酐很容易与醇反应生成酯。此法经常用来制备利用酯化反应难以制备的酯。酯的醇解生产另一种酯和醇，这种反应称为酯交换反应，酯交换反应通常"以大换小"，在有机合成中可用于从低级醇酯换取高级醇酯。

(3) 氨解。酰氯与浓氨水或胺在室温或低于室温下反应是实验室制备酰胺或 *N*-取代酰胺的方法，该反应迅速，并且有较高的产率。乙酰氯与氨水的反应太激烈，故常以乙酸酐代替乙酰氯，以便控制反应。酯与氨或胺的反应比较缓慢。

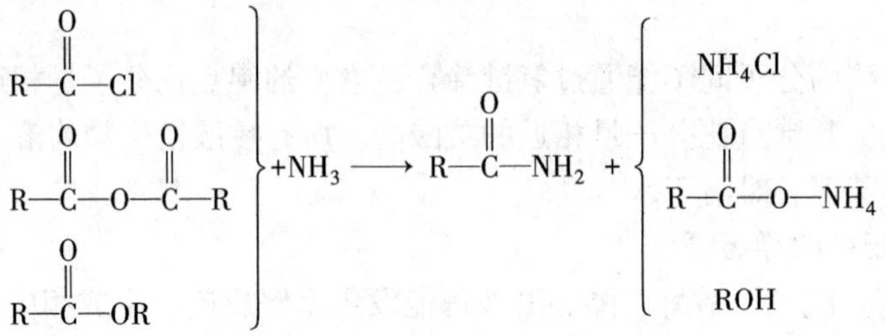

3. 重要的羧酸衍生物——邻苯二甲酸酐

邻苯二甲酸酐俗称苯酐，为白色针状晶体，熔点 130.8℃，易升华，溶于沸水并可被水解成邻苯二甲酸。苯酐广泛用于制造染料、药物、聚酯树脂、醇酸树脂、增塑剂等，工业上由萘或邻二甲苯催化氧化来制取。苯酐与苯酚在浓硫酸等脱水剂作用下，可发生缩合反应生成酚酞。

习题

一、烷烃、烯烃、炔烃

1. 用系统命名法命名或写结构式。

(1) $CH_3CH_2CH(CH_3)_2$；(2) $CH_3CH_2C(CH_3)_2CH(CH_3)_2$；(3) 含有一个叔氢原子的戊烷；

(4) $CH_3CH(CH_3)CH{=}CH_2$；(5) $CH_2{=}CHCH{=}CH_2$；(6) 2,4-二甲基二戊烯；

(7) $CH_3C{\equiv}CH_2CH_2CH_3$；(8) 异丙基仲丁基乙炔；(9) 含有一个季碳原子的己烷。

2. 完成下列方程式。

(1) $CH_3CH_2CH{=}CH_2+HBr$ $\xrightarrow{过氧化物}$；$\xrightarrow{CCl_4}$

(2) $CH_3CH{=}CH_2+Cl_2$ $\xrightarrow{<200℃}$；$\xrightarrow{>300℃}$

(3) $CH_3CH{=}CH_2 \xrightarrow{KMnO_4/H^+}$

(4) $CH{\equiv}CH+H_2O \xrightarrow[HgSO_4]{H_2SO_4}$

(5) $CH{\equiv}CH+2[Ag(NH_3)_2]NO_3 \longrightarrow$

3. 用简单化学方法鉴别下列化合物。

乙烷、乙烯、乙炔。

4. 推断结构。

分子式为 C_6H_{10} 化合物，能使溴的四氯化碳溶液褪色催化加氢生成正己烷，用过量的高锰酸钾溶液氧化则生成两种羧酸。写出这种化合物的结构式及各步反应方程式。

二、环烷烃和芳烃

1. 用系统命名法命名或写结构式。

（1）1,2-二甲基环丁烷；（2）间溴甲苯；（3）3-苯丙烯；

（4） $\underset{\triangle}{\overset{CH_3CHCH_2CH_3}{|}}$ ；（5）CH_3—⬡—$CH(CH_3)$ ；（6）⬡—$CH=CH_2$ ；

（7）CH_3—⬡—NO_2 ；（8）⬡—$\underset{\overset{|}{CH_3}\ \overset{|}{CH_3}}{\overset{\overset{CH_3\ CH_3}{|\ \ \ |}}{C——C}}$—⬡ ；（9）▷—$CH_2$—⬠

2. 完成下列方程式。

（1）▷ $+Br_2 \longrightarrow$ （2）▷—CH_3 + HBr $\longrightarrow$

（3）⬠ $+Br_2 \xrightarrow{\text{高温}}$ （4）⬡—CH_2CH_3 $+Br_2 \xrightarrow{\text{Fe}}$

（5）⬡—$CH=CH_2$ $+Br_2 \longrightarrow$ （6）⬡ $+CH_3CH_2Cl \xrightarrow{\text{无水 AlCl}_3}$

（7）⬡—CH_2—⬡—NO_2 + $CH_3\overset{\overset{O}{\|}}{C}$—Cl $\xrightarrow{\text{无水 AlCl}_3}$

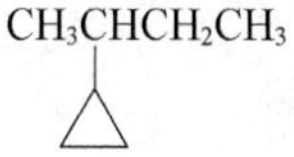

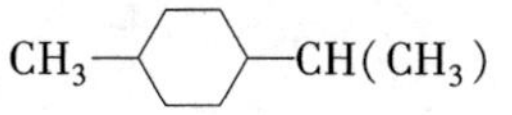

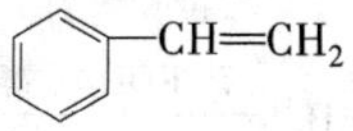

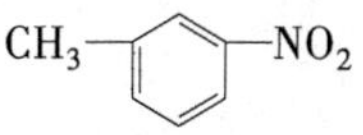

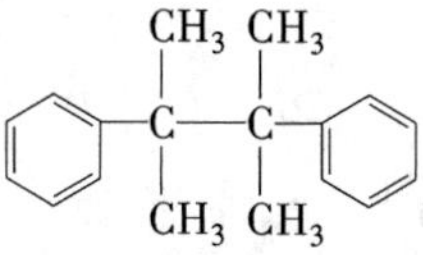

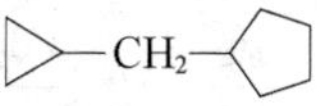

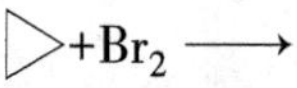

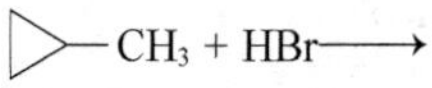

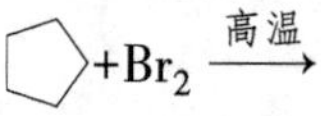

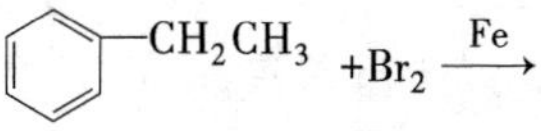

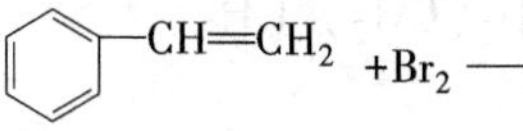

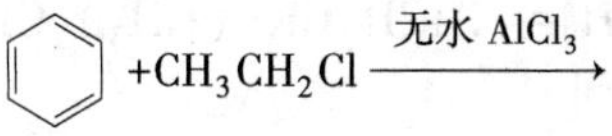

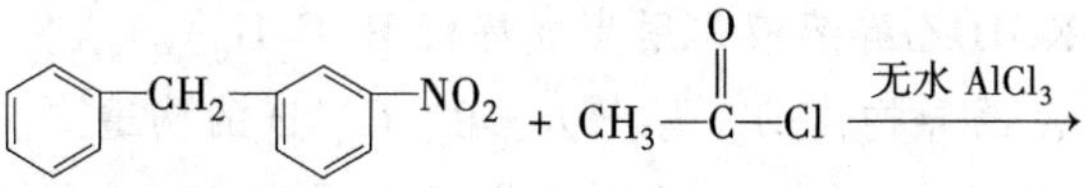

3. 用简单的化学方法鉴别下列化合物。

（1）丙烷，丙烯，丙炔，环丙烷。

（2）环己烯，环己烷，苯。

4. 推断结构。

（1）3-丁二烯聚合时，除生成高分子聚合物外，还生成一些二聚体。这个二聚体可使 Br_2—CCl_4 溶液褪色，催化加氢生成乙基环己烷，氧化可生成下列化合物。推测这个二聚体的构造。

$$HOOC—CH_2—\underset{\overset{|}{COOH}}{CH}—CH_2—CH_2—COOH$$

（2）经元素分析和相对分子质量的测定，证明 A、B、C 三种芳烃的分子式为 C_9H_{12}。当以 K_2CrO_7 的酸性溶液氧化后，A 变为一元羧酸，B 变为二元羧酸，C 变为三元羧酸。但经过浓硝酸和浓硫酸消化后，A 和 B 分别生成两种一硝基化合物，而 C 只生成一种一硝基化合物。试通过反应推测化合物 A、B、C 的构造式，并写出有关的反应式。

三、卤代烃

1. 用系统命名法命名或写结构式。

（1）1-苯基-1-溴乙烷；（2）二碘二溴甲烷；（3）苄基氯；

（4）$CH_3CH_2\underset{\overset{|}{CH_2Cl}}{CH}CH_2CH_3$ ；（5）$CH_2=CHCH_2I$ ；（6）$(CH_3)_2\underset{\overset{|}{I}}{C}\underset{\overset{|}{Br}}{CH}CH_2CH_3$ ；

（7）CH_3—⬡—Br ；（8）⬡$\overset{I}{\underset{CH_3}{}}$ ；（9）⬠$\overset{Cl}{}$

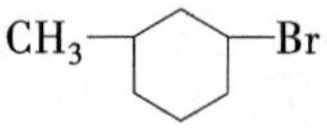

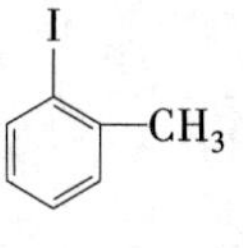

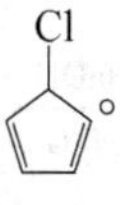

2. 写出下列反应产物。

（1）$CH_3CH_2CH_2CH_2Br + CH_3CH_2ONa \xrightarrow{\text{无水乙醇}} ?$

（2）$CH_3CH=CH_2 \xrightarrow[\text{过氧化物}]{HBr} ? \xrightarrow[\text{干醚}]{Mg} ? \xrightarrow{CH=CH=CH_3} ? + ?$

（3）$\underset{\underset{CH_3}{|}}{CH_3CH}-\underset{\underset{Cl}{|}}{CHCH_3} \xrightarrow[\triangle]{\text{浓 KOH／乙醇}} ?$

（4）$CH_3CH_2Br \xrightarrow[\text{无水乙醇}]{Mg} ? \xrightarrow{CO_2} ? \xrightarrow[H_2O]{H^+} ?$

（5）$CH_2=CHCH_2Br + NaCN \xrightarrow[H_2O]{H^+} ?$

3. 鉴别下列各组化合物。

（1）正丁基溴，叔丁基溴，烯丙基溴。

（2）$CH_2CH=CHCl$，$CH_2=CHCH_2Cl$，$(CH_3)_2CHCl$，$CH_3(CH_2)_4CH_3$。

4. 推断鉴别。

（1）卤代烃 A（C_3H_7Br）与热浓 KOH 乙醇溶液作用生成烯烃 B（C_3H_6）。氧化 B 得两个碳的酸 C 和 CO_2。B 与 HBr 作用生成 A 的异构体 D。写出 A、B、C、D 的构造式。

（2）卤化物 A 分子式为 $C_6H_{13}I$。用热浓 KOH 乙醇溶液处理后得产物 B。经 $KMnO_4$ 氧化生成 $(CH_3)_2CHCOOH$ 和 CH_3COOH。推测 A、B 的构造式。

四、醇酚醚

1. 用系统命名法命名或写结构式。

（1）$(CH_3)_2CHCH_2OH$；（2）$CH_3CH_2\underset{\underset{OH}{|}}{CH}CH(CH_3)_2$；（3）$CH_3CH_2-O-CH(CH_3)_2$；

（4）![苯环]CHCH_3；（5）NO_2—[苯环]—OH；（6）[苯环]—O—CH_2CH_3。

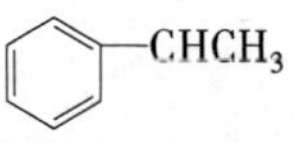

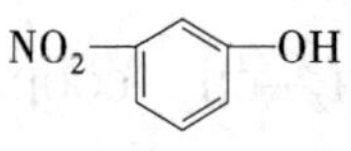

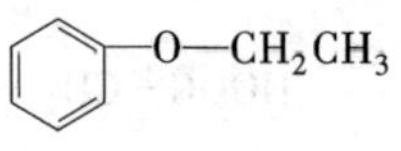

2. 写出下列反应产物。

（1）$(CH_3)_2\underset{\underset{OH}{|}}{CH}CH_3 \xrightarrow{Na} ? \xrightarrow{?} (CH_3)_2\underset{\underset{CH_3}{|}}{C}-O-CH_2CH_3$

（2）$HO-$[苯环]$-CH_2OH \xrightarrow[\underset{PBr_3, \triangle}{}]{Br_2, H_2O}$

（3）[苯环，OH，CH_3] $\xrightarrow[H_2O]{NaOH} ? \xrightarrow{?}$ [苯环，OCH_3，CH_3] $\xrightarrow[H_2O\triangle]{KMnO_4} ? \xrightarrow[\triangle]{\text{浓 HI}} ? + ?$

（4）$Cl-$[苯环]$-CH_3Br + $[苯环，OH，$CH_3$] $\xrightarrow[H_2O]{NaOH}$

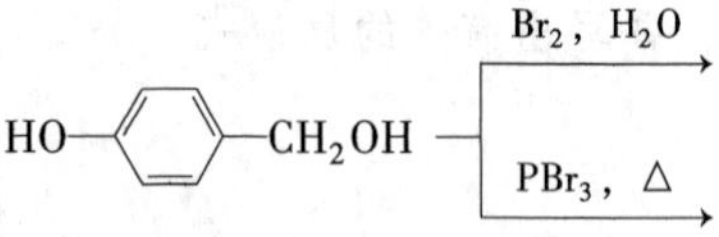

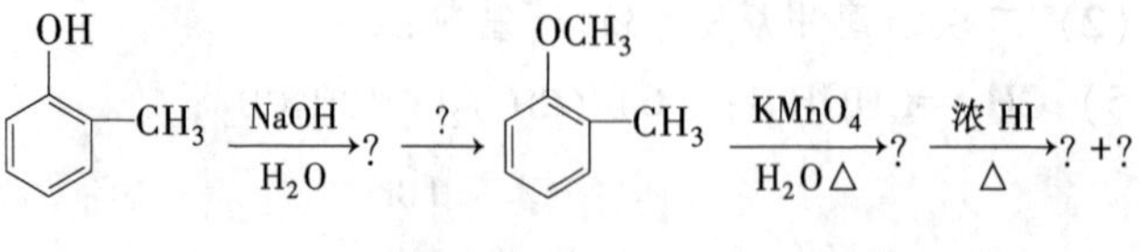

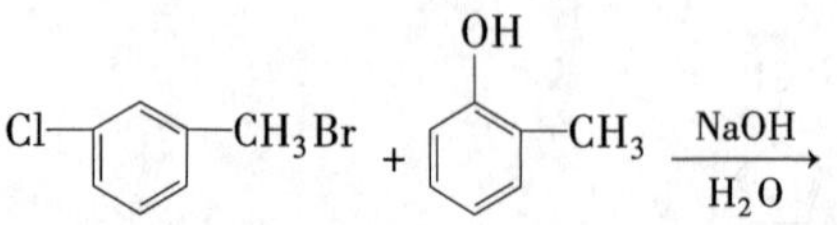

(5) $\xrightarrow[hv]{1molCl_2}$? $\xrightarrow[Mg]{干醚}$? ? $\xrightarrow{H_3O^+}$?

(6) $\xrightarrow{HBr}$? $\xrightarrow[\triangle]{NaOH}$?

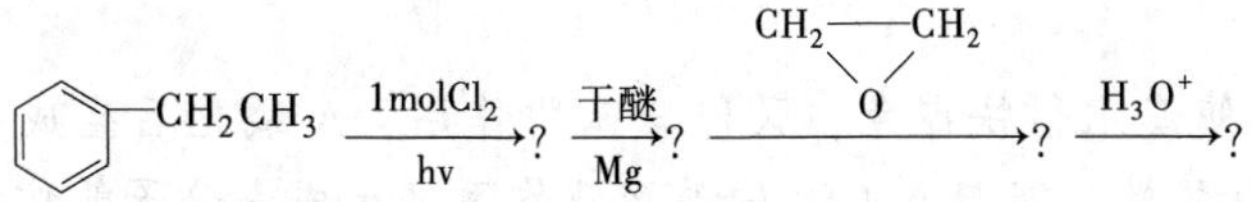

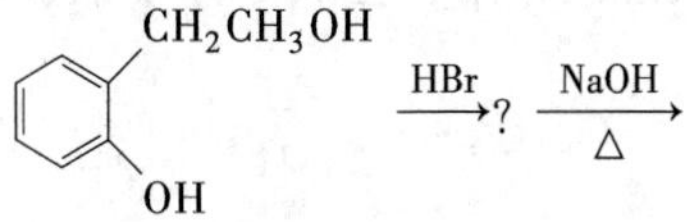

3. 鉴别下列各组化合物。

（1）苯酚，2,4,6-三硝基苯酚，2,4,6-三甲基苯酚。

（2）乙醇，苯酚，氯乙烷。

（3）乙醇，异丙醇，叔丁醇。

4. 推断鉴别。

（1）某芳香族化合物 A，分子式为 C_7H_8O。A 与钠不发生反应，与浓氢碘酸共热生成两个化合物 B 和 C。B 能溶于氢氧化钠水溶液，并与氧化铁作用呈紫色；C 与硝酸银水溶液作用生成黄色碘化银。写出 A、B、C 的构造式及各步反应式。

（2）某醇的分子式为 $C_5H_{12}O$，经氧化后得酮，经浓硫酸加热脱水得烃，此烃经氧化生成另一种酮和一种羧酸。推测该醇的构造式。

五、醛酮

1. 用系统命名法命名或写结构式。

（1）$(CH_3)_2CHCHO$ ；（2）$(CH_3)_2C{=}CHCHO$ ；（3）邻羟基苯甲醛；

（4） ；（5） ；（6）2,4-戊二酮。

2. 写出下列反应产物。

（1） $+H_2NOH \longrightarrow$?

（2） $+CH_3CH_2MgBr \longrightarrow$? $\xrightarrow[H^+]{H_2O}$?

（3） $+Cl_2+H_2O \xrightarrow{OH^-}$?

（4）$CH_3\overset{\overset{O}{\|}}{C}CH_3 +HCN \underset{}{\overset{OH^-}{\rightleftharpoons}}$? $\xrightarrow[H^+]{H_2O}$?

（5）$CH_3CH_2CHO \xrightarrow{稀\ NaOH}$?

（6） $+HSO_3Na \longrightarrow$?

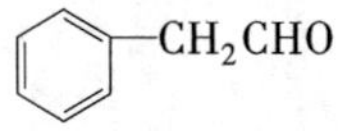

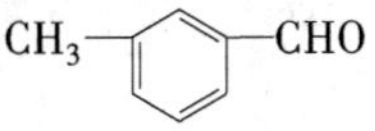

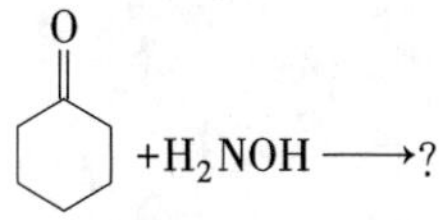

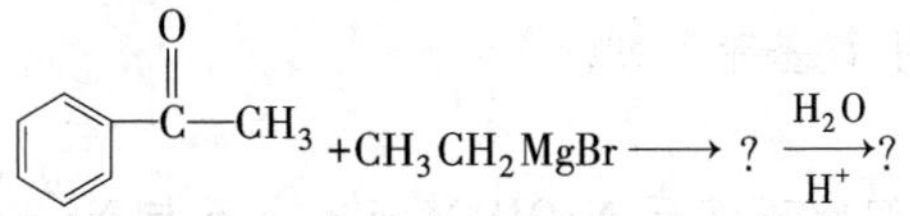

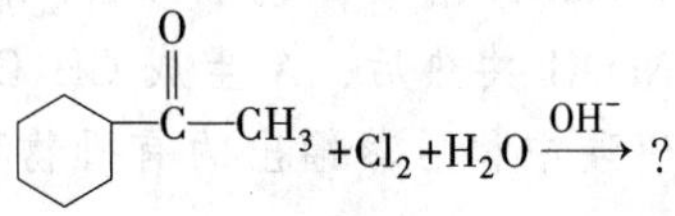

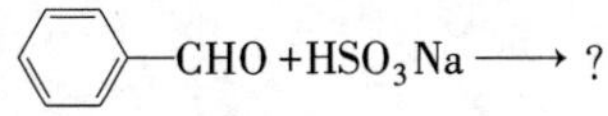

（7）$CH_3CH_2CHO+Ag(NH_3)_2OH \longrightarrow$

3. 鉴别下列各组化合物。

（1）甲醛，乙醛，丙烯醛，烯丙醇。

（2）乙醛，苯甲醛，苯乙酮，对苯甲酚。

（3）丙酮，丙醛，正丙醇，异丙醇，正丙醚。

4. 推断鉴别。

化合物 A($C_8H_{14}O$)。A 可使溴水很快褪色，又能与苯肼作用，A 氧化后生成一分子丙酮和另一分子化合物 B。B 具有酸性，能与 NaOCl 的碱溶液作用，生成一分子氯仿和一分子丁二酸二钠盐。写出 A 和 B 的构造式。

六、羧酸及其衍生物

1. 用系统命名法命名或写结构式。

（1）$CH_3CH_2CH_2COCl$；（2）$CH_3CH_2COOCH_2CH_3$；（3）苯甲酰胺；

（4）$CH_3—CH_2—\overset{\displaystyle |}{\underset{\displaystyle CH_3}{CH}}—COOH$；（5）$\underset{\text{OH}}{\overset{\text{COOCH}_3}{\bigcirc}}$；（6）$\bigcirc\!\!-CONH_2$。

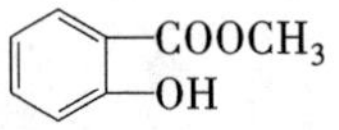

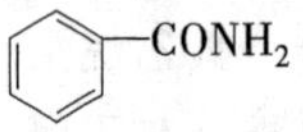

2. 写出下列反应产物

（1）$CH_3CH_2CH_2COONa + CH_3I \longrightarrow ?$

（2）$CH_2{=}CH(CH_2)_4COOH + LiAlH_4 \xrightarrow[2H_2O]{1\ 干醚}$

（3）$CH_3CH_2COOC_2H_5 + NaOH \longrightarrow ?$

（4）$\overset{O}{\underset{O}{\bigcirc}} \xrightarrow[1mol]{CH_3CH_2OH} ? \xrightarrow{PCl_3} ? \xrightarrow{\bigcirc\!\!-OH} ?$

（5）$\bigcirc\!\!-COCH_3 \xrightarrow[(2)\ H_3O^+]{(1)\ I_2,\ NaOH} ? \xrightarrow{SOCl_2} ? \xrightarrow{NH_3} ?$

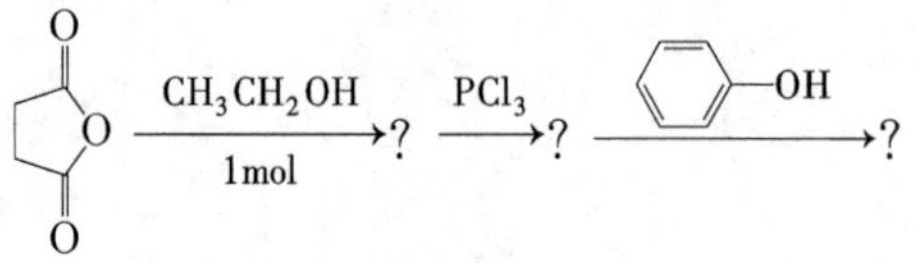

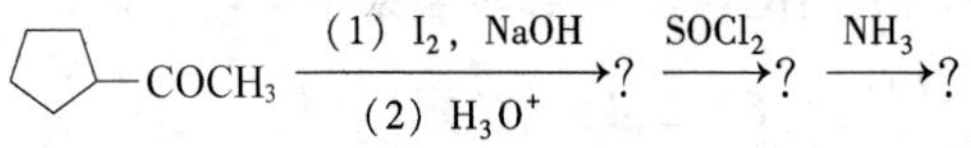

（6）$CH_3CH(COOH)_2 \xrightarrow{\triangle}$

3. 鉴别下列各组化合物。

（1）甲酸，乙酸，乙醛，丙酮。

（2）苯酚，苯甲醛，苯乙酮，苯甲酸。

（3）乙酸苯酯，邻羟基苯甲酸乙酯，邻甲氧基苯乙酸。

4. 推断鉴别。

化合物 A、B 的分子式都是 $C_4H_6O_2$，它们都不溶于 NaOH 溶液，也不与 Na_2CO_3 作用，但可以使溴水褪色，有类似乙酸乙酯的香味。它们与 NaOH 共热后，A 生成 CH_3COONa 和 CH_3CHO，B 生成一个甲醇和一个羧酸钠盐。该钠盐用硫酸中和后蒸馏出的有机物可以使溴水褪色。写出 A、B 的构造式及有关反应式。

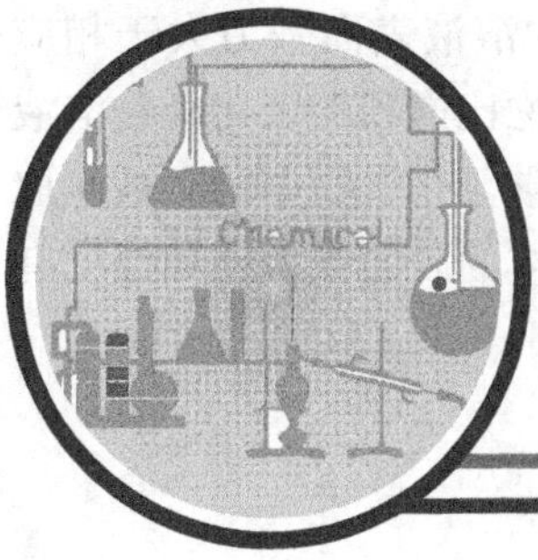

第八章 表面活性剂

第一节 表面活性剂的特点与分类

表面活性剂的生产和应用是从20世纪30年代开始并迅速发展起来的。随着市场上出现的商品越来越多，表面活性剂应用面也越来越广。目前，表面活性剂的应用已渗透到所有技术经济部门，其用量虽小，但对改进技术、提高质量、增产节约却收效显著。表面活性剂被广泛应用于洗涤、化妆品、食品、制药、纺织、石油化工、造纸、塑料、皮革、染料、建材等各个领域，与生产和日常生活有密不可分的关系。

一、表面活性剂的定义与特点

表面活性剂是指那些加入少量就能显著降低溶液表面张力或改变体系界面状态的物质。例如，经剧烈搅拌可把水溶性物质与油混合，一旦静止，则立即分层。但是若在有油层的水中加入少量的表面活性剂（如几滴洗洁精），经搅拌，油均匀地分散到水中，不会分层。显然是表面活性剂起到了微妙的作用。

1. 表面和表面张力

物质相与相之间的分界面称为界面，包括气—液、气—固、液—液、固—固和固—液五种。凝聚体与气体之间的接触面称为表面，包括液体表面和固体表面两种。

由于表面分子所处的状况与内部分子不同，因而表现出很多特殊现象，称为表面现象，例如荷叶上的水珠、水中的油滴、毛细管的虹吸等。产生表面现象的主要原因是表面分子与体相内分子存在着能量差。

表面现象都与表面张力有关，表面张力是指作用于液体表面单位长度上使表面收缩的力（$N \cdot m^{-1}$）。由于表面张力的作用，使液体表面积永远趋于最小。图8-1为气—液体系中表面层分子和液体内部分子受力状态示意图，在液体内部，某分子周围分子对它的作用力是对称、相等的，彼此相互抵消，合力为零。该分子在液体内部可以自由移动，不消耗功。而处在表面的分子则不同，液体内部分子对它的吸引力大，气体分子对它的吸引力小，总的合力是受到指向液体内部的拉力。这种力趋于把表面分子拉入液体内部，从而使表面上的分子有向液体内部迁移的趋势，使液体表面呈现出自动收缩现象，这种引起液体表面自动收缩的力就是表面张力。一定成分的溶液在一定温度压力下，具有一定的表面张力，如20℃水的表面张力为 72mN · m^{-1}。各类有机化合物中，具有极性的碳氢化合物溶液表面张力大于相应大小的非极碳氢化合物溶液的表面张力；有芳环或共轭双键的化合物比饱和碳氢化合物溶液的表面张力高。同系物中，相对分子质量较大者表面张力较高。若碳氢化合物中的氢被氟取代形成碳氟烃，其溶液表面张力将远远低于原碳氢化合物溶液。液体的表面张力还和温度有关，温度上升表面张力下降。

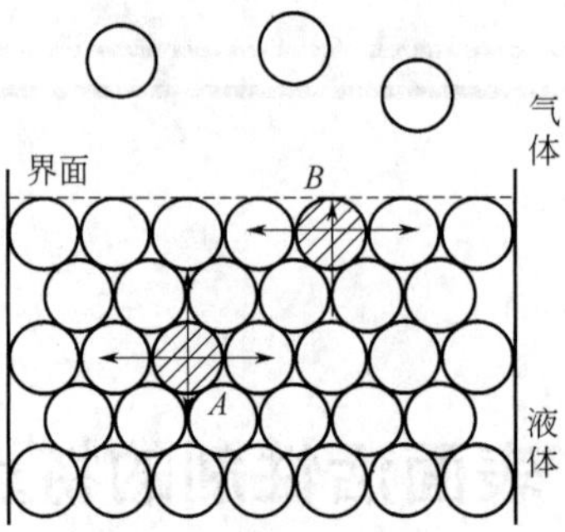

图 8-1　分子在液体内部和表面的受力情况

2. 表面活性和表面活性剂

纯液体只有一种分子，在固定温度和压力时，其表面张力是一定的。对于溶液就不同了，其表面张力会随浓度而改变。这种变化大致有三种情形，如图 8-2 所示。

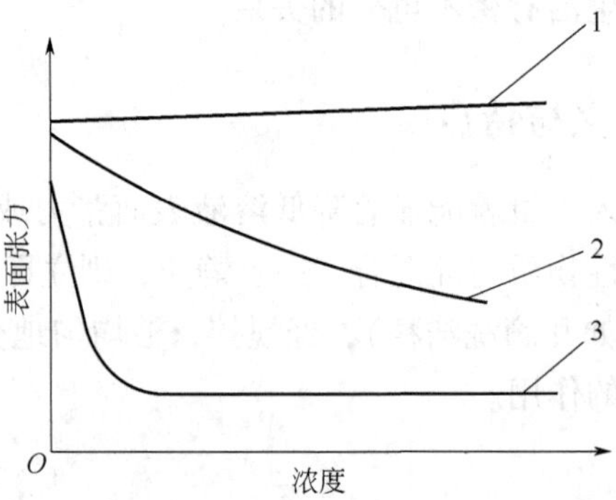

图 8-2　水溶液的表面张力与溶质浓度的几种关系

第一种情形：随浓度的增大，表面张力上升，且往往大致接近于直线，如图 8-2 中曲线 1 所示，NaCl、Na_2SO_4 等无机盐溶液多属此种情况。

第二种情形：随浓度的增大，表面张力下降，如图 8-2 中曲线 2 所示，有机酸、醇、醛溶液多属此种情况。

第三种情形：随浓度的增大，开始表面张力急剧下降，但到一定程度便不再下降，如图 8-2 中曲线 3 所示，C_8 以上的有机酸盐、有机胺盐、磺酸盐、苯磺酸等多属此种情况。

若是一种物质 A 能降低另一种物质 B 的表面张力，就是说 A 对 B 有表面活性。而以很低的浓度就能显著降低溶剂的表面张力的物质叫表面活性剂。图 8-2 中，曲线 1 物质无表面活性，曲线 2 物质具有表面活性，但不是表面活性剂，只有曲线 3 物质才可能成为表面活性剂。

上述表面活性剂的定义是从降低表面张力的角度来考虑的，这个定义是 Freundlich 在 1930 年提出来的，随着表面活性剂科学的不断发展，人们发现 Freundlich 的定义有一定的局限性。因为有相当一类物质，虽然其降低表面张力的能力较差，但它们很容易进入界面（如油水界面），在用量很小时即可显著改变界面的物理化学性质，这类物质也被称为表面活性剂，如一些水溶性高分子。

3. 表面活性剂的分子结构特点与基本功能

表面活性剂何以能有效降低表面张力呢？分析表面活性剂的结构发现，它们的分子结构有一个共同特点，其分子结构由两部分组成，一部分是亲溶剂的，另一部分是憎（疏）溶剂的。由于水是最常用的溶剂，通常表面活性剂都是在水溶液中使用，因此常把表面活性剂的这两部分分别称为亲水基（极性部分）和憎（疏）水基（非极性部分），如图 8-3 所示。疏水基也称亲油基。

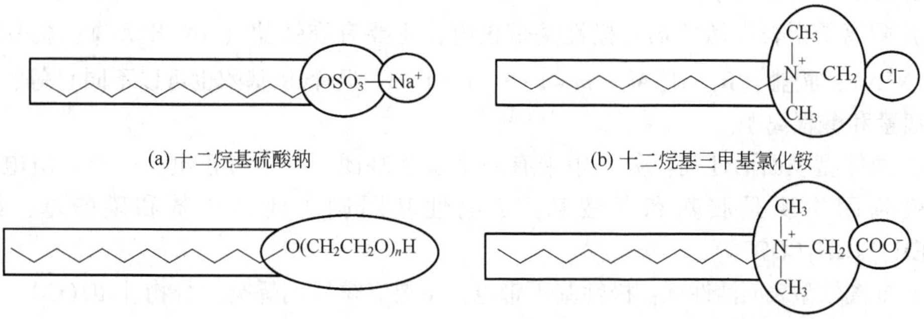

(a) 十二烷基硫酸钠　　(b) 十二烷基三甲基氯化铵

(c) 月桂醇聚氧乙烯醚　　(d) 十二烷基甜菜碱

图 8-3　几种典型的表面活性剂两亲分子结构示意图

表面活性剂的这种特殊结构称为两亲性结构（亲水基亲水，疏水基亲油），因此表面活性剂是一类两亲化合物。

表面活性剂的亲油基一般是由长链烃基构成，结构上差别较小，以碳氢基团为主，要有足够大小，一般 8 个碳原子以上。亲水基（极性基，头基）部分的基团种类繁多，差别较大，一般为带电的离子基团和不带电的极性基团。

表面活性剂最基本的功能有两个：第一是在表（界）面上吸附，形成吸附膜（一般是单分子膜）；第二是在溶液内部自聚，形成多种类型的分子有序组合体。从这两个功能出发，衍生出表面活性剂的其他多种应用功能。

表面活性剂在表（界）面上吸附的结果是降低了表（界）面张力，改变了体系的表（界）面化学性质，从而使表面活性剂具有起泡、消泡、乳化、破乳、分散、絮凝、润湿铺展、渗透、润滑、抗静电以及杀菌等功能。

二、表面活性剂的分类

表面活性剂兼具亲水基和亲油基的这种特殊结构，使其具有独特的性能，而它的性质则又依亲水基、亲油基的不同而有很大差异。因此，可以按亲水基或亲油基的类型不同将表面活性剂分类。但通常的习惯是按亲水基的类型进行分类。

1. 按亲水基分类

表面活性剂性质的差异除与烃基大小、形状有关外，主要与亲水基的不同有关，因而表面活性剂的分类一般是以其亲水基团的结构为依据，即按表面活性剂溶于水时的离子类型来分类。

表面活性剂溶于水时，凡能离解成离子的叫作离子型表面活性剂，凡不能离解成离子的叫作非离子型表面活性剂。而离子型表面活性剂，按其在水中生成的表面活性剂离子种类，又可分为阴离子型表面活性剂、阳离子型表面活性剂和两性离子型表面活性剂。此外还有近来发展较快的、既有离子型亲水基又有非离子型亲水基的混合型表面活性剂，因此表面活性剂共有 5 大类。每大类按其亲水基结构的差别又分为若干小类。

下面举例说明这 5 种主要类型的表面活性剂。

(1) 阴离子型表面活性剂：极性基带负电，主要有羧酸盐（$RCOO^-M^+$）、磺酸盐（$RSO_3^-M^+$）、硫酸酯盐（$ROSO_3^-M^+$）、磷酸酯盐（$ROPO_3^-M^+$）等，其中 R 为烷基，M 主要为碱金属和铵（胺）离子。

(2) 阳离子型表面活性剂：极性基带正电，主要有季铵盐（$RN^+R'_3A^-$）、烷基吡啶盐（$RC_5H_5N^+A$）、胺盐（$R_nNH_m^+A^-$，$m=1\sim3$，$n=1\sim3$，几个 R 基团也可以不同）等，其中 A 主要为卤素和酸根离子。

(3) 两性型表面活性剂：分子中带有两个亲水基团，一个带正电，一个带负电，其中的正电性基团主要是胺基和季铵基，负电性基团则主要是羧基和磺酸基，如甜菜碱 $N^+(CH_3)_2CH_2COO^-$。

(4) 非离子型表面活性剂：极性基不带电，主要有聚氧乙烯类化合物［$RO(C_2H_4O)_nH$］、多元醇类化合物（如蔗糖、山梨糖醇、甘油、乙二醇等的衍生物）、亚砜类化合物（RSOR′）、氧化铵（RNO）等。

(5) 混合型表面活性剂：此类表面活性剂分子中带有两种亲水基团，一个带电，一个不带电，如醇醚硫酸盐 $R(C_2H_4O)_nSO_4Na$。

2. 按疏水基分类

按疏水基来分类，表面活性剂主要有以下几类。

(1) 碳氢表面活性剂：疏水基为碳氢基团。

(2) 氟表面活性剂：疏水基为全氟化或部分氟化的碳氟链（代替通常的疏水基团的碳氢链）。

(3) 硅表面活性剂：疏水基为硅烷基链或硅氧烷基链，由 Si—O—Si、Si—C—Si 或 Si—Si 为主干，一般是二甲硅烷的聚合物。

(4) 聚氧丙烯：由环氧丙烷低聚得到，主要用来与环氧乙烷一起制备聚合型表面活性剂。

3. 其他分类方法

(1) 从表面活性剂的应用功能出发，可将表面活性剂分为乳化剂、洗涤剂、起泡剂、润湿剂、分散剂、铺展剂、渗透剂、加溶剂等。

(2) 按照表面括性剂的溶解特性分为水溶性表面活性剂和油溶性表面活性剂。

(3) 按照相对分子质量的大小分为低分子表面活性剂（一般表面活性剂）和高分子表面活性剂。

(4) 此外，还有普通表面活性剂与特种表面活性剂，以及合成表面活性剂、天然表面活性剂、生物表面活性剂等不同分类。

表面活性剂的分类如图 8-4 所示。

- 表面活性剂
  - 离子型表面活性剂
    - 阴离子型表面活性剂
      - 羧酸盐类
      - 磺酸盐类
      - 硫酸酯类
      - 磷酸酯类
    - 阳离子型表面活性剂
      - 胺盐类
      - 季铵盐类
      - 杂环类
      - 鎓盐类
    - 两性离子型表面活性剂
      - 甜菜碱型
      - 咪唑啉型
      - 氨基酸型
  - 非离子型表面活性剂
    - 烷基多苷型
    - 聚氧乙烯型
    - 多元醇型
    - 烷醇酰胺型
    - 嵌段聚醚型
  - 特种表面活性剂
    - 含氟型
    - 含硅型
    - 含硼型
    - 高分子型等

图 8-4　表面活性剂的分类

第二节　表面活性剂在溶液中的状态

一、表面活性剂溶液的性质

1. 表面活性剂溶液的物理性质

表面活性剂水溶液的表面张力随浓度的变化而变化，当浓度比较低时，表面张力随浓度的增加而降低，但当浓度增加到一定值，表面张力几乎不再随浓度的增加而降低，也就是说表面活性剂溶液的表面张力随其浓度变化的曲线有一突变点。

2. 表面活性剂的溶解度

离子型表面活性剂在水中的溶解度随温度的上升逐渐增加，当达到某一特定温度，溶解度急剧陡升，该温度称为临界溶解温度。离子型表面活性剂的溶解特点与它在水中能够形成胶团有密切关系。

3. 表面活性剂的浊点

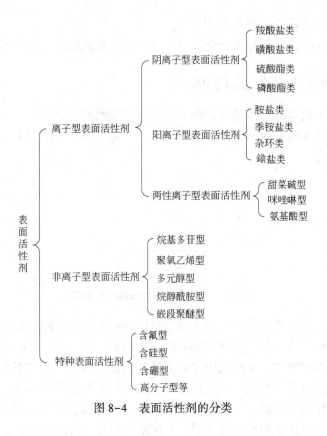

非离子型表面活性剂在水中的溶解度随温度的上升而降低，升至某一温度，溶液出现浑浊，经放置或离心可得到富胶团和贫胶团两个液相，这个温度称为该表面活性剂的浊点。这个现象是可逆的，溶液冷却后，即可恢复清亮的均相。非离子型表面活性剂通过它的极性基与水形成氢键，温度升高不利于氢键的形成，温度升高到一定程度，非离子型表面活性剂与

水的结合减弱，水溶性降低，溶液出现浊点。

表面活性剂的这些性质都与表面活性剂在水中能够形成胶团有密切关系。

二、表面活性剂胶团与临界胶团浓度

表面活性剂是由疏水的非极性基团和亲水的极性基团组成的分子，它在水溶液中会富集于表面并形成定向排列的表面层，因而使表面张力下降。表面活性剂水溶液表面张力随浓度的变化如图 8-5 所示。

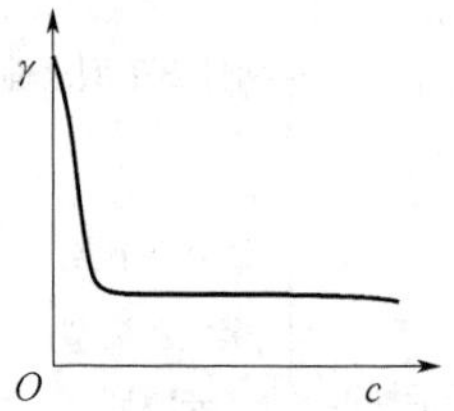

图 8-5　溶液表面张力与浓度的关系

在浓度很低时，溶液表面张力急剧下降，很快达到最低点，此后溶液表面张力随浓度的变化很小，达到最低点的浓度一般在 1%以下。图 8-6 为按（a）、（b）、（c）、（d）顺序，逐渐增加表面活性剂的浓度，水溶液中表面活性剂的活动情况。在表面活性剂极稀溶液中，如图 8-6(a) 所示，空气和水几乎是直接接触，水的表面张力下降不多，接近纯水状态。如果稍微增加表面活性剂的浓度，它就会聚集到水面，使水和空气的接触减少，表面张力急剧下降。同时水中的表面活性剂分子也三三两两聚集到一起，疏水基互相靠在一起，开始形成如图 8-6(b) 所示的小胶团。表面活性剂浓度进一步增大，当表面活性剂的浓度达到饱和时，形成亲水基朝向水，疏水基朝向空气，紧密排列的单分子膜，如图 8-6(c) 所示。此时溶液的表面张力降至最低值，溶液中的表面活性剂会从单体缔合成为胶团聚集物，即形成胶团。表面活性剂溶液中开始大量形成胶团的浓度叫临界胶团浓度（cmc）。当溶液的浓度达到临界胶团浓度之后，若浓度再继续增加，溶液的表面张力几乎不再下降，只是溶液中的胶团数目和聚集数增加，如图 8-6(d) 所示。

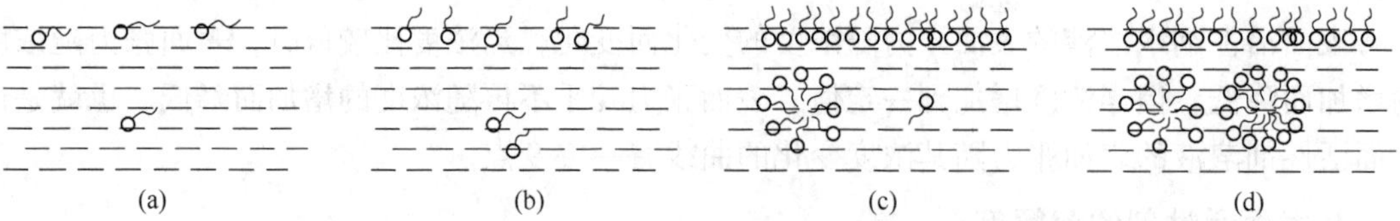

图 8-6　表面活性剂浓度变化与表面活性剂活动情况的关系

由图 8-6 可知，为什么提高表面活性剂浓度，开始时表面张力急剧下降，而达到一定浓度后就保持恒定不再下降，临界胶团浓度是一个重要界限。

三、表面活性剂的 HLB 值

1. 表面活性剂 HLB 值的意义与应用

实际应用中，对一定体系究竟选择哪种表面活性剂比较合理、效率最高，目前还缺乏一定的理论指导。从经验上，表面活性剂分子的亲水基和亲油基是一个重要依据。1949 年，

Griffin 提出了用亲水亲油基平衡（即 HLB 值）来表示表面活性剂的亲水性。

HLB 值是表面活性剂的一种实用性量度，它与分子的结构有关，因此，讨论表面活性剂的亲水性，实际上是讨论表面活性剂的化学结构与性质的关系。一般来说 HLB 值越小，表示表面活性剂亲油能力越强，亲水能力越弱；HLB 值越大，表示表面活性剂亲水能力越强，亲油能力越弱。表面活性剂的 HLB 值的范围 0~40。一般认为 HLB<10 亲油性强，HLB>10 亲水性强。现用的 HLB 值均以石蜡的 HLB=0、油酸的 HLB=1、油酸钾的 HLB=20 和十二烷基硫酸酯钠盐的 HLB=40 作为标准。根据表面活性剂的 HLB 值，可以推断其适当用途，由于 HLB 值的计算和测定都是经验性的，故在应用中选择乳化剂、润湿剂、增溶剂、去污剂时，有一定的指导意义，但不能作为唯一的理论依据，最好结合实际效果进行筛选（表 8-1）。

表 8-1　HLB 值范围及其应用

HLB 值范围	1~3	3~6	8~18	12~15	13~15	15~8
主要用途	消泡剂	乳化剂	乳化剂	润湿剂	去污剂	增溶剂

HLB 值的测定很麻烦，若不知表面活性剂的组成也难以计算。但根据表面活性剂在水中的溶解状态，可粗略估计出 HLB 值的范围，这是一种 HLB 值的经验估算法，可作为估算表面活性剂 HLB 值范围的一种快速方法。HLB 值与溶解性的关系见表 8-2。

表 8-2　HLB 值与溶解性的关系

HLB 值范围	1~3	3~6	6~8	8~10	10~13	>13
溶解性	不分散	微分散	搅拌下分散成乳液	形成稳定乳液	半透明乃至透明	透明溶液

2. HLB 值的计算

测定 HLB 值的实验不仅时间长而且麻烦，所以常用计算法来求出 HLB 值。虽然这些算法目前都是经验的，还没有统一，但是方法简便，作为一个系统的相对值，还是有可比性和实际意义的。

1）非离子型表面活性剂 HLB 值的计算

Griffin 曾导出非离子型表面活性剂 HLB 值的计算公式，对于不同的表面活性剂，公式的具体形式不同：

对于聚氧乙烯型表面活性剂，其亲水基为不同长度的聚氧乙烯链，当亲油基相同时，聚氧乙烯链越长，亲水性越强。因此这类表面活性剂的亲水性可用相对分子质量来表示。其 HLB 值可由下式计算：

$$\text{HLB}=\frac{\text{亲水基质量}}{\text{亲水基质量}+\text{亲油基质量}}\times 20$$

该公式进一步简化为

$$\text{HLB}=20E$$

式中　E——聚氧乙烯质量分数，即合成表面活性剂时加入的环氧乙烷的质量分数。

例如：POE-10 月桂醇醚，HLB=20×400/625=12. 8；石蜡烃等化合物完全没有聚氧乙烯亲水基，HLB=0；不同相对分子质量的聚乙二醇化合物，只有亲水基，没有亲油基，HLB=20；所以含聚氧乙烯型非离子型表面活性剂 HLB 值介于 0~20 之间。对于大部分多元醇脂肪酸酯型表面活性剂，其 HLB 值可采用以下公式计算：

$$HLB=20(1-S/A)$$

式中　S——多元醇酯表面活性剂的皂化值，指 1g 酯完全皂化时所需 KOH 的量，mg。

　　　A——原料脂肪酸的酸值，指中和 1g 有机酸所需 KOH 的量，mg。

例如甘油硬脂酸单酯的皂化值 $S=161$，酸酯 $A=198$，则 $HLB=20(1-161/198)=3.8$。

对于皂化值不易测得的非离子型表面活性剂，如含聚氧乙烯和多元醇的非离子型表面活性剂，可用下式计算：

$$HLB=20(E+P)$$

式中　P——多元醇质量分数。

例如：聚氧乙烯失水山梨醇羊毛脂的衍生物（如商品 Atlas-1441），$E=65.1\%$，$P=6.7\%$，$HLB=20(65.1\%+6.7\%)=14$。

2）离子型表面活性剂 HLB 的计算

对于离子型表面活性剂，随亲水基团种类的不同，亲水性差别较大，且单位质量亲水基的亲水性大小也不相同，不成比例，所以很难有统一的公式进行计算。经过反复研究，Davies 采用分割法，将表面活性剂结构分解为一些基团，每个基团对 HLB 均有确定的贡献，通过试验可以得到各种基团的 HLB 值，称为 HLB 值基团数，并采用下式计算表面活性剂的 HLB 值。

$$HLB=\sum 亲水基团数-\sum 亲油基团数+7$$

各原子基团的 HLB 基团数可以从手册查到，表 8-3 列出了部分基团的 HLB 基团数。

表 8-3　部分基团的 HLB 基团数

亲水基团	亲水基团数	亲水基团	亲水基团数	亲油基团	亲油基团数
$-N<$ 叔胺	9.4	酯（失水山梨醇环）	6.8	$-\overset{\vert}{C}H$	-0.475
—COOK	29.1	酯（游离）	2.4	$-CH_2-$	-0.475
—COONa	19.1	—O—	1.3	$-CH_3$	-0.475
$-SO_3Na$	11	—OH（失水山梨醇环）	0.5	$=CH_2-$	-0.475
$-OSO_3Na$	38.7	$-CH_2CH_2O-$	0.33	$-CF_2-$	-0.870
—COOH	2.1	—	—	$-CF_3$	-0.870
OH（游离）	1.9	—	—	$-CH_2CH(CH_3)O-$	-0.15

例如：

$$CH_3(CH_2)_5\underset{\displaystyle OSO_3Na}{\underset{|}{C}H}CH_2CH{=}CH(CH_2)_7COOH$$

$$HLB=11+1.3+2.1-17\times0.475+7\approx13.3$$

3）混合型表面活性剂 HLB 值的计算

一般认为，HLB 值具有加和性，因而可以预测混合型表面活性剂 HLB 值，虽然并不十分严谨，但大多数表面活性剂 HLB 数据表明，偏差很少大于 1~2 个 HLB 单位，而且在许多情况下，远远小于此数值，因此加和性仍可应用。

使用混合型表面活性剂时，它的 HLB 值计算公式如下：

$$HLB_{混} = HLB_A \times f_A + HLB_B \times f_B + \cdots$$

式中，f_A、f_B 是混合型表面活性剂中 A 和 B 的质量分数。这种关系只能用于各种表面活性剂无相互作用的场合。

例如：由 63% Span20 和 37% Tween20 经混合得到的混合型表面活性剂，其 HLB = 8.6×63%+16.7×37%≈11.6。

第三节　表面活性剂的重要作用

一、润湿作用

广而言之，润湿作用是指固体表面上的一种流体被另一种与之不相混溶的流体所取代的过程。一般常见的润湿现象是固体表面上的气体（一般是空气）被液体（通常是水或水溶液）取代，原来的气—固界面消失，形成新的固—液界面。因此，润湿作用实质上是表面的变化过程，是自然界常见的现象之一。如图 8-7 所示，润湿过程分为三类：接触润湿（沾湿，液体与固体接触，变液—气界面和固—气界面为固—液界面）、浸入润湿（浸湿，指固体进入液体的过程，变固—气界面为固—液界面）和铺展润湿（铺展，液体在固体表面取代空气并展开的过程，固—液界面代替固—气界面，同时液体表面扩展，形成新的气—液界面）。

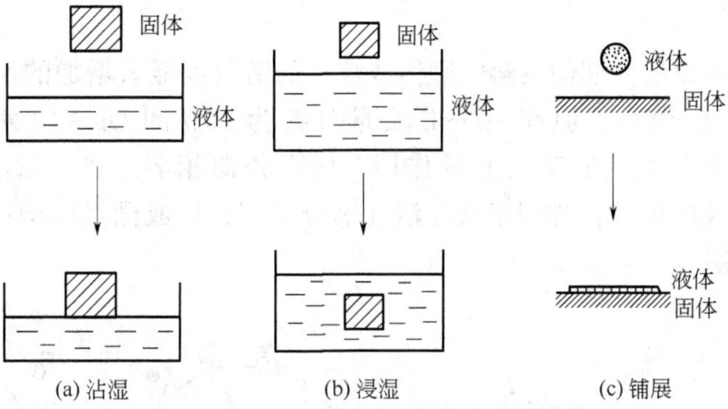

图 8-7　润湿三种情况示意图

在实践中，可以加入表面活性剂改变固—液、固—气和液—气三个界面的界面张力，来改变固体的润湿性能。表面活性剂对固体表面润湿性的影响，取决于表面活性剂分子在固—液界面上定向吸附的状态及吸附量。能使液体润湿或加速润湿固体表面的表面活性剂叫润湿剂。润湿剂不仅应具有良好的表面活性，还有良好的扩散性，能很好吸附在新的表面上。常见的润湿剂有阴离子型表面活性剂和非离子型表面活性剂。

二、乳化作用

乳状液是指一种液体分散在另一种与它不相混溶的液体中形成的多相分散体系。乳状液在日常生活中广泛存在，牛奶就是一种常见的乳状液。乳状液属于粗分散体系，液珠直径一般大于0.1μm，由于体系呈现乳白色而被称为乳状液。乳状液以液珠形式存在的相称为分散相（或称内相、不连续相），另一相是连续的，称为分散介质。通常，乳状液有一相是水或水溶液，称为水相，另一相与水不相混溶的有机相称为油相。乳状液分为以下几类：

（1）水包油型，以O/W表示，内相为油，外相为水，如牛奶等［图8-8(a)］；

（2）油包水型，以W/O表示，内相为水，外相为油，如原油等［图8-8(b)］；

（3）多重乳状液，以W/O/W或O/W/O表示。

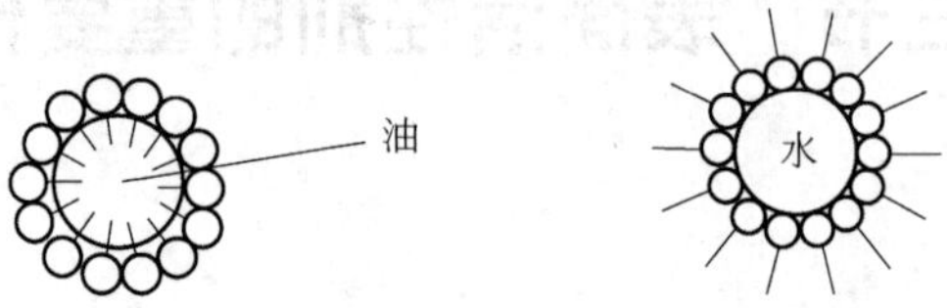

(a) O/W型乳状液　　(b) W/O型乳状液

图8-8　乳状液在液—液界面上的吸附

两种不相溶的液体无法形成乳状液，比如纯净的油和水放在一起搅拌时，可以用强力使一相分散在另一相，这时相界面积增大，体系不稳定，一旦停止搅拌又立即分层，如果在上述体系中加入第三组分，该组分易在两相界面上吸附、富集，形成稳定的吸附层，使分散体系不稳定性降低，形成具有一定稳定性的乳状液。加入的第三组分就是乳化剂，能使油水两相发生乳化形成稳定乳状液的物质就是乳化剂，它主要就是表面活性剂。

三、增溶作用

增溶作用是指表面活性剂使难溶的固体或液体的溶解度显著增加的作用。如在50℃时，煤油在水中的溶解度很小，但在100mL质量分数为20%的OP－10水溶液中却可溶解10.2mL。增溶作用是活性剂胶束所起的作用，根据相似相溶原则，增溶作用有四种方式（图8-9）：增溶于胶团内核；排列于表面活性剂分子间，形成栅栏结构；吸附于胶团表面；增溶于胶团极性基层。

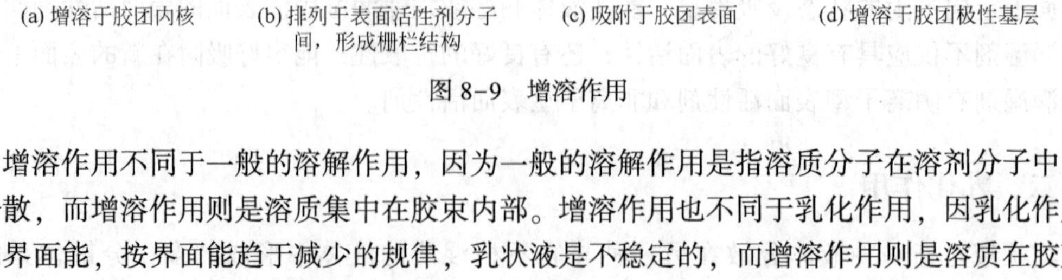

(a) 增溶于胶团内核　　(b) 排列于表面活性剂分子间，形成栅栏结构　　(c) 吸附于胶团表面　　(d) 增溶于胶团极性基层

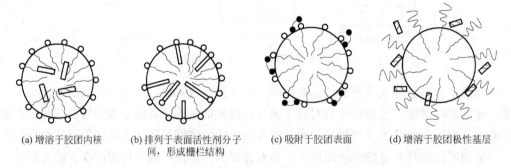

图8-9　增溶作用

增溶作用不同于一般的溶解作用，因为一般的溶解作用是指溶质分子在溶剂分子中的均匀分散，而增溶作用则是溶质集中在胶束内部。增溶作用也不同于乳化作用，因乳化作用是增加界面能，按界面能趋于减少的规律，乳状液是不稳定的，而增溶作用则是溶质在胶束内部的溶解，不增加界面能，因而是稳定的。

四、洗涤作用

洗涤作用是指表面活性剂使一种液体（例如水）将其他物质（例如油）从固体表面洗脱下来的作用。具有洗涤作用的表面活性剂叫洗净剂或洗涤剂。洗涤作用是一种综合作用，它包括活性剂的润湿反转作用、乳化作用和增溶作用。例如当用表面活性剂水溶液从砂岩表面将油膜洗下来时，这个过程常包括表面活性剂将砂岩表面反转为亲水表面，当油膜脱落时，表面活性剂将它乳化在水中，使它不易再黏附回砂岩表面，而且当表面活性剂浓度足够大时，有些油还可溶解在表面活性剂胶束中而被带走，用洗衣粉（主要成分是十二烷基苯磺酸钠）洗涤带油污的衣服，道理是一样的。可见，表面活性剂的洗涤作用是表面活性剂几种作用同时作用的结果。

习题

一、填空题

1. 加入表面活性剂，液体的表面张力________，表面层表面活性剂的浓度________它在本相中的浓度。

2. 表面活性剂在结构上一般由非极性的________基团和极性的________基团组成。

3. 按离子类型分类，十二烷基磺酸钠属于________表面活性剂。

4. 两性表面活性剂中，应用最为广泛的一类是________型表面活性剂。

5. 表面活性剂的功能包括两方面，一是在界面吸附，形成吸附膜，降低____；二是进入溶液内部，形成__________，表现出乳化、增溶等作用。

6. 溶液中表面活性剂开始明显形成胶团时的浓度称为__________。达到此浓度时，表面张力下降缓慢甚至不再变化。

7. 表面活性剂的 HLB 值越大，表示其________性最强。

8. 某聚乙二醇型非离子型表面活性剂加成环氧乙烷的质量分数为 32.4%，则其 HLB 值为________。

二、选择题

1. 通常称为表面活性剂的物质是指将其加入溶液中后（　　）。

A. 能降低液体的表面张力　　B. 能增大液体的表面张力

C. 能显著增大液体的表面张力　　D. 能显著降低液体的表面张力

2. 在阴离子型表面活性剂中，产量最大、用途最广的是（　　）类表面活性剂。

A. 羧酸盐　　B. 磺酸盐　　C. 硫酸酯盐　　D. 磷酸酯盐

3. 下列表面活性剂属于两性表面活性剂的是（　　）。

A. 脂肪酸聚氧乙烯酯　　B. 十二烷基甜菜碱

C. 十二烷基三甲基氯化铵　　D. 脂肪醇硫酸酯盐

4. 表面活性剂的 cmc 值越小，达到表面吸附饱和时所需浓度（　　）。

A. 越低　　B. 越高　　C. 依表面活性剂类型而定　　D. 无法确定

5. 亲油基相同，聚氧乙烯链越长，其亲水性（　　）。

A. 越弱　　B. 越强　　C. 不变　　D. 无法确定

6. 质量分数为60%的Tween60（HLB = 14.9）与40%的Span60（HLB = 4.7）混合后的表面活性剂的HLB =(　　)。

1. 8.94　　B. 10.82　　C. 1.88　　D. 无法确定

7. 润湿过程分为三类，分别是沾湿、浸湿和（　　）。

A. 浸润　　B. 涂布　　C. 扩展　　D. 铺展

8. 一般而言，相对分子质量越大，乳化性能（　　）。

A. 越好　　B. 越差　　C. 不发生变化　　D. 无法判断

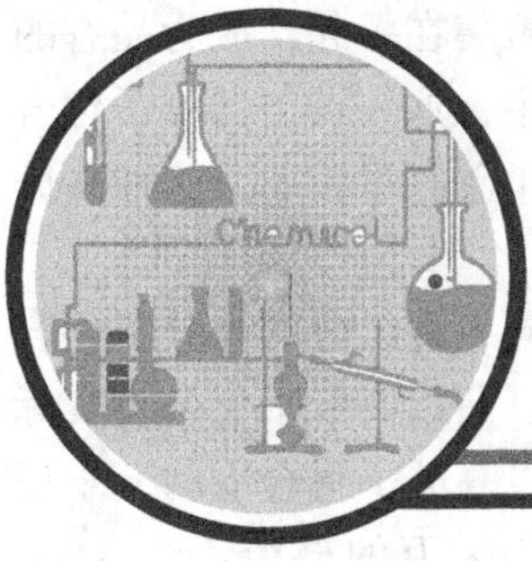

第九章 高分子化合物

高分子化合物是一类十分重要的化合物。高分子合成材料应用广泛，几乎渗透到所有的技术领域。本章介绍高分子化合物的合成、结构与性能之间的关系，并介绍工程塑料、合成橡胶、合成纤维、涂料及黏合剂等的性能及应用。

第一节 高分子化合物的基本概念

高分子化合物是一类分子量很大的化合物。它的分子中可含几千、几万甚至几十万个原子，其分子量可以达到几万、几十万、几百万不等，而一般低分子化合物的分子中只含几个到几十个原子，其分子量大多在1000以下。

高分子化合物习惯上指的是有机高分子化合物，按其来源不同可分为天然高分子化合物和合成高分子化合物两类。松香、沥青、淀粉、纤维素、蛋白质、天然橡胶等都是天然高分子化合物。例如纤维素，它的每一分子里约含有10~20万个原子，它的化学式是$(C_6H_{10}O_5)_n$，n约为5000~10000，分子量为80~100万。聚氯乙烯、聚苯乙烯、有机玻璃、丁苯橡胶、涤纶等都是合成高分子化合物。例如聚氯乙烯是由氯乙烯聚合而成：

$$n\underset{\text{氯乙烯}}{CH_2{=}\underset{\substack{|\\Cl}}{CH}} \xrightarrow{\text{聚合}} \underset{\text{聚氯乙烯}}{\left[CH_2{-}\underset{\substack{|\\Cl}}{CH}\right]_n}$$

$$n=10\sim3000$$

$$\text{单体}\xrightarrow{\text{聚合}}\text{高分子化合物}$$

我们把彼此能够相互连接起来而形成高分子化合物的低分子化合物（如氯乙烯）称为单体；而将所得到的高分子化合物（如聚氯乙烯）称为聚合物或高分子化合物。高分子化合物是由许多相同的简单结构单元通过共价键经多次重复连接而成。这些重复的结构单元称为链节，链节的组成与单体的组成相同或相似。如聚氯乙烯分子中的链节为$-CH_2-\underset{\substack{|\\Cl}}{CH}-$，而合成聚氯乙烯的单体为氯乙烯，即$CH_2{=}\underset{\substack{|\\Cl}}{CH}$。高分子化合物分子中所含链节的数目$n$称为聚合度，它是衡量高分子化合物大小的一个指标。高分子化合物的长链大多数是由众多的碳原子相互连接而成长的碳链，有时碳链中可杂以氧、氮或其他原子基团，也可接一些较短的

支链，使分子成枝杈状态。分子链和分子链之间依赖分子间力使之聚集在一起，成为晶态的或非晶态的结构。而晶态与非晶态可以同存在一种高分子化合物之中，这一点与低分子化合物的特征不一样。例如低压聚乙烯，一般有30%~70%的结晶区，其余是非晶区。这种高分子化合物的内部结构，决定着它的性能。

应当指出，低分子化合物的组成和分子量总是固定不变的。而同一种组分的高分子化合物内各个分子所含的链节数目不同，因此每个分子的分子量也不同，所以高分子化合物实际上是由许多链结构相同而聚合度不同的化合物组成的混合物。因此，高分子化合物的分子量一般指的是平均分子量，聚合度为平均聚合度。例如平均分子量为8万的聚苯乙烯（$n=800$），其分子量可在几百（$n<10$）到26万（$n=2600$）之间变动。平均分子量的大小和各种分子量的分布情况，与高分子化合物的性质有很大的关系。

第二节　高分子化合物的合成

高分子化合物的合成，就是由低分子化合物（单体）变成高分子化合物的过程，这个过程叫作聚合反应。

聚合反应可分为两种，一种是加成聚合（简称加聚），一种是缩合聚合（简称缩聚）。

一、加聚反应

由一种或几种含有不饱和键的单体通过加成而聚合起来的反应叫作加聚反应。在此反应过程中没有低分子化合物析出，聚合物的元素组成与原料单体相同，其分子量为单体分子量的整数倍。在加聚反应中单体有点像砌墙的砖，用灰浆把砖砌起来就成一堵墙，这就是高分子化合物。但使单体连起来的不是灰浆，而是一种能量。这种能量能打开单体的双键，变成有“活性”的单体，这种“活性”单体再碰撞再打开双键的单体，就与它连起来并也带有活性，再碰再连，这样一直反应下去，就可制得高分子量的聚合物。

光辐射、热、引发剂或催化剂等都能使单体分子中双键打开变得活化，这是由单体聚合成高分子链的第一步，故称为链引发过程。被引发后的活性单体不断与其他单体连接起来的过程，称为链增长过程。当两个活性单体连接起来，或遇到其他含活泼氢之类的化合物时，它就失去活性，链不再增长，叫链终止过程。

例如，乙烯类单体是含有 $>C=C<$ 结构的化合物，当受到外界加热或光照时，双键就会被激发而打开，使单体通过单键彼此连接而聚合起来。在工业生产中，常需加入过氧化氢、过氧化二苯甲酰（$(C_6H_5CO)_2O_2$）等作为引发剂。引发剂首先分解生成游离基，这种游离基立即与单体分子结合，大大降低单体分子的活化能，使许多单体分子迅速变成活化状态，聚合反应就会连锁地进行下去，例如

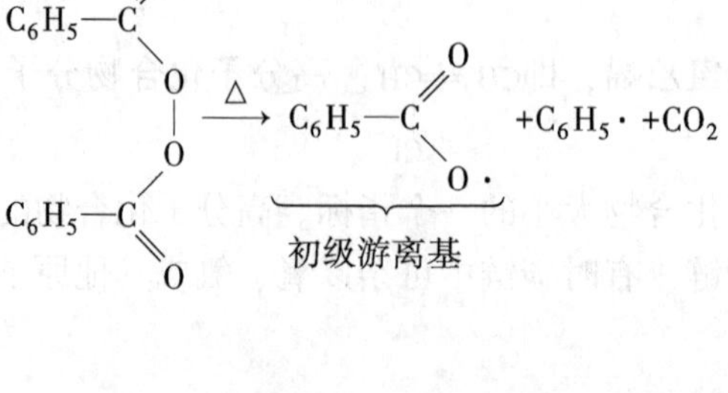

现以R·表示引发剂产生的游离基，氯乙烯聚合的三个阶段可用反应式表示如下：

引发：$R\cdot+CH_2{=}CHCl \longrightarrow RCH_2\dot{C}HCl$

增长：$RCH_2\dot{C}HCl+CH_2{=}CHCl \longrightarrow RCH_2CHClCH_2\dot{C}HCl$

终止：$R(CH_2CHCl)_mCH_2\dot{C}HCl+R(CH_2CHCl)_nCH_2\dot{C}HCl \longrightarrow R(CH_2CHCl)_{m+n+2}R$（双基结合）

$R(CH_2CHCl)_mCH_2\dot{C}HCl+R(CH_2CHCl)_nCH_2\dot{C}HCl \longrightarrow$

$R(CH_2CHCl)_mCH{=}CHCl+R(CH_2CHCl)_nCH_2CH_2Cl$（双基歧化）

烯类、炔类等具有不饱和键的单体的聚合过程大体都是这样。这种只有一种单体的加聚反应，习惯上称为均聚反应，得到的聚合物称为均聚物。如果有两种（或两种以上）单体一起进行加聚反应，则称为共聚反应，得到的聚合物称为共聚物。共聚方法是扩大单体来源、改善已有聚合物性能和增加聚合物品种的重要途径。

加聚反应还可以用催化剂产生离子来引发，发生定向聚合。例如，丙烯通过定向聚合可以得到有规律结构的聚丙烯，再经纺丝制成丙纶；而不用定向聚合的方法所得到的聚丙烯只能作塑料。

二、缩聚反应

缩聚反应是由相同或不同的单体通过缩合反应，逐步聚合成为高分子化合物，同时析出某些低分子物质（例如水、氨、醇及卤化氢等）的过程。缩聚反应得到的高分子化合物的元素组成与原料物质不同。

缩聚反应必须是含两种官能团的单体之间通过逐步反应（不是连锁反应）不断缩掉一部分低分子物质而聚合成高分子。打个比方，参加缩聚反应的单体好比一根根短线，把许多短线（单体）打结（缩聚），剪去打结处多余的线头（反应时不断放出的低分子化合物），就成为一根长线（高分子化合物）。例如

$$\underset{\text{己二胺}}{nH_2N(CH_2)_6NH_2}+\underset{\text{己二酸}}{nHOOC(CH_2)_4COOH}\xrightarrow{-(2n-1)H_2O}\underset{\text{聚酰胺(尼龙66)}}{H{+}NH{+}CH_2{)_6}NHCO{+}CH_2{)_4}CO{]_n}OH}$$

尼龙、涤纶、腈纶等合成纤维，酚醛树脂、脲醛树脂、三聚氰胺甲醛树脂等，都是通过缩聚反应制取的。加聚反应与缩聚反应在形式上、反应历程上是各不相同的，见表9-1。

表9-1　加聚反应与缩聚反应的对比

加聚反应	缩聚反应
（1）多数为不可逆的连锁反应，在几秒钟内即可完成	（1）多数为可逆的逐步反应，在几小时内完成
（2）反应开始不久分子量即可达到很大（几十万）的定值	（2）分子量随反应时间逐步增大，但最终产物分子量也只有几万
（3）单体随着反应时间逐步减小，大分子的产量随时间而增加，聚合物的平均分子量不变	（3）单体在反应开始几乎消耗完毕，大分子靠低聚体之间的反应而形成
（4）链节组成与单体组成相同	（4）聚合物链节组成一般与单体组成不同

第三节　高分子化合物的结构和性能

一、高分子化合物的结构

高分子化合物按其分子形状可分为线型和体型两种结构。

线型结构的高分子化合物，是指构成高分子化合物的许多链节相互连接成一个长的分子链，其长度往往是直径的几万倍。这些高分子链很柔顺，通常卷曲成不规则的线圈状态。未硫化的天然橡胶、聚丙烯、低压聚乙烯、聚酯等都是线型的高分子化合物。有些高分子化合物在分子主链的某些链节上连接了较短的侧链（或称支链），支链的长短和数量可以不同，如高压聚乙烯的接枝型 ABS 树脂等，叫作支链型聚合物，也属线型结构。

体型高分子化合物是线型或支链型高分子化合物间以化学键交联形成的，它具有空间网状结构。酚醛树脂、硫化橡胶及离子交换树脂等都是体型高分子化合物，如图 9-1 所示。

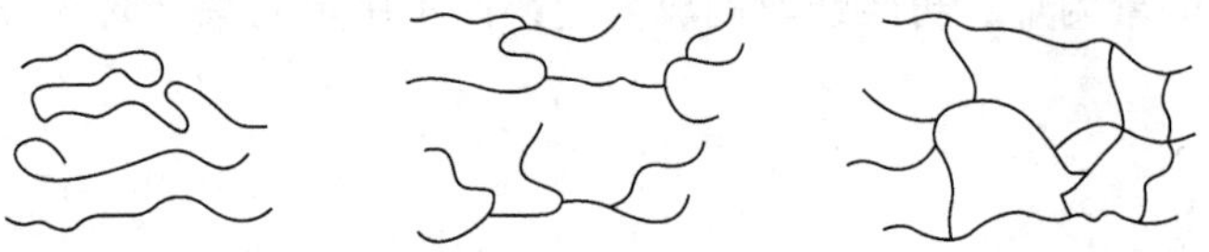

图 9-1　高分子化合物的结构式意图

高分子化合物的物理性能与其几何形状有密切关系。线型高分子化合物，包括支链型高分子化合物，一般是可以溶解和熔融的，它们受热可以软化，冷却时硬化，反复加热和冷却仍具有可塑性；体型高分子化合物，交联程度小的，受热时可以软化，但不能熔融，加适当溶剂可使其溶胀，但不能溶解；交联程度大的，则不能软化，也难溶胀。这类高分子化合物的成型加工只能在其形成网状结构之前进行，一经形成网状结构，就不能再改变形状。

二、分子链的柔顺性

在大多数高分子链中，都存在着许多单键，例如在聚乙烯、聚丙烯中，主链全部由 C—C 单键所组成，这些共价键都是 σ 键，其电子云分布是轴向对称的，C—C 单键能够绕着轴线相对自由旋转，即“内旋转”。其旋转速度非常快，旋转时键角保持不变，如图 9-2 所示。由单键的旋转，可知一个高分子链的形状不是单一的，也不是固定不变的。若每一种形状称为一种构象，则一个高分子链具有许多构象，并且构象是在不断地变化着。在许多形状中呈直线状的极少，而绝大部分是以卷曲形式存在的，像一个杂乱的线团。人们把高分子链中各单键能自由旋转，并使高分子链有着强烈卷曲倾向的特性称为柔顺性。柔顺性是高分子链的最重要的物理特性，它对高分子化合物的物理性能有重要的影响。

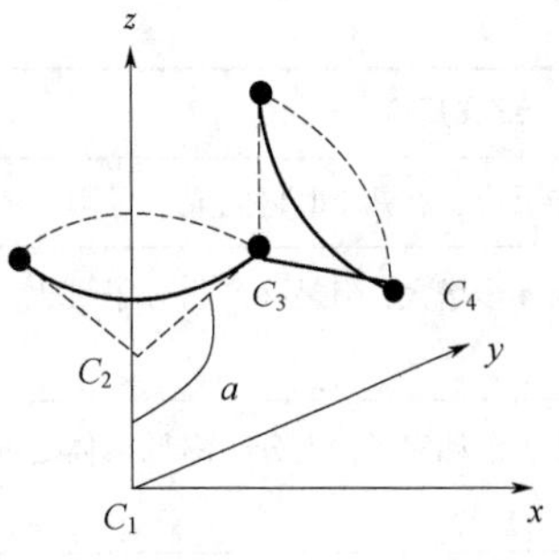

图 9-2　链节的旋转

实际上，高分子化合物主链上的碳原子总是带有氢原子或其他原子或原子团，因此分子中链节的旋转并不是完全自由的。旋转时需要一定的能量克服阻碍，即必须使分子具有一定的能量才能使链节自由旋转。由于分子总是处于不断的热运动中，具有一定的热运动能量，能克服内旋转势垒的阻碍，因而不断从一种构象转变为另一种构象。此外，高分子链的柔顺性还与分子间的相互影响等因素有关。

三、高分子化合物的力学状态

高分子化合物按其结构形态可分为晶体和非晶体两种，前者分子排列规整有序，而后者的分子排列是没有规则的。同一高分子化合物可以兼具晶形和非晶形两种结构。例如，合成纤维型分子的排列，一部分是结晶区，一部分是非结晶区；而大多数的合成树脂和合成橡胶是非晶体结构。

根据温度的不同，线型或具有少量交联网状结构的无定形高分子化合物可以呈现出三种不同的力学状态，即玻璃态、高弹态和黏流态。这是由于高分子链的热运动有两种，一种是分子链的整体运动，另一种为高分子中个别链段（一个包含几个或几十个链节的区段）的运动。

1. 玻璃态

当温度较低时，高分子化合物不仅整个分子链不能运动，而且链段也处于被冻结的状态。分子的状态和分子的相对位置都被固定下来，但分子的排列仍然是紊乱无序的，此时分子只能在它自己的位置上振动。当加外力时，形变很小，链段只作瞬时的微小伸缩和键角改变，当外力去除后形变能立即恢复，此时高分子化合物同玻璃体一般坚硬，称为玻璃态，常温下的塑料就是处于这种状态。

2. 高弹态

随着温度的升高，分子热运动能量增加，当达到某一温度时，虽然整个分子链还不能移动，但链段可以自由转动了。此时在外力作用下可产生很大的可逆形变，当外力去除后它又恢复到原来的形状，表现出很高的弹性，因此称为高弹态，常温下的橡胶就是处于这种状态。

3. 黏流态

当温度继续上升（到适当温度范围时），分子动能越来越大，越易克服分子间引力，不仅链段能够运动，而且整个分子链都能移动，聚合物就成为流动的黏稠液体。此时整个分子与分子之间能发生相对移动，它和小分子的液体相似，这种流动形变是不可逆的，当外力解除后，形变不能恢复。高分子化合物所处的这种状态称为黏流态。

线型无定形高分子化合物的这种不同的力学聚集状态，随着温度的变化可以相互转化，如图 9-3 所示。实验证明这三种状态的转变都不是突变过程，而是在一定温度范围内完成的，并有两个转变点，即玻璃化温度和黏流化温度。玻璃态与高弹态之间的转变温度称为玻璃化温度，以 T_g 表示；高弹态与黏流态之间的转变温度为黏流化温度，以 T_f 表示。人们习惯上把 T_g>室温的高分子化合物称为塑料；把 T_g<室温的高分子化合物称为橡胶；T_f<室温，在常温下处于黏流态的高分子化合物称为流动性树脂。一些高分子化合物的玻璃化温度可参看表 9-2。

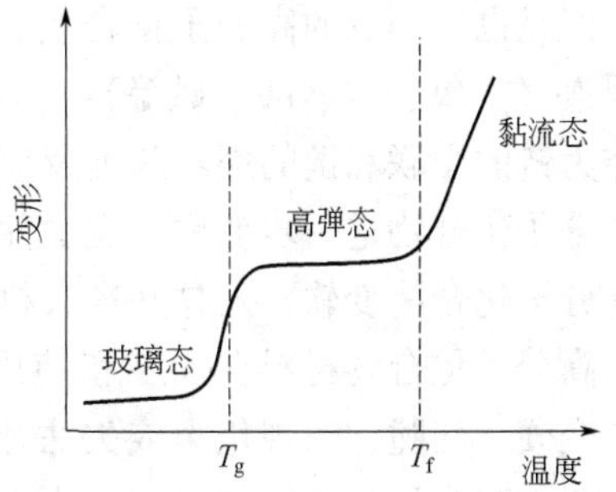

图 9-3　高分子化合物形态与温度的关系

表 9-2　几种高分子化合物的玻璃化温度

高分子化合物	T_g,℃	高分子化合物	T_g,℃
聚苯乙烯	80～100	尼龙-66	48
有机玻璃	57～68	天然橡胶	-73
聚氯乙烯	75	丁苯橡胶	-63～-75
聚乙烯醇	85	氯丁橡胶	-40～-50
聚苯烯腈	>100	硅丁橡胶	-109

聚合物的上述三种状态和两个转变温度对聚合物的加工和应用具有重要意义。对橡胶而言，要保持高度的弹性，因此 T_g 就是工作温度的下限（即耐寒性的标志），因为低于 T_g 时，物体将进入玻璃态，发硬、发脆而失去弹性，所以要选取 T_g 低、T_f 高的聚合物，这样高弹态的温度范围较宽。塑料和纤维是在玻璃态下使用，T_g 就成为工作温度的上限（即耐热性的标志），因为若高于此温度便呈现高弹态，因而丧失其机械强度，以致不能使用。因此，为了扩大其工作温度范围，塑料、纤维的 T_g 则越高越好，同时作为塑料还要求它既易于加工又要很快成型，所以 T_g 与 T_f 的差值还要小。一般对加工成型来说，T_f 越低越好；对耐热性来说，T_f 越高越好。

体型高分子化合物的分子呈网状结构，它没有黏流态。其中交联程度越大，对链段运动的限制阻碍就大，T_g 就越高，甚至聚合物一直保持玻璃态而不出现高弹态，即温度未达 T_g 时就分解了。

四、高分子化合物的性能

1. 化学稳定性

高分子化合物中由于含有 C—C、C—H、C—O 等牢固的共价键，活泼的基团较少，所以一般化学性质较稳定。许多高分子化合物可以制成耐热、耐酸碱或其他化学试剂的优良器材。在长期耐高温方面，虽然高分子化合物材料还不如金属，但在短期耐高温方面，金属反不如高分子化合物。例如导弹和宇宙飞船等飞行器在返回地面时，其头锥部在几秒钟至几分钟内将经受 10000℃以上的高温，这时任何金属都将熔化。如果使用高分子化合物材料，尽管外部温度高达 10000℃以上，高分子化合物外层熔融乃至分解，但由于高分子化合物的绝热性，在这样短的时间内只有表面一层受到烧蚀，而飞行器的内部仍完好如故。

但是也有不少的高分子化合物，在特定的物理因素（如光、热、高能射线等）以及化学因素（如氧、水、酸、碱等）的作用下，要发生化学变化。高分子化合物的化学变化可归结为链的交联和键的裂解两类反应：交联反应是大分子与大分子相连，产生体型结构，致使高分子化合物进一步变硬、变脆而丧失弹性；裂解反应是大分子链断裂，分子量降低，致使高分子化合物变软、发黏并丧失机械性能。

高分子化合物材料在加工和使用过程中，由于环境的影响使高分子化合物逐渐失去弹性，变硬、变脆，出现龟裂或失去刚性，变软、发黏等，从而使其使用性能越来越坏的现象，叫作高分子化合物的老化。为提高高分子化合物材料的使用价值，可采用改变高分子化合物的结构、加防老剂（稳定剂）及在聚合物表面镀（或涂）膜等方法以防止老化。

2. 弹性与可塑性

1）弹性

线型高分子化合物在通常情况下，总是处于能量低的卷曲状态，由于分子链的柔顺性，所以当这种聚合物受到拉力时，卷曲的分子可以被拉直一些，这时分子的能量增高，除去拉力后，又会缩卷起来（图 9-4），这就使物体呈现了弹性。例如橡胶的分子是卷曲的线型分子，因而它具有弹性。许多线型分子都具有不同程度的弹性。体型高分子化合物如果交联不多也有弹性（如橡皮），但交联较多则会失去分子链的柔顺性，变成较硬的物质，如高度硫化的硬橡皮交联很多，就变得很僵硬，弹性很差。

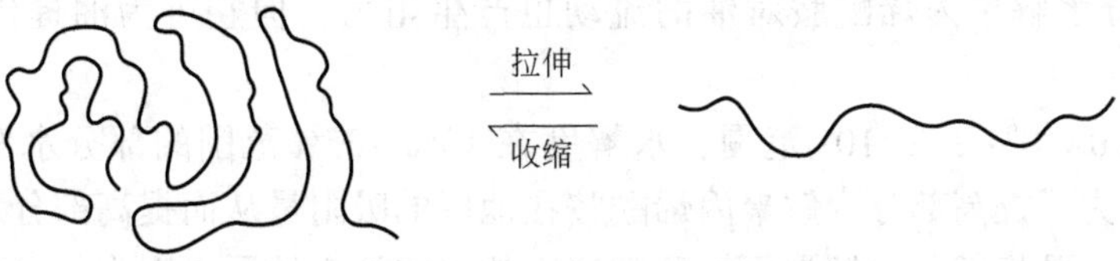

图 9-4　高分子化合物拉伸与收缩示意图

2）可塑性

线型高分子化合物当加热到一定温度以后，就逐渐软化，这时可以把它放在模子里压成一定形状，冷却去压后仍可保持所压的形状，这种性质叫可塑性。塑料就是因为具有可塑性而得名的。有些线型高分子化合物加热时变软，冷却时变硬，反复加热和冷却也可反复变化，仍具有可塑性，这类物质称为热塑性高分子化合物，例如聚乙烯、聚苯乙烯、聚酰胺等线性高分子化合物属于此类，它们易于加工，可以反复应用。另一些高分子化合物在加热过程中继续起化学变化，分子链互相交联，结果转变为失去可塑性的体型结构，不能多次加热压模，这类物质称为热固性高分子化合物，例如酚醛树脂、脲醛树脂等属于此类。

3. 机械性能

高分子化合物的机械性能如抗压、抗拉、抗冲击、抗弯等，与分子链中的化学键、平均聚合度、结晶度及分子间力等因素有关。一般聚合度越大，结晶度和晶体定向程度越大，分子间力越大，机械性能就越强。但当聚合度增加到 400 以上时，此种关系就不显著了，这是因为此时的机械性能在更大程度上受其他因素的影响。

4. 电绝缘性

几乎所有的高分子化合物都具有良好的电绝缘性，例如聚乙烯、聚苯乙烯等都是优良的绝缘材料，不仅不导电而且耐高频、耐电弧，能满足遥控、电视设备中特殊的要求。

高分子化合物的电性能与其结构有关。由于高分子化合物是由原子通过共价键结合而成的，分子中没有自由电子和离子，所以它不具有离子性或电子性的导电能力。对直流电来说，高分子化合物是优良的绝缘体。但是，如果高分子化合物中含有极性基团，那么在交流电场中，极性基团会随着电压的方向作周期性的移动，因而具有一定的导电性。例如聚乙烯、聚丁二烯、聚四氟乙烯等，均是非极性分子，它们都具有优异的电绝缘性，且对腐蚀性介质稳定，可作为高频率的电介质；而聚氯乙烯由于分子中含有 C—Cl 极性键，所以电绝缘性较差，只能作为中频率的绝缘体。电绝缘性随分子极性的增强而减弱，在低温时由于分子热运动受到一定限制，极性基不易活动，绝缘性则相应提高。具有体型结构的高分子化合物，分子活动受到很大限制，绝缘性好。另外，如果高分子化合物不纯，含有能导电的杂质

（如水、其他离子等），则使其绝缘性降低。

5. 油田用堵水剂——聚丙烯酰胺溶液的应用

聚丙烯酰胺可在碱的作用下水解，水解产物中含有—$CONH_2$，这表明聚丙烯酰胺仅是部分水解，所以是部分水解聚丙烯酰胺。部分水解聚丙烯酰胺对油和水有明显的选择性，它降低岩石对油的渗透率不超过10%，而降低岩石对水的渗透率却可超过90%。在油井中，部分水解聚丙烯酰胺堵水的选择性可表现在：（1）它优先进入含水饱和度高的地层；（2）进入地层的部分水解聚丙烯酰胺可通过氢键吸附在由于水冲刷而暴露出来的地层表面；（3）部分水解聚丙烯酰胺分子中未吸附部分可在水中伸展减少地层对水的渗透性；（4）部分水解聚丙烯酰胺对油的流动也产生阻力，但它可为油提供一层能减少流动阻力的水膜。

分子量在$3.0\times10^6\sim1.2\times10^7$范围、水解度在10%~35%范围的部分水解聚丙烯酰胺可用于油井堵水。为了提高部分水解聚丙烯酰胺在地层的吸附量从而提高部分水解聚丙烯酰胺对水的封堵能力，可将部分水解聚丙烯酰胺溶于盐水中注入地层，因为盐可提高部分水解聚丙烯酰胺在岩石表面的吸附量；也可用交联剂（如硫酸铝或柠檬酸铝）溶液预处理地层，减小岩石表面的负电性，甚至可将岩石表面转化为正电性，提高部分水解聚丙烯酰胺在岩石表面的吸附量；还可以先注入低水解度的部分水解聚丙烯酰胺，利用部分水解聚丙烯酰胺中的—$CONH_2$的非离子性质提高部分水解聚丙烯酰胺在岩石表面的吸附量，再注入碱，提高部分水解聚丙烯酰胺未吸附部分的水解度，以提高部分水解聚丙烯酰胺的控制能力。

第四节　几种重要的高分子合成材料

高分子合成材料具有许多优异的性能，如质轻、比强度大、高弹性、透明、耐热、耐寒、电绝缘、耐辐射、耐化学腐蚀等，因此高分子合成材料已渗入到人类生产、科研的各个经济技术领域和人类生产的各个方面。如机电、建材、化工、通信、运输等工业部门，宇航、国防、计算机技术等尖端科学，以及农业、轻纺、医药等人民生活的各个方面都越来越离不开高分子合成材料。这里简要介绍塑料、合成橡胶、合成纤维及黏合剂和涂料。

一、塑料

塑料是在一定的温度和压力下可塑制成型的高分子合成材料的统称。合成树脂是塑料的主要成分，它决定着塑料的类型（热塑性或热固性）和基本性能。人们为了增强或改善塑料的某种性能，往往还加进一些添加剂。例如，加入填料和增强材料可改善塑料的强度和使用时的温度局限；加入增塑剂（如氯化石蜡、苯二甲酸酯类、癸二酸酯类、磷酸酯类等）可增加塑料的可塑性；加入稳定剂（硬脂酸盐、铅化合物等）可防止塑料在加工或使用中受光、热影响而变质；加入润滑剂（硬脂酸及其盐类等）可防止塑料在成型中黏附模具，并使塑料制品表面光滑；加入色料可使塑料制品具有美丽的色彩；加入发泡剂可制成泡沫塑料；加入抗静电剂可消除塑料的静电效应；加入金属添加剂可使塑料有导电性等。

目前，投入大规模生产的塑料品种大致有300多种，它们的产量（按体积计算）已接近钢的产量。世界上不少展览厅、体育馆、游泳池、雷达站、战地医院、飞机库等都是用塑料建造的。在日本，室内壁板的装饰材料有一半以上原料是塑料。塑料用在建筑上不仅可减轻结构重量、提高建筑质量，又可提高装配化程度、缩短施工时间。因此，有些国家甚至把四分之一的塑料用在建筑上。

塑料可根据其受热后性能的不同分为热塑性塑料和热固性塑料两大类，也可按其用途的不同分为通用塑料、工程塑料、改性塑料以及增强塑料等。这里着重介绍通用塑料和工程塑料。

1. 通用塑料

应用范围广、产量大的一些塑料品种统称为通用塑料，主要有聚氯乙烯、聚苯乙烯、聚烯烃、酚醛塑料和脲醛塑料。

（1）聚氯乙烯：聚氯乙烯是通用塑料中产量最大的一种，在工农业生产和日常生活中的应用也最广泛。平常我们见到的聚氯乙烯制品，有硬的和软的两种。软的聚氯乙烯制品是因为在配料中加入了增塑剂；不加增塑剂的就是硬聚氯乙烯制品。硬聚氯乙烯塑料相对密度很小，相当于金属铝相对密度的二分之一。它的抗拉强度与橡胶相当。它具有良好的耐水性、耐油性以及耐化学药品腐蚀。因此，硬聚氯乙烯塑料常被用来制作化工、纺织等工业的废（尾）气排污排毒塔，以及常温气体、液体输送管道。软聚氯乙烯常制成薄膜，用于工业包装、农业育秧以及做雨衣、台布等，但不能用来包装食品，因为聚氯乙烯树脂本身虽然是无毒的，但在加工中加入的增塑剂或稳定剂是有毒的，这些添加剂与油脂能互相溶解，时间久了，会析出薄膜表面，渗进食品中。聚氯乙烯塑料的性能可以通过塑料配方的变化来改变。例如在制造聚氯乙烯时，用适量的醋酸乙烯分子，镶嵌到聚氯乙烯的大分子中去，可以使它变成软塑料，即使到了冬天也不会变硬。又如在配方中加入特种耐油的增塑剂，可以制成耐油污的塑料制品。

（2）聚苯乙烯：广泛用以制造高频绝缘材料、化工设备的衬里以及各种文具及日用品，还可制成泡沫塑料，用于防震、防湿、隔音、隔热、包装垫材等。聚苯乙烯泡沫塑料的相对密度只有 0.033，用它制成可乘十人的救生艇的质量只有 50kg。它的最新用途之一是用于打捞沉船，在沉船的要害部位潜水员填充足够数量的泡沫塑料的珠粒料，通过蒸气加热使珠粒膨胀，充满穴腔，排出水，浮力便逐渐增大，使船浮出水面。

（3）聚烯烃：包括聚乙烯、聚丙烯、聚丁烯等。聚乙烯既轻又坚韧，无毒，耐腐蚀，可以用来包装食物。腐蚀性强的化学药品也可以放在用聚乙烯制作的瓶子里，它的缺点是耐热性差，在 50℃以上易氧化。聚丙烯的耐热性能比较好，还能制成纺织品。

（4）酚醛塑料：又称电木，是一种最古老但至今仍占相当重要地位的热固性塑料，广泛用来制造各种通信材料，代替金属制作各种耐腐蚀的零件及日常用品。其缺点是性脆，不耐碱。

（5）脲醛塑料：又称电玉，颜色鲜艳，广泛用于压制各种生活日用品，如电话机、收音机外壳等。脲醛树脂目前还用作黏合剂，大量用于制作胶合板、刨花板、纤维板，或用于胶接各种木质农具。

2. 工程塑料

工程塑料通常是指综合性能好（电性能、机械性能、耐高温低温性能等），可以作为工程材料和代替金属用的塑料，主要以聚甲醛、聚酰胺、聚碳酸酯、ABS 四种工程塑料为代表。

（1）聚甲醛：聚甲醛的原料是甲醛，可以通过合成氨工业中的副产气一氧化碳和氢气合成甲醇，再将甲醇氧化制得甲醛。聚甲醛的力学、机械性能与铜、锌极其相似，可在-40~100℃温度范围内长期使用。它的耐磨性和自润滑性也比绝大多数工程塑料优越，又有良好的耐油、耐农药及耐过氧化物的性能；但是不耐酸，不耐强碱，不耐日光、紫外线的辐射。聚甲醛的用途很广，用它做的汽车的轴承，使用寿命比金属的要长一倍；用它做的变换继电器，经过50万次启闭仍然完好无损。目前国外有一种塑料手表，除了发条和摆仍用金属外，其他零件均用聚甲醛、聚碳酸酯代替。喷雾器和喷嘴，自来水和煤气工业上的管件、阀门和各种结构的泵，运动服的拉链等都可以用聚甲醛来制造。

（2）聚酰胺：质轻，耐蚀性极为优良，有一定的耐热性（可在80℃以下使用），不耐强酸和强碱，广泛用于代替铜等有色金属在机械、仪表、汽车等工业中制造轴承、齿轮、泵叶及其他零件。

（3）聚碳酸酯：被人们誉为“透明金属”，透明度为86%~92%，允许使用温度范围较宽（-100~130℃），最突出的特点是抗冲击、韧性极高。聚碳酸酯不但可代替某些金属，还可代替玻璃、木材、特种合金等。用它做的电气仪器的外壳、零件，质轻、透明、耐冲击、防破碎。用低发泡聚碳酸酯制造的全塑轻便自行车（车架、前叉）只有7.5kg，其强度与金属自行车不相上下。用它做的各种信号灯，既防碎又轻便。飞机的挡风玻璃及座舱罩可用聚碳酸酯同其他透明材料复合制成。宇宙飞船有数百个部件是用玻璃纤维增强聚碳酸酯制造的。宇航员的帽盔是用聚碳酸酯制的。用聚碳酸酯发泡制造的人造木材做家具，不但美观、耐用，而且不蛀。

（4）ABS：是丙烯腈（A）、丁二烯（B）和苯乙烯（S）的共聚物，是在聚苯乙烯改性基础上发展起来的。聚苯乙烯的缺点是脆性和不耐高温，而将丙烯腈、丁二烯、苯乙烯三者共聚，制成ABS共聚物，则苯乙烯的良好性能（坚硬、良好的电性能和加工成型性能）被保持下来；由于丙烯腈的作用使ABS塑料具有较高的强度、耐热和耐油性；由于丁二烯的作用使其具有弹性和耐冲击性，也就是说，ABS具有了它们的综合性能。ABS被广泛用于制造通信器材、汽车、飞机上的零部件，也可代替金属制作电镀工件或代替木材作装潢材料。

二、合成橡胶

合成橡胶是由分子量较低的单体经聚合反应而成，合成橡胶的单体主要来自石油化工产品，如图9-5所示。

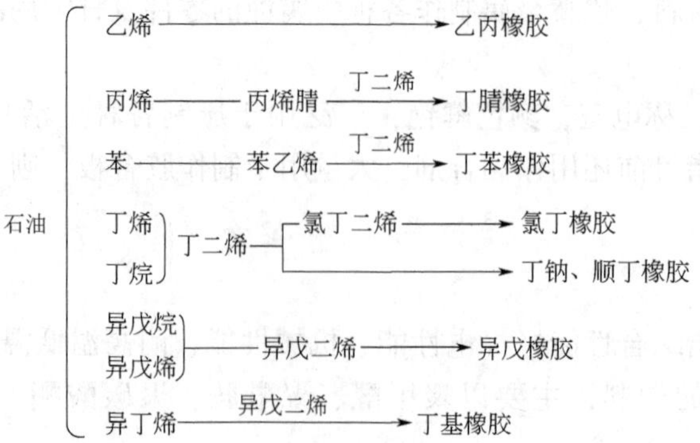

图9-5　合成橡胶的单体

石脑油、油田气、炼厂气经过高温裂解和分离提纯，就能得到制造合成橡胶的各种原料：乙烯、丁烯、丁烷、异丁烯、异戊烯、戊烯、异戊烷等。乙烯在一定条件下与水分子作用，可以合成乙醇，两个乙醇分子脱去水分子就生成丁二烯；丁烯和丁烷在高温下经过化学反应，也可以生成丁二烯；丁二烯经过聚合就能合成顺丁橡胶，这是由一种单体聚合得到的均聚物：

$$nCH_2{=}CH{-}CH{=}CH_2 \longrightarrow {\left[CH_2{-}CH{=}CH{-}CH_2 \right]}_n$$

顺丁橡胶

而丁二烯与苯乙烯聚合生成丁苯橡胶，丁二烯与丙烯腈聚合生成丁腈橡胶，均是由两种以上单体聚合得到的共聚物，如：

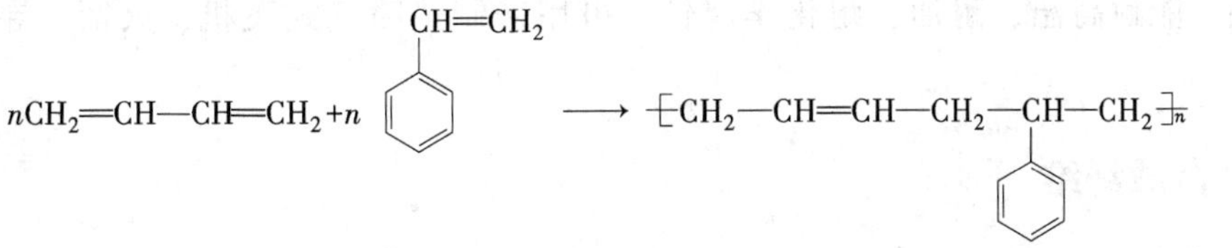

丁二烯　　苯乙烯　　丁苯橡胶

同样，异戊烷和异戊烯通过高温裂解，可以生成异戊二烯，异戊二烯聚合就生成异戊橡胶。

按不同的性能和用途，合成橡胶可分为通用橡胶和特种橡胶。

1. 通用橡胶

（1）丁苯橡胶：丁苯橡胶是应用最广、产量最多的合成橡胶，其性能与天然橡胶接近，加入炭黑后，其强度与天然橡胶相仿。丁苯橡胶与天然橡胶混用，可制造轮胎、密封配件、电绝缘材料等。

（2）顺丁橡胶：全称叫作顺-1,4-聚丁二烯橡胶，简称顺丁橡胶，因为它是由成千上万个丁二烯小分子按顺式-1,4 结构连接起来的，即对丁二烯进行定向聚合，使分子结构中的 C—C 键完全在 C═C 双键的同一侧，是一种顺式结构，而且它是通过 1,4-加成方式聚合起来的。由于它的化学结构与天然橡胶十分接近，所以它的性能很像天然橡胶，甚至在弹性、耐磨性、耐老化性方面还超过天然橡胶，但其加工性能较差，耐油性不好，目前一般用作制造三角胶带、耐热胶管、鞋底等。

（3）氯丁橡胶：它是由氯丁二烯聚合而成，具耐油、耐氧化、耐老化、耐燃烧、耐酸碱、耐曲挠和耐气性好等性能，它遇火便分解出 HCl 气体从而阻止燃烧，具有较好的阻烧性能，所以专门用来制造地下采矿用的橡胶制品。它的缺点是耐寒性差，相对密度较大。

（4）丁腈橡胶：丁腈橡胶是由丁二烯与丙烯腈共聚而成。由于分子中有氰基（—CN）存在，所以它特别耐油，被广泛用来制造油箱、印刷用制品等，其缺点是耐寒性差，电绝缘性低劣。

（5）丁基橡胶：用异丁烯和少量异戊二烯为原料，在有机溶剂中冷却到-50～100℃间，经催化共聚而得丁基橡胶。硫化后的产品透气性极小，耐热、耐老化和电绝缘性能都比天然橡胶好，多用于制造汽车内胎、气球等。

（6）异戊橡胶：它的单体是异戊二烯。异戊橡胶的结构与天然橡胶相同，因此它的性能与天然橡胶基本一样，实际上已用来代替天然橡胶的各种用途。

2. 特种橡胶

特种橡胶是专门用来制造在特殊条件下使用的橡胶制品。

（1）硅橡胶：用高纯度的二甲基二氯硅烷为原料，经水解和缩聚等反应就可制得硅橡胶。硅橡胶制品柔软、光滑、物理性能稳定，对人体无毒性反应，即使长期与人体组织、分泌液和血液接触，也不会起变化，因此它在医疗方面用途最广。由于硅橡胶中的主链为硅、氧原子所构成，它和碳原子构成主链的其他橡胶不同，既能耐低温又能耐高温，能在-65～250℃之间保持弹性，耐油、防水、不易老化，绝缘性能也很好，可用作高温高压设备的衬垫、油管衬里、火箭导弹的零件和绝缘材料等。硅橡胶的缺点是机械性能较差，较脆，容易撕裂。

（2）氟橡胶：氟橡胶是含氟的特种合成橡胶的统称。例如，偏二氟乙烯和六氟丙烯或偏二氟乙烯和三氟氯乙烯的共聚物，四氟乙烯和全氟丙烯的共聚物。这类橡胶经硫化后所得到的制品，能耐高温、耐油、耐化学腐蚀，可用来制造喷气式飞机、火箭、导弹的特种零件。

三、合成纤维

合成纤维一般是线型的高分子化合物。它要求分子具有较大的极性，这样可以形成定向排列而产生局部结晶区。在结晶区内分子间的作用力较大，可以使纤维具有一定的强度。此外还有非定向排列的无定形区，其中分子链可以自由转动，使纤维柔软而富有弹性。合成纤维一般都具有强度高、弹性大、密度小、耐磨、耐化学腐蚀、耐光、耐热等特点，广泛用作衣料等生活用品，在工农业、交通、国防等部门也有许多重要应用。例如锦纶帘子线做的汽车轮胎，寿命比一般天然纤维的高出1～2倍，并可节约橡胶用量20%。

合成纤维除了日常生活用的涤纶、锦纶、腈纶、维纶、丙纶、氯纶这六种纤维外，还有耐高温纤维（芳纶1313）、高强力纤维（芳纶1414）、高温耐腐蚀纤维（氟纶）、耐辐射纤维（聚酰亚胺纤维）和弹性纤维（氨纶）。

耐高温纤维一般是指可在200℃以上连续使用几千小时，或者可在400℃以上短时间使用的合成纤维，如聚间苯二甲酰间苯二胺纤维（即芳纶1313）。以间苯二酰氯和间苯二胺作为缩聚的单体，在两种互不相溶的介质的界面上进行缩聚，即可制得芳纶1313：

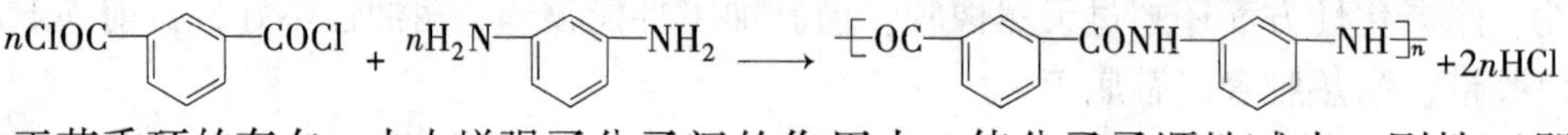

由于芳香环的存在，大大增强了分子间的作用力，使分子柔顺性减小，刚性（即抗变形的能力）增大，耐热性增大。

高强力纤维芳纶1414（即聚对苯二甲酰对苯二胺纤维）是目前合成纤维中强度最高的一种。这是由于其高分子链间存在着氢键，使分子间力更增强。用这种纤维制成的帘子线的强度比同重量的钢丝强度大5倍。该种纤维对橡胶有良好的黏合力，作轮胎中的帘子线时重量可减轻，布层数可减少，热量易散发，增加了轮胎的使用寿命。

四、涂料和黏合剂

高分子合成材料通常是指塑料、合成纤维和合成橡胶三大类。除此以外，涂料、黏合剂、离子交换树脂以及其他液态的高分子化合物（如聚硅油，液态的氟碳化合物）也是高分子合成材料，其中涂料和黏合剂是比较常用的。

1. 涂料

涂料就是通常所叫的漆。漆可分为天然漆和人造漆（合成漆料）。天然漆是漆汁（或称火漆、生漆）经过加工而成的涂料，漆膜坚韧光滑，经久耐用，并且能够耐化学药品的侵蚀。桐油和生漆是天然涂料的代表性产品。人造漆是高分子合成材料，是含有干性油、颜料和树脂的合成涂料，即通常所叫的油漆。油漆有清漆、喷漆、调和漆、磁漆和防锈漆等，按漆的特殊用途，有耐高温漆、船舶漆、绝缘漆等。

1）涂料的组成及作用

涂料虽然有许多种类，但它们通常都由四种主要成分组成，即成膜物质、颜料、溶剂和助剂。

成膜物质是形成涂膜（或称漆膜或涂层）的物质，它在涂料的储存期间内应相当稳定，不发生明显的物理和化学变化。在涂装成膜后，于规定条件下，要求迅速形成固化膜层。成膜物质一般是天然油脂、天然树脂和合成树脂。

颜料不仅使漆膜呈现颜色和遮盖力，还可以增强机械强度、耐久性以及特种功能（如防烛和防污等）。涂料用颜料，可为无机颜料，如氧化锌（白色）、炭黑（黑色）、铅丹（红色）、黄铅（黄色）、普鲁士蓝（蓝色）、铬绿（绿色）等，或为有机颜料，如酸性染料系、盐基性染料系等。

溶剂不仅能降低涂料的黏度，以符合施工工艺的要求，且对漆膜的形成质量是很关键的。正确地使用溶剂可提高漆膜的物理性质，如光泽、致密性等。

助剂在涂料中用量虽小，但对涂料的储存性、施工性及对所形成漆膜的物理性质都有明显的作用。

2）涂料的成膜机理

当涂料被涂覆在被涂物上，由液态（或粉末状）变成固态薄膜的过程，称为涂料的成膜过程（或称涂料的固化），一般称为涂料的干燥。涂料主要靠溶剂挥发、熔融、缩合、聚合等物理或化学作用而成膜。其成膜机理随涂料的组分和结构的不同而异，一般可分为非转化型（溶剂挥发、熔融冷却）、转化型（缩合反应、氧化聚合反应、聚合反应、电子束聚合、光聚合）和混合型（即物理和化学作用结果，为上述两类成膜机理的组合）三大类。

3）涂料的品种简介

（1）油性涂料：即使用干性油制的涂料，这种涂料的干燥是靠脂肪酸碳链上的不饱和双键自动氧化聚合，使之成为体型结构而固化成膜。

（2）天然树脂涂料：如松香及其衍生物涂料、虫胶漆、生漆及其改性树脂。

（3）酚醛树脂涂料：是醛和酚制得的酚醛缩聚物。

（4）沥青涂料：以沥青为成膜物的一类涂料。

（5）醇酸树脂涂料：是以多元醇与多元酸和脂肪酸经过酯化缩聚而成。

（6）氨基树脂涂料：如氨基醇酸烘漆、水溶性氨基树脂涂料等。

此外还有硝化纤维素涂料、纤维素脂和醚涂料、过氯乙烯树脂涂料、乙烯树脂涂料、丙烯酸树脂涂料、聚酯树脂涂料、环氧树脂涂料、聚氨酯涂料、元素有机聚合物涂料、橡胶涂料等。

2. 黏合剂

黏合剂又称胶黏剂，简称胶。它能将两个物件牢固地粘贴在一起。胶黏剂和被黏物之间通过什么途径进行胶接的？关于这个问题不少学者提出过各种理论，如吸附理论、化学键理论、扩散理论以及机械理论等，从不同角度探讨胶接机理。吸附理论认为胶黏剂和被黏物之间存在着范德华力和氢键为主的作用力，有时也有化学键力，作用力大小直接影响胶接强度。由于被黏物通常是极性的（如金属、陶瓷、塑料等），因此胶黏剂分子的极性强，胶接效果就好，胶接强度高。这个理论有一定的说服力，然而对于影响胶接强度各种因素以及诸如剥离胶接薄膜所做的功远远超过分子间力好几十倍等现象却不能给予圆满的解释。

化学键理论认为胶黏剂分子和被黏物之间形成了化学键，由于化学键力比范德化力大得多，所以胶接很牢固。这个理论得到某些实验的印证，例如有人用电子衍射法研究用硫化橡胶胶接镀黄铜的金属，发现黄铜表面形成了一层硫化亚铜，换言之黄铜通过硫原子和橡胶分子形成化学键而结合起来了。近年来在胶接技术中引用偶联剂来提高胶接强度，是对化学键理论一种印证。偶联剂［如 γ-氨丙基三乙氧基硅烷 $NH_2—(CH_2)_3—Si(OC_2H_5)_3$］分子结构中通常含有两种不同性质的基团，一种是强极性基团，一种是弱极性或非极性基团，胶接过程中，分子的一端和被黏物形成牢固的化学键，另一端和胶黏剂发生化学反应，这样将性质上差别很大的被黏物和胶黏剂通过偶联剂联结了起来。

扩散理论主要针对高分子化合物间的胶接，认为胶黏剂在胶接过程中能和被黏物分子相互扩散渗入，形成交织的扩散层，胶接是这类扩散的结果。

至于机械理论则把胶接看成是胶黏剂和被黏物之间的纯机械咬合或者镶嵌作用，完全不提表面化学性能与胶接的关系。

上述理论各有可取之处，又各具其局限性，可以说到目前为止尚缺乏一个完整的理论能圆满地解释所有各种胶接的机理。

1）黏合剂的分类

黏合剂的种类繁多，组成各异，大的分类可分为天然和合成两大类。一般浆糊、虫胶等动植物胶属于天然的黏合剂；我们目前常用的环氧树脂黏合剂等属于合成的黏合剂。

合成黏合剂是通过化学合成的方法来制备的，它无论在性能上和用途上都比天然的黏合剂优越和重要得多。合成黏合剂的种类也很多，按用途（或按胶结接头的受力情况），可分为结构胶和非结构胶两种。结构胶在黏结后能承受较大的负荷，受热、低温和化学药品作用也不降低其性能或使其变形。在设计金属结构胶结时，所使用的结构胶应符合以下几项指标：室温抗剪强度，15~30MPa；剪切疲劳强度，经 10^6 循环次数下为 4~8MPa；剪切持久速度，经 200h 应为 8~12MPa；保证不均匀扯离强度，5~7MPa。

非结构胶一般不承受任何较大的负荷，只用来胶结受力较小的制件或用作定位。它在正常使用时具有一定的黏结强度，但经受较高温度或较大负荷时性能迅速下降。

2）黏合剂的组成

合成树脂黏合剂的组成包括以下几方面：

（1）树脂组分（俗称黏料）。黏料是黏合剂的基本组分，黏合剂的黏结性能主要由它决定。在合成树脂黏合剂中，黏料主要是合成高分子化合物，其中属于热固性树脂的有酚醛树脂、脲醛树脂、有机硅树脂等；属于热塑性树脂的有聚苯乙烯、聚醋酸乙烯酯等；属于弹性材料—橡胶型的有氯丁橡胶、丁腈橡胶等。所有这些材料都可以根据需要作为黏料使用，但是热固性树脂作为黏料往往脆性高，抗弯曲、抗冲击、抗剥离能力差；而热塑性与弹性材料作黏料则又会产生蠕变和冷流动现象，会使胶层抗拉和抗剪强度较低，也影响胶的耐热性。因此，在设计黏合剂配方时，应作全面考虑，选择适当的材料、合理的用量，以获得优良的综合性能。

（2）固化剂（硬化剂）和促进剂。固化后胶层的性能在很大程度上取决于固化剂。例如环氧树脂中加入胺类或酸酐类固化剂，便可分别在室温或高温作用后成为坚固的胶层，以适应不同范围的需要。因此，熟悉各种固化剂的特性，对正确设计配方是很重要的。在某种情况下，为了加快固化速率，提高某种性能，还常常加入促进剂来达到预定的目的。

（3）填料。填料的基本作用在于克服黏料在固化过程中造成的缺陷，或是赋予黏合剂某些特殊性能以适应使用的要求，例如，加入石棉填料，对提高耐热性有很好的作用。一般加入填料有增大胶料黏度、降低热膨胀、降低收缩性和降低成本等作用。

（4）其他附加剂。为了有效地提高黏合剂的抗冲击性能和抗断裂性能，增加胶层对裂缝增长的抵抗能力，常需加入增韧剂。为了满足黏合剂对光、热、氧等的抵抗力，还常加入防霉剂、抗氧剂、稳定剂等。

总之，黏合剂的组成是复杂的，根据需要可作不同配合。

3）黏合剂的性能

合成黏合剂具有优良的黏结强度，耐水、耐热、耐化学药品，密封性好，重量轻，胶结应力分布均匀，可用作不同材料的黏结（不仅能用来黏结纸张、织物、树木、皮革、玻璃等非金属材料，也能黏结钢、铁、铝、铜等金属材料）等优点。但是它在性能上也有不足之处，在使用上也有一定的局限性。其主要问题是：使用温度还不够高，某些黏合剂耐环境老化、耐酸、耐碱等尚不稳定；有些黏合剂虽性能优良，但施工工艺复杂，需加温加压，固化时间长，或需要特殊的表面处理方法等。

4）黏合剂的用途

黏合剂具有各种各样的优良性能，因此它的用途也是多方面的。目前，黏合剂已广泛用在建筑、装饰、汽车、造船、航空、照相机、家用电器、音响器材、乐器、体育用品、造纸、纺织、家具、制鞋、包装、机械、情报、医疗及牙科等几乎一切的行业之中，以至于到了我们的生活缺少黏合剂就不行的地步。

习题

一、名词解释

（1）加聚、缩聚；

（2）热塑性、热固性；

（3）单体、链节、聚合度；

（4）玻璃态、高弹态、黏流态。

二、简答题

1. 何为工程塑料？试写出尼龙1010和ABS树脂聚合反应的方程式。它们的性能各有何特征？

2. 什么叫作 T_g 和 T_f？它们的数值与高分子化合物的哪些性质有关？

3. 聚合物的机械性能与哪些因素有关？

4. 聚合物的电绝缘性与结构有何关系？

5. 合成黏合剂由哪些组分组成？各组分的作用如何？

6. 高分子化合物的化学变化可归结为哪两类？

7. 写出合成下列高分子化合物的反应方程式并指出合成反应类型：

（1）聚苯乙烯；

(2) ABS 树脂；

(3) 丁苯橡胶；

(4) 尼龙-66。

8. 下列聚合物，若用作通用塑料、弹性材料，应分别选择哪一种，为什么？

	聚二甲基丁二烯	聚氯乙烯
T_g	-75℃	75℃
T_f	190～200℃	80～150℃

9. 举例说明什么是通用塑料，什么是工程塑料？

10. 举例说明什么是热塑性塑料，什么是热固性塑料？

11. 举例说明什么是特种橡胶？

12. 举例说明什么是涂料，什么是胶黏剂？

13. 高分子材料与金属材料及陶瓷材料相比较，主要优缺点是什么？

参考文献

[1] 化学教材编写组. 无机化学. 4 版. 北京：高等教育出版社，2014.

[2] 化学教材编写组. 有机化学. 4 版. 北京：高等教育出版社，2014.

[3] 于翠艳，许涛. 建筑化学基础. 北京：石油工业出版社，2005.

[4] 高琳. 基础化学. 2 版，北京：高等教育出版社，2012.

[5] 于德水，关荐伊. 化学基础. 北京：石油工业出版社，2006.

[6] 同济大学普通化学教研室. 普通化学. 上海：同济大学出版社，1997.

[7] 邢其毅，徐瑞秋. 基础有机化学. 3 版. 北京：高等教育出版社，2005.

[8] 王艳玲，孟祥福，于翠艳. 无机化学. 2 版. 北京：石油工业出版社，2017.

[9] 王光信，等. 物理化学. 北京：化学工业出版社，2001.

[10] 肖衍繁，等. 物理化学. 2 版. 天津：天津大学出版社，2004.

[11] 周波. 表面活性剂. 北京：化学工业出版社，2010.

[12] 肖进新，等. 表面活性剂应用原理. 北京：化学工业出版社，2003.

[13] 赵麦群，雷阿丽. 金属的腐蚀与防护. 北京：国防工业出版社，2011.

[14] 潘祖仁. 高分子化学. 5 版. 北京：化学工业出版社，2011.

[15] 郭建民. 高分子材料化学基础. 3 版. 北京：化学工业出版社，2015.

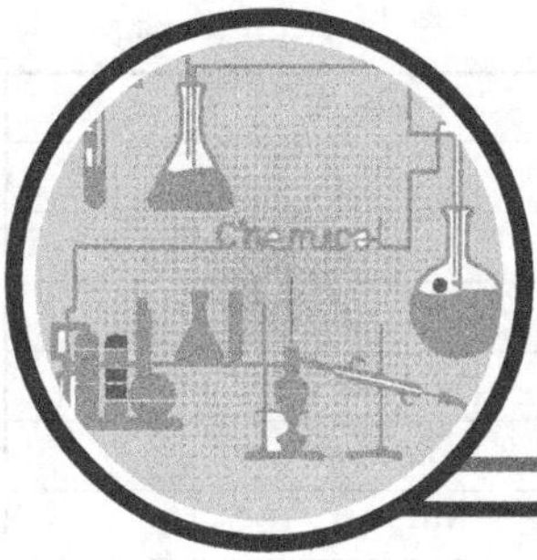

附　录

附录 1　我国法定计量单位

（1）国际单位制（简称 SI）的基本单位。

量的名称	单位名称	单位符号
长度	米	m
质量	千克（公斤）	kg
时间	秒	s
电流	安［培］	A
热力学温度	开［尔文］	K
物质的量	摩［尔］	mol
发光强度	坎［德拉］	cd

（2）国际单位制的辅助单位。

量的名称	单位名称	单位符号
平面角	弧　度	rad
立体角	球面度	sr

（3）用于构成十进倍数和分数单位的词头。

所表示的因数	词头名称	词头符号
10^{18}	艾［可萨］	E
10^{15}	拍［它］	P
10^{12}	太［拉］	T
10^{9}	吉［咖］	G
10^{6}	兆	M
10^{3}	千	k
10^{2}	百	h
10^{1}	十	da
10^{-1}	分	d

续表

所表示的因数	词头名称	词头符号
10^{-2}	厘	c
10^{-3}	毫	m
10^{-6}	微	μ
10^{-9}	纳［诺］	n
10^{-12}	皮［可］	p
10^{-15}	飞［母托］	f
10^{-18}	阿［托］	a

注：1.［］内的字，是在不致混淆的情况下，可以省略的字；

2.（　）内的字为前者的同义语。

附录 2　基本物理常数

物理量的名称	符　号	物理量的值
真空中光的速度	c	$2.9979\times10^{8}\,m\cdot s^{-1}$
电子质量	m_e	$9.109\times10^{-31}\,kg$
电子电荷	e	$1.602\times10^{-19}\,C$
法拉第常数	F	$9.6485\times10^{4}\,C$
阿伏加德罗常数	N_A	$6.022\times10^{23}\,mol^{-1}$
摩尔气体常数	R	$8.314\,J\cdot mol^{-1}\cdot K^{-1}$
摩尔理想气体标准体积	V_0	$2.241\times10^{-2}\,m^{3}\cdot mol^{-1}$

附录 3　某些物质的标准生成焓（25℃）

物　质	$\frac{\Delta_f H_m^\ominus}{kJ\cdot mol^{-1}}$	物　质	$\frac{\Delta_f H_m^\ominus}{kJ\cdot mol^{-1}}$
Ag(s)	0	C(石墨)	0
AgCl(s)	-127.07	C(金刚石)	1.897
Ag_2O(s)	-31.0	CO(g)	-110.52
Al(s)	0	CO_2(g)	-393.51
Al_2O_3(α，刚玉)	-1676	CS_2(l)	89.70
Br_2(l)	0	CS_2(g)	117.4
Br_2(g)	30.91	CCl_4(l)	-135.4
HBr(g)	-36.4	CCl_4(g)	-103
Ca(s)	0	HCN(l)	108.9
CaC_2(s)	-62.8	HCN(g)	135
$CaCO_3$(方解石)	-1206.8	Cl_2(g)	0
CaO(s)	635.09	Cl(g)	121.67
$Ca(OH)_2$(s)	-986029	HCl(g)	-92.307

物质	$\frac{\Delta_f H_m^{\ominus}}{kJ \cdot mol^{-1}}$	物质	$\frac{\Delta_f H_m^{\ominus}}{kJ \cdot mol^{-1}}$
Cu(s)	0	N_2O(g)	82.05
CuO(s)	−157	N_2O_3(g)	83.72
Cu_2O(s)	−169	N_2O_4(g)	9.16
F_2(g)	0	N_2O_5(g)	11
HF(g)	−271	HNO_3(g)	−135.1
Fe(α)	0	HNO_3(l)	−173.2
$FeCl_2$(s)	−341.8	NH_4HCO_3(s)	−849.4
$FeCl_3$(s)	−399.5	O_2(g)	0
FeO(s)	−272	O(g)	249.17
Fe_2O_3(赤铁矿)	−824.2	O_3(g)	143
Fe_3O_4(磁铁矿)	−1118	P(α，白磷)	0
$FeSO_4$(s)	−928.4	P(红磷，三斜)	−18
H_2(g)	0	P_4(s)	58.91
H(g)	217.97	PCl_3(g)	−287
H_2O(l)	−285.83	PCl_5(g)	−375
H_2O(g)	−241.82	$POCl_3$(g)	−558.48
I_2(s)	0	H_3PO_4(l)	−1279
I_2(g)	62.438	S	0
I(g)	106.84	S(g)	278.81
HI(g)	26.5	S_8(g)	102.3
Mg(s)	0	H_2S(g)	−20.6
$MgCl_2$(g)	−641.83	SO_2(g)	−296.83
MgO(s)	−601.83	SO_3(g)	−395.7
$Mg(OH)_2$(s)	−924.66	H_2SO_4(l)	−813.989
Na(s)	0	Si(s)	0
Na_2CO_3(s)	−1131	$SiCl_4$(l)	−687.0
$NaHCO_3$(s)	−947.7	$SiCl_4$(g)	−657.01
NaCl(s)	−411.0	SiH_4(g)	34
$NaNO_3$(s)	−466.68	SiO_2（石英）	−910.94
Na_2O(s)	−416	SiO_2(s，无定性)	−903.49
NaOH(s)	−426.73	Zn(s)	0
Na_2SO_4(s)	−1384.5	$ZnCO_3$(s)	−394.4
N_2(g)	0	$ZnCl_2$(s)	−451.1
NH_3(g)	−46.11	ZnO(s)	−348.3
N_2H_4(l)	50.63	CH_4(g)(甲烷)	−74.81
NO(g)	90.25	C_2H_6(g)(乙烷)	−84.68
NO_2(g)	33.2	C_3H_8(g)(丙烷)	−103.8

续表

物　质	$\frac{\Delta_f H_m^\ominus}{kJ \cdot mol^{-1}}$	物　质	$\frac{\Delta_f H_m^\ominus}{kJ \cdot mol^{-1}}$
C_4H_{10}(g)(正丁烷)	-124.7	HCHO(g)(甲醛)	-117
C_2H_4(g)(乙烯)	52.26	CH_3CHO(l)(乙醛)	-192.3
C_3H_6(g)(丙烯)	20.4	CH_3CHO(g)(乙醛)	-166.2
C_4H_8(g)(1-丁烯)	1.17	$(CH_3)_2CO$(l)(丙酮)	-248.2
C_2H_2(g)(乙炔)	226.7	$(CH_3)_2CO$(g)(丙酮)	-216.7
C_6H_6(l)(苯)	48.66	HCOOH(l)(甲酸)	-424.72
C_6H_6(g)(苯)	82.93	CH_3COOH(l)(乙酸)	-484.5
$C_6H_5CH_3$(g)(甲苯)	50.00	CH_3COOH(g)(乙酸)	-432.2
CH_3OH(l)(甲醇)	-238.7	CH_3NH_2(l)(甲胺)	-47.3
CH_3OH(g)(甲醇)	-200.7	CH_3NH_2(g)(甲胺)	-23.0
C_2H_5OH(l)(乙醇)	-277.7	$(NH_2)_2CO$(s)(尿素)	-322.9
C_2H_5OH(g)(乙醇)	-235.1		

附录 4　国际原子量表

序号	名称	英　文　名	符号	原子量	序号	名称	英　文　名	符号	原子量
1	氢	Hydrogen	H	1.00794	20	钙	Calcium	Ca	40.078
2	氦	Helium	He	4.002602	21	钪	Scandium	Sc	44.955910
3	锂	Lithium	Li	6.9412	22	钛	Titanium	Ti	47.88
4	铍	Beryllium	Be	9.012182	23	钒	Vanadium	V	50.9415
5	硼	Boron	B	10.811	24	铬	Chromium	Cr	51.9961
6	碳	Carbon	C	12.011	25	锰	Manganese	Mn	54.93805
7	氮	Nitrogen	N	14.00674	26	铁	Iron(Ferrum)	Fe	55.847
8	氧	Oxygen	O	15.9994	27	钴	Cobalt	Co	58.9332
9	氟	Fluorine	F	18.9984032	28	镍	Nickel	Ni	58.69
10	氖	Neon	Ne	20.1797	29	铜	Copper(Cuprum)	Cu	63.546
11	钠	Sodium(Natrium)	Na	22.989768	30	锌	Zinc	Zn	65.39
12	镁	Magnesium	Mg	24.3050	31	镓	Gallium	Ga	196.9665
13	铝	Aluminum	Al	26.981539	32	锗	Germanium	Ge	200.59
14	硅	Silicon	Si	28.0855	33	砷	Arsenic	As	69.723
15	磷	Phosphorus	P	30.973762	34	硒	Selenium	Se	72.61
16	硫	Hulfur	S	32.066	35	溴	Bromine	Br	74.92159
17	氯	Chlorine	Cl	35.4527	36	氪	Krypton	Kr	78.96
18	氩	Argon	Ar	39.984	37	铷	Rubidium	Rb	79.904
19	钾	Potassium(kolium)	K	39.0983	38	锶	Strontium	Sr	83.80

续表

序号	名称	英 文 名	符号	原子量	序号	名称	英 文 名	符号	原子量
39	钇	Yttrium	Y	85.4678	75	铼	Rhenium	Re	168.207
40	锆	Zirconium	Zr	91.224	76	锇	Osmium	Os	190.2
41	铌	Niobium	Nb	92.90238	77	铱	Iridium	Ir	192.22
42	钼	Molybdenum	Mo	95.94	78	铂	Platinum	Pt	195.08
43	锝	Technetium	Tc	98.9062	79	金	Gold(Aunum)	Au	87.62
44	钌	Ruthenium	Ru	101.07	80	汞	Mercury(Hydrargyrum)	Hg	88.90585
45	铑	Rhodium	Rh	102.9055	81	铊	Thallium	Tl	204.3833
46	钯	Palladium	Pd	106.42	82	铅	Lead(Plumbum)	Pb	207.2
47	银	Silver(Argentum)	Ag	107.8682	83	铋	Bismuth	Bi	208.98037
48	镉	Cadium	Cd	112.411	84	钋	Polonium	Po	[209]
49	铟	Indium	In	114.82	85	砹	Astatine	At	[210]
50	锡	Tin(Stannum)	Sn	118.710	86	氡	Radon	Rn	[222]
51	锑	Antimony	Sb	121.75	87	钫	Francium	Fr	[223]
52	碲	Tellurium	Te	127.62	88	镭	Radium	Ra	226.0254
53	碘	Iodine	I	126.90447	89	锕	Actinium	Ac	227.0278
54	氙	Xenon	Xe	131.29	90	钍	Thorium	Th	232.0381
55	铯	Caesium	Cs	132.90543	91	镤	Protactinium	Pa	231.03588
56	钡	Barium	Ba	137.327	92	铀	Uranium	U	238.0289
57	镧	Lanthanum	La	138.9055	93	镎	Neptunium	Np	237.0482
58	铈	Cerium	Ce	140.115	94	钚	Plutonium	Pu	[242]
59	镨	Praseodymium	Pr	140.90765	95	镅	Americium	Am	[243]
60	钕	Neodymium	Nd	144.24	96	锔	Curium	Cm	[247]
61	钷	Promethium	Pm	(147)	97	锫	Berkelium	Bk	[245]
62	钐	Samarium	Sm	150.36	98	锎	Californium	Cf	[248]
63	铕	Europium	Eu	151.965	99	锿	Einsteinium	Es	[254]
64	钆	Gadolinium	Gd	157.25	100	镄	Fermium	Fm	[253]
65	铽	Terbium	Tb	158.92534	101	钔	Mendelevium	Md	[256]
66	镝	Dysprosium	Dy	162.50	102	锘	Nobelium	No	[254]
67	钬	Holmium	Ho	164.93032	103	铹	Lawrencium	Lr	[257]
68	铒	Erbium	Er	167.26	104	𬬻	Unnilquadium	Unq	[261]
69	铥	Thulium	Tm	168.93421	105		Unnilpentium	Unp	[262]
70	镱	Ytterbium	Yb	173.04	106		Unnilhexium	Unh	[263]
71	镥	Lutetium	Lu	174.967	107		Unnilseptium	Uns	[262]
72	铪	Hafnium	Hf	178.49	108		Unniloctium	Uno	[265]
73	钽	Tantalum	Ta	180.9479	109		Unnilennium	Une	[266]
74	钨	Tungsten(Wolfram)	W	183.85					

附录 5　酸碱的解离常数

（1）弱酸的解离常数（298.15℃）。

弱酸	解离常数 $K_a^\ominus$	弱酸	解离常数 $K_a^\ominus$
H_3AlO_3	$K_1^\ominus=6.3\times10^{-12}$	H_2SO_3	$K_1^\ominus=1.3\times10^{-2}$；$K_2^\ominus=6.1\times10^{-3}$
H_3AsO_4	$K_1^\ominus=6.0\times10^{-3}$；$K_2^\ominus=1.0\times10^{-7}$；$K_3^\ominus=3.2\times10^{-12}$	$H_2S_2O_3$	$K_1^\ominus=0.25$；$K_2^\ominus=3.2\times10^{-2}\sim2.0\times10^{-2}$
		$H_2S_2O_4$	$K_1^\ominus=0.45$；$K_2^\ominus=3.5\times10^{-3}$
H_3AsO_3	$K_1^\ominus=6.6\times10^{-10}$	H_2Se	$K_1^\ominus=1.3\times10^{-4}$；$K_2^\ominus=1.0\times10^{-11}$
H_3BO_3	$K_1^\ominus=5.8\times10^{-10}$	$^*H_2S$	$K_1^\ominus=1.32\times10^{-7}$；$K_2^\ominus=7.10\times10^{-15}$
HBrO	$K_1^\ominus=2.0\times10^{-9}$	*HSCN	$K_1^\ominus=1.41\times10^{-1}$
H_2CO_3	$K_1^\ominus=4.4\times10^{-7}$；$K_2^\ominus=4.7\times10^{-11}$	H_2SiO_3	$K_1^\ominus=1.7\times10^{-10}$；$K_2^\ominus=1.6\times10^{-12}$
HCN	$K_1^\ominus=6.2\times10^{-10}$	NH_4^+	$K_1^\ominus=5.8\times10^{-10}$
H_2CrO_4	$K_1^\ominus=4.1$；$K_2^\ominus=1.3\times10^{-6}$	$H_2C_2O_4$（草酸）	$K_1^\ominus=5.4\times10^{-2}$；$K_2^\ominus=5.4\times10^{-5}$
HClO	$K_1^\ominus=2.8\times10^{-8}$	HCOOH（甲酸）	$K_1^\ominus=1.77\times10^{-4}$
HF	$K_1^\ominus=6.6\times10^{-4}$	CH_3COOH（醋酸）	$K_1^\ominus=1.75\times10^{-5}$
HIO	$K_1^\ominus=2.3\times10^{-11}$	$ClCH_2COOH$（氯代醋酸）	$K_1^\ominus=1.4\times10^{-3}$
HIO_3	$K_1^\ominus=0.16$		
HNO_2	$K_1^\ominus=7.2\times10^{-4}$	CH_2CHCO_2H（丙烯酸）	$K_1^\ominus=5.5\times10^{-5}$
H_2O_2	$K_1^\ominus=2.2\times10^{-12}$		
H_2O	$K_1^\ominus=1.8\times10^{-16}$	$CH_3COOH_2CO_2H$（乙酰醋酸）	$K_1^\ominus=2.6\times10^{-4}$（361.15K）
H_3PO_4	$K_1^\ominus=7.1\times10^{-3}$；$K_2^\ominus=6.3\times10^{-8}$；$K_3^\ominus=4.2\times10^{-13}$	$H_3C_6H_5O_7$（柠檬酸）	$K_1^\ominus=7.4\times10^{-4}$；$K_2^\ominus=1.73\times10^{-5}$
H_3PO_3	$K_1^\ominus=6.3\times10^{-2}$；$K_2^\ominus=2.0\times10^{-7}$	H_4Y（乙二胺四乙酸）	$K_1^\ominus=10^{-2}$；$K_2^\ominus=2.1\times10^{-3}$；$K_3^\ominus=6.9\times10^{-7}$；$K_4^\ominus=5.9\times10^{-11}$
H_2SO_4	$K_2^\ominus=1.0\times10^{-2}$		

（2）弱碱的解离常数（298.15℃）。

弱碱	解离常数　$K_b^\ominus$	弱碱	解离常数　$K_b^\ominus$
$NH_3\cdot H_2O$	1.8×10^{-5}	$C_6H_5NH_2$（苯胺）	4×10^{-10}
$NH_2—NH_2$（联苯）	9.8×10^{-7}	C_5H_5N（吡啶）	1.5×10^{-9}
NH_2OH（羟胺）	9.1×10^{-9}	$(CH_2)_6N_4$（六次甲基四胺）	1.4×10^{-9}

附录 6　溶度积常数

化合物	$K_{sp}^\ominus$	化合物	$K_{sp}^\ominus$
AgAc	4.4×10^{-3}	AgCl	1.8×10^{-10}
Ag_3AsO_4	1.0×10^{-22}	Ag_2CO_3	8.1×10^{-12}
AgBr	5.0×10^{-13}	Ag_2CrO_4	1.1×10^{-12}

化合物	$K_{sp}^{\ominus}$	化合物	$K_{sp}^{\ominus}$
AgCN	1.2×10^{-16}	$CuCO_3$	1.4×10^{-10}
$Ag_2Cr_2O_7$	2.0×10^{-7}	$CuCrO_4$	3.6×10^{-16}
$Ag_2C_2O_4$	3.4×10^{-11}	$Cu_2[Fe(CN)_6]$	1.3×10^{-6}
$Ag_4[Fe(CN)_6]$	1.6×10^{-41}	$Cu(OH)_2$	2.2×10^{-20}
AgOH	2.0×10^{-8}	CuC_2O_4	2.3×10^{-8}
$AgIO_3$	3.0×10^{-8}	$Cu_3(PO_4)_2$	1.3×10^{-37}
AgI	8.3×10^{-17}	$Cu_2P_2O_7$	8.3×10^{-16}
Ag_2MoO_4	2.8×10^{-12}	CuS	6.3×10^{-36}
$AgNO_2$	6.0×10^{-4}	$FeCO_3$	3.2×10^{-11}
Ag_3PO_4	1.4×10^{-16}	$Fe(OH)_2$	8.0×10^{-16}
Ag_2SO_4	1.4×10^{-5}	$FeC_2O_4\cdot2H_2O$	3.2×10^{-7}
Ag_2SO_3	1.5×10^{-14}	$Fe[Fe(CN)_6]_3$	3.3×10^{-41}
Ag_2S	6.3×10^{-50}	$Fe(OH)_3$	4.0×10^{-38}
AgSCN	1.0×10^{-12}	FeS	6.3×10^{-18}
$AlAsO_4$	1.6×10^{-16}	Hg_2CO_3	8.9×10^{-17}
$Al(OH)_3$(无定型)	1.3×10^{-33}	$Hg_2(CN)_2$	5.0×10^{-40}
$AlPO_4$	6.3×10^{-19}	Hg_2Cl_2	1.3×10^{-18}
Al_2S_3	2.0×10^{-7}	Hg_2CrO_4	2.0×10^{-9}
AuCl	2.0×10^{-13}	Hg_2I_2	4.5×10^{-29}
$AuCl_3$	3.2×10^{-25}	$Hg_2(OH)_2$	2.0×10^{-24}
AuI	1.6×10^{-23}	$Hg(OH)_2$	3.0×10^{-26}
AuI_3	1.0×10^{-46}	Hg_2SO_4	7.4×10^{-7}
$BaCO_3$	5.1×10^{-9}	Hg_2S	1.0×10^{-47}
BaC_2O_4	1.6×10^{-7}	HgS（红）	4.0×10^{-53}
$BaCrO_4$	1.2×10^{-10}	HgS（黑）	1.6×10^{-52}
$Ba_2[Fe(CN)_6]\cdot6H_2O$	3.2×10^{-8}	SnS	1.0×10^{-25}
BaF_2	1.0×10^{-6}	$SrCO_3$	1.1×10^{-10}
$Ba(OH)_2$	5.0×10^{-3}	$SrC_2O_4\cdot H_2O$	1.6×10^{-7}
β-CoS	2.0×10^{-25}	$SrCrO_4$	2.2×10^{-5}
$Cr(OH)_3$	6.3×10^{-31}	$SrSO_4$	3.2×10^{-7}
CuBr	5.3×10^{-9}	$TlCl_4$	1.7×10^{-4}
CuCl	1.2×10^{-6}	TlI	6.5×10^{-8}
CuCN	3.2×10^{-20}	$Ba(NO_3)_2$	4.5×10^{-3}
CuI	1.1×10^{-12}	$BaHPO_4$	3.2×10^{-7}
CuOH	1.0×10^{-14}	$Ba_3(PO_4)_2$	3.4×10^{-23}
Cu_2S	2.5×10^{-48}	$Ba_2P_2O_7$	3.2×10^{-11}
CuSCN	4.8×10^{-15}	$BaSO_4$	1.1×10^{-10}

化合物	$K_{sp}^{\ominus}$	化合物	$K_{sp}^{\ominus}$
$BaSO_3$	8.0×10^{-7}	$MgCO_3$	3.5×10^{-8}
BaS_2O_3	1.6×10^{-5}	MgF	6.5×10^{-9}
$BeCO_3 \cdot 4H_2O$	1.0×10^{-3}	$Mg(OH)_2$	1.8×10^{-11}
$Be(OH)_2$(不定型)	1.6×10^{-22}	$Mg_3(PO_4)_2$	$10^{-28}\sim10^{-27}$
$Bi(OH)_3$	4.0×10^{-31}	$MnCO_3$	1.8×10^{-11}
BiI_3	8.1×10^{-19}	$Mn(OH)_2$	1.9×10^{-13}
Bi_2S_3	1.0×10^{-97}	MnS	2.5×10^{-10}
BiOBr	3.0×10^{-7}	MnS	2.5×10^{-13}
BiOCl	1.8×10^{-31}	Na_3AlF_6	4.0×10^{-10}
$BiONO_3$	2.82×10^{-3}	$NiCO_3$	6.6×10^{-9}
$CaCO_3$	2.8×10^{-9}	$Ni(OH)_2$(新鲜)	2.0×10^{-15}
$CaC_2O_4 \cdot 4H_2O$	4.0×10^{-9}	α-NiS	3.2×10^{-19}
$CaCrO_4$	7.1×10^{-4}	β-NiS	1.0×10^{-24}
CaF_2	5.3×10^{-9}	γ-NiS	2.0×10^{-26}
$Ca(OH)_2$	5.5×10^{-6}	$PbCO_3$	7.4×10^{-14}
$CaHPO_4$	1.0×10^{-7}	$PbCl_2$	1.6×10^{-5}
$Ca_3(PO_4)_2$	2.0×10^{-29}	$PbCrO_4$	2.8×10^{-13}
$CaSiO_3$	2.5×10^{-8}	PbC_2O_4	4.8×10^{-10}
$CaSO_4$	9.1×10^{-6}	PbI_2	7.1×10^{-9}
$CdCO_3$	5.2×10^{-12}	$Pb(N_3)_2$	2.5×10^{-9}
$Cd(OH)_2$(新鲜)	2.5×10^{-14}	$Pb(OH)_2$	1.2×10^{-15}
CdS	8.0×10^{-27}	$Pb(OH)_4$	3.2×10^{-66}
CeF_3	8.0×10^{-16}	$Pb_3(PO_4)_2$	8.0×10^{-43}
$Ce(OH)_3$	1.6×10^{-20}	$PbSO_4$	1.6×10^{-8}
$Ce(OH)_4$	2.0×10^{-28}	PbS	8.0×10^{-28}
Ce_2S_3	6.0×10^{-11}	$Pt(OH)_2$	1.0×10^{-35}
$Co(OH)_2$(新鲜)	1.6×10^{-15}	$Sn(OH)_2$	1.4×10^{-28}
$Co(OH)_3$	1.6×10^{-44}	$Sn(OH)_4$	1.0×10^{-56}
α-CoS	4.0×10^{-21}	$Tl(OH)_3$	6.3×10^{-46}
$K_2Na[Co(NO_2)_6] \cdot H_2O$	2.2×10^{-11}	Tl_2S	5.0×10^{-21}
$K_2[PtCl_6]$	1.1×10^{-5}	$ZnCO_3$	1.4×10^{-11}
K_2SiF_6	8.7×10^{-7}	$Zn(OH)_2$	1.2×10^{-17}
Li_2CO_3	2.5×10^{-2}	α-ZnS	1.6×10^{-24}
LiF	3.8×10^{-3}	β-ZnS	2.5×10^{-22}
Li_3PO_4	3.2×10^{-9}		

附录 7　标准电极电势

氧化还原电对	电极反应	$E^{\ominus}$,V
Li^+/Li	$Li^+ + e \rightleftharpoons Li$	-3.045
K^+/K	$K^+ + e \rightleftharpoons K$	-2.925
Rb^+/Rb	$Rb^+ + e \rightleftharpoons Rb$	-2.925
Cs^+/Cs	$Cs^+ + e \rightleftharpoons Cs$	-2.923
Ra^{2+}/Ra	$Ra^{2+} + 2e \rightleftharpoons Ra$	-2.92
Ba^{2+}/Ba	$Ba^{2+} + 2e \rightleftharpoons Ba$	-2.90
Sr^{2+}/Sr	$Sr^{2+} + 2e \rightleftharpoons Sr$	-2.89
Ca^{2+}/Ca	$Ca^{2+} + 2e \rightleftharpoons Ca$	-2.87
Na^+/Na	$Na^+ + e \rightleftharpoons Na$	-2.714
La^{3+}/La	$La^{3+} + 3e \rightleftharpoons La$	-2.52
Mg^{2+}/Mg	$Mg^{2+} + 2e \rightleftharpoons Mg$	-2.37
Sc^{3+}/Sc	$Sc^{3+} + 3e \rightleftharpoons Sc$	-2.08
$[AlF_6]^{3-}/Al$	$[AlF_6]^{3-} + 3e \rightleftharpoons Al + 6F^-$	-2.07
Be^{2+}/Be	$Be^{2+} + 2e \rightleftharpoons Be$	-1.85
Al^{3+}/Al	$Al^{3+} + 3e \rightleftharpoons Al$	-1.66
Ti^{2+}/Ti	$Ti^{2+} + 2e \rightleftharpoons Ti$	-1.63
Zr^{4+}/Zr	$Zr^{4+} + 4e \rightleftharpoons Zr$	-1.53
$[TiF_6]^{2-}/Ti$	$[TiF_6]^{2-} + 4e \rightleftharpoons Ti + 6F^-$	-1.24
$[SiF_6]^{2-}/Si$	$[SiF_6]^{2-} + 4e \rightleftharpoons Si + 6F^-$	-1.20
Mn^{2+}/Mn	$Mn^{2+} + 2e \rightleftharpoons Mn$	-1.18
* SO_4^{2-}/SO_3^{2-}	* $SO_4^{2-} + H_2O + 2e \rightleftharpoons SO_3^{2-} + 2OH^-$	-0.93
TiO^{2+}/Ti	$TiO^{2+} + 2H^+ + 4e \rightleftharpoons Ti + 2H_2O$	-0.89
* $Fe(OH)_2/Fe$	* $Fe(OH)_2 + 2e \rightleftharpoons Fe + 2OH^-$	-0.887
H_3BO_3/B	$H_3BO_3 + 3H^+ + 3e \rightleftharpoons B + 3H_2O$	-0.87
$SiO(S)/Si$	$SiO(S) + 4H^+ + 4e \rightleftharpoons Si + 2H_2O$	-0.86
Zn^{2+}/Zn	$Zn^{2+} + 2e \rightleftharpoons Zn$	-0.763
* $FeCO_3/Fe$	* $FeCO_3 + 2e \rightleftharpoons Fe + CO_3$	-0.756
Cr^{3+}/Cr	$Cr^{3+} + 3e \rightleftharpoons Cr$	-0.74
$As+/AsH_3$	$As + 3H^+ + 3e \rightleftharpoons AsH_3$	-0.60

续表

氧化还原电对	电极反应	$E^{\ominus}$,V
$*2SO_3^{2-}/S_2O_3^{2-}$	$*2SO_3^{2-}+3H_2O+4e \rightleftharpoons S_2O_3^{2-}+6OH^-$	-0.58
$Fe(OH)_3/Fe(OH)_2$	$Fe(OH)_3+e \rightleftharpoons Fe(OH)_2+OH^-$	-0.56
Ga^{3+}/Ga	$Ga^{3+}+3e \rightleftharpoons Ga$	-0.56
$Sb/SbH_3(s)$	$Sb+3H^++3e \rightleftharpoons SbH_3(s)$	-0.51
H_3PO_2/P	$H_3PO_2+H^++e \rightleftharpoons P+2H_2O$	-0.51
H_3PO_3/H_3PO_2	$H_3PO_3+2H^++2e \rightleftharpoons H_3PO_2+H_2O$	-0.50
$CO_2/H_2C_2O_4$	$2CO_2+2H^++2e \rightleftharpoons H_2C_2O_4$	-0.49
$*S/S^{2-}$	$*S+2e \rightleftharpoons S^{2-}$	-0.48
Fe^{2+}/Fe	$Fe^{2+}+2e \rightleftharpoons Fe$	-0.44
Cr^{3+}/Cr^{2+}	$Cr^{3+}+e \rightleftharpoons Cr^{2+}$	-0.41
Cd^{2+}/Cd	$Cd^{2+}+2e \rightleftharpoons Cd$	-0.403
Se/Se^{2-}	$Se+2H^++2e \rightleftharpoons H_2Se$	-0.40
Ti^{3+}/Ti^{2+}	$Ti^{3+}+3e \rightleftharpoons Ti^{2+}$	-0.37
PbI_2/Pb	$PbI_2+2e \rightleftharpoons Pb+2I^-$	-0.365
$*Cu_2O/Cu$	$*Cu_2O+H_2O+2e \rightleftharpoons 2Cu+2OH^-$	-0.361
$PbSO_4/Pb$	$PbSO_4+2e \rightleftharpoons Pb+SO_4^{2-}$	-0.355
In^{3+}/In	$In^{3+}+3e \rightleftharpoons In$	-0.342
Ti^+/Ti	$Ti^++e \rightleftharpoons Ti$	-0.336
$*Ag(CN)_2^-/Ag$	$*Ag(CN)_2^- \rightleftharpoons Ag+2CN^-$	-0.31
PtS/Pt	$PtS+2H^++2e \rightleftharpoons Pt+H_2S(g)$	-0.30
$PbBr_2/Pb$	$PbBr_2+2e \rightleftharpoons Pb+2Br^-$	-0.280
Co^{2+}/Co	$Co^{2+}+2e \rightleftharpoons Co$	-0.277
H_3PO_4/H_3PO_3	$H_3PO_4+2H^++2e \rightleftharpoons H_3PO_3+H_2O$	-0.276
$PbCl_2/Pb$	$PbCl_2+2e \rightleftharpoons Pb+2Cl^-$	-0.268
V^{3+}/V^{2+}	$V^{3+}+2e \rightleftharpoons V^{2+}$	-0.255
VO_2^+/V	$VO_2^++4H^++5e \rightleftharpoons V+2H_2O$	-0.253
$[SnF_6]^{2-}/Sn$	$[SnF_6]^{2-}+4e \rightleftharpoons Sn+6F^-$	-0.25
Ni^{2+}/Ni	$Ni^{2+}+2e \rightleftharpoons Ni$	-0.246
$N_2/N_2H_5^+$	$N_2+5H^++4e \rightleftharpoons N_2H_5^+$	-0.23
Mo^{3+}/Mo	$Mo^{3+}+3e \rightleftharpoons Mo$	-0.20
CuI/Cu	$CuI+e \rightleftharpoons Cu+2I^-$	-0.185

续表

氧化还原电对	电极反应	$E^{\ominus}$,V
AgI/Ag	$AgI+e \rightleftharpoons Ag+2I^-$	-0.152
Sn^2/Sn	$Sn^{2+}+2e \rightleftharpoons Sn$	-0.136
Pb^{2+}/Pb	$Pb^{2+}+2e \rightleftharpoons Pb$	-0.126
* $Cu(NH_3)_2^+/Cu$	* $Cu(NH_3)_2^++e \rightleftharpoons Cu+2NH_3$	-0.12
* CrO_4^{2+}/CrO_2^-	* $CrO_4^{2+}+2H_2O+3e \rightleftharpoons CrO_2^-+4OH^-$	-0.12
$WO_3(cr)/W$	$WO_3(cr)+6H^++6e \rightleftharpoons W+3H_2O$	-0.09
* $Cu(OH)_2/Cu_2O$	* $Cu(OH)_2+2e \rightleftharpoons Cu_2O+2OH^-+2H_2O$	-0.08
* $MnO_2/Mn(OH)_2$	* $MnO_2+H_2O+2e \rightleftharpoons Mn(OH)_2+2OH^-$	-0.05
$[HgI_4]^{2-}/Hg$	$[HgI_4]^{2-}+2e \rightleftharpoons Hg+4I^-$	-0.039
* AgCN/Ag	* $AgCN+e \rightleftharpoons Ag+CN^-$	-0.017
H^+/H_2	$2H^++2e \rightleftharpoons H_2$	0.00
$[Ag(S_2O_3)_2]^{3-}/Ag$	$[Ag(S_2O_3)_2]^{3-}+e \rightleftharpoons Ag+2S_2O_3^{2-}$	0.01
* NO_3^-/NO_2^-	* $NO_3^-+H_2O+2e \rightleftharpoons NO_2^-+2OH^-$	0.01
AgBr(s)/Ag	$AgBr(s)+2e \rightleftharpoons Ag+Br^-$	0.071
$S_4O_6^{2-}/S_2O_3^{2-}$	$S_4O_6^{2-}+2e \rightleftharpoons 2S_2O_3^{2-}$	0.08
* $[Co(NH_3)_6]^{3+}/[Co(NH_3)_6]^{2+}$	* $[Co(NH_3)_6]^{3+}+e \rightleftharpoons [Co(NH_3)_6]^{2+}$	0.1
TiO^{2+}/Ti^{3+}	$TiO^{2+}+2H^++e \rightleftharpoons Ti^{3+}+H_2O$	0.10
S/H_2S	$S+2H^++2e \rightleftharpoons H_2S$	0.141
Sn^{4+}/Sn^2	$Sn^{4+}+2e \rightleftharpoons Sn^{2+}$	0.154
Cu^{2+}/Cu^+	$Cu^{2+}+e \rightleftharpoons Cu^+$	0.159
SO_4^{2-}/H_2SO_3	$SO_4^{2-}+4H^++2e \rightleftharpoons H_2SO_3$	0.17
$[HgBr_4]^{2-}/Hg$	$[HgBr_4]^{2-}+2e \rightleftharpoons Hg+4Br^-$	0.21
AgCl(s)/Ag	$AgCl(s)+e \rightleftharpoons Ag+Cl^-$	0.2223
* PbO_2/Pb	* $PbO_2+H_2O+2e \rightleftharpoons Pb+2OH^-$	0.247
$HAsO_2/As$	$HAsO_2+3H^++2e \rightleftharpoons As+2H_2O$	0.248
$Hg_2Cl_2(s)/Hg$	$Hg_2Cl_2(s)+2e \rightleftharpoons 2Hg+2Cl^-$	0.268
BiO^+/Bi	$BiO^++2H^++3e \rightleftharpoons Bi+2H_2O$	0.32
Cu^{2+}/Cu	$Cu^{2+}+2e \rightleftharpoons Cu$	0.337
Ag_2O/Ag	$Ag_2O+H_2O+2e \rightleftharpoons 2Ag+2OH^-$	0.342
$[Fe(CN)_6]^{3-}/[Fe(CN)_6]^{4-}$	$[Fe(CN)_6]^{3-}+e \rightleftharpoons [Fe(CN)_6]^{4-}$	0.36
* ClO_4^-/ClO_3^-	* $ClO_4^-+H_2O+2e \rightleftharpoons ClO_3^-+2OH^-$	0.36

续表

氧化还原电对	电极反应	$E^{\ominus}$,V
$*[Ag(NH_3)_2]^+/Ag$	$*[Ag(NH_3)_2]^+ + 2e \rightleftharpoons Ag + 2NH_3$	0.373
$2H_2SO_3/S_2O_3^{2-}$	$2H_2SO_3 + 2H^+ + 2e \rightleftharpoons S_2O_3^{2-} + 3H_2O$	0.40
$*O_2/OH^-$	$*O_2 + 2H_2O + 4e \rightleftharpoons 4OH^-$	0.401
Ag_2CrO_4/Ag	$Ag_2CrO_4 + 2e \rightleftharpoons 2Ag + CrO_4^-$	0.447
H_3SO_3/S	$H_3SO_3 + 4H^+ + 4e \rightleftharpoons S + 3H_2O$	0.45
Cu^+/Cu	$Cu^+ + 2e \rightleftharpoons Cu$	0.52
$TeO_2(s)/Te$	$TeO_2(s) + 4H^+ + 4e \rightleftharpoons Te + 2H_2O$	0.529
$I_2(s)/I^-$	$I_2(s) + 2e \rightleftharpoons 2I^-$	0.5345
H_3AsO_4/H_3AsO_3	$H_3AsO_4 + 2H^+ + 2e \rightleftharpoons H_3AsO_3 + H_2O$	0.560
MnO_4^-/MnO_4^{2-}	$MnO_4^- + e \rightleftharpoons MnO_4^{2-}$	0.564
$*MnO_4^-/MnO_2$	$*MnO_4^- + 2H_2O + 3e \rightleftharpoons MnO_2 + 4OH^-$	0.588
$*MnO_4^{2-}/MnO_2$	$*MnO_4^{2-} + 2H_2O + 2e \rightleftharpoons MnO_2 + 4OH^-$	0.60
$*BrO_3^-/Br^-$	$*BrO_3^- + 3H_2O + 6e \rightleftharpoons Br^- + 6OH^-$	0.61
$HgCl_2/Hg_2Cl_2$	$2HgCl_2 + 2e \rightleftharpoons Hg_2Cl_2 + 2Cl^-$	0.63
$*ClO_2^-/ClO^-$	$*ClO_2^- + H_2O + 2e \rightleftharpoons ClO^- + 2OH^-$	0.66
$O_2/H_2O_2(aq)$	$O_2 + 2H^+ + 2e \rightleftharpoons H_2O_2(aq)$	0.682
$[PtCl_4]^{2-}/Pt$	$[PtCl_4]^{2-} + 2e \rightleftharpoons Pt + 4Cl^-$	0.73
Fe^{3+}/Fe^{2+}	$Fe^{3+} + e \rightleftharpoons Fe^{2+}$	0.771
Hg_2^{2+}/Hg	$2Hg_2^{2+} + 2e \rightleftharpoons 2Hg$	0.793
Ag^+/Ag	$Ag^+ + e \rightleftharpoons Ag$	0.799
NO_3^-/NO_2	$NO_3^- + 2H^+ + e \rightleftharpoons NO_2 + H_2O$	0.80
$*HO_2^-/OH^-$	$*HO_2^- + H_2O + 2e \rightleftharpoons 3OH^-$	0.88
ClO^-/Cl^-	$ClO^- + H_2O + 2e \rightleftharpoons Cl^- + 3OH^-$	0.89
$2Hg^{2+}/Hg_2^{2+}$	$2Hg^{2+} + 2e \rightleftharpoons Hg_2^{2+}$	0.920
NO_3^-/HNO_2	$NO_3^- + 3H^+ + 2e \rightleftharpoons HNO_2 + H_2O$	0.94
NO_3^-/NO	$NO_3^- + 4H^+ + 3e \rightleftharpoons NO + 2H_2O$	0.96
HNO_2/NO	$HNO_2 + H^+ + e \rightleftharpoons NO + H_2O$	1.00
NO_2/NO	$NO_2 + 2H^+ + 2e \rightleftharpoons NO + H_2O$	1.03
$Br_2(l)/Br^-$	$Br_2(l) + 2e \rightleftharpoons 2Br^-$	1.065
NO_2/HNO_2	$NO_2 + H^+ + e \rightleftharpoons HNO_2$	1.07
$Cu^{2+}/Cu(CN)_2^-$	$Cu^{2+} + 2CN^- + e \rightleftharpoons Cu(CN)_2^-$	1.12

续表

氧化还原电对	电极反应	$E^{\ominus}$, V
* ClO_2/ClO_2^-	* $ClO_2+e \rightleftharpoons ClO_2^-$	1.16
ClO_4^-/ClO_3^-	$ClO_4^-+2H^++2e \rightleftharpoons ClO_3^-+H_2O$	1.19
$2IO_3^-/I_2$	$2IO_3^-+12H^++10e \rightleftharpoons I_2+6H_2O$	1.20
$ClO_3^-/HClO_2$	$ClO_3^-+3H^++2e \rightleftharpoons HClO_2+H_2O$	1.21
$O_2/H_2O(l)$	$O_2+4H^++4e \rightleftharpoons 2H_2O(l)$	1.229
MnO_2/Mn^{2+}	$MnO_2+4H^++2e \rightleftharpoons Mn^{2+}+2H_2O$	1.23
* O_3/OH^-	* $O_3+2H_2O+2e \rightleftharpoons O_2+2OH^-$	1.24
$ClO_2/HClO_2$	$ClO_2+H^++e \rightleftharpoons HClO_2$	1.275
HNO_2/N_2O	$2HNO_2+4H^++4e \rightleftharpoons N_2O+3H_2O$	1.29
$Cr_2O_7^{2-}/Cr^{3+}$	$Cr_2O_7^{2-}+14H^++6e \rightleftharpoons 2Cr^{3+}+7H_2O$	1.33
Cl_2/Cl^-	$Cl_2+2e \rightleftharpoons 2Cl^-$	1.36
HIO/I_2	$2HIO+2H^++2e \rightleftharpoons I_2+2H_2O$	1.45
PbO_2/Pb^{2+}	$PbO_2+4H^++2e \rightleftharpoons Pb^{2+}+2H_2O$	1.455
Au^{3+}/Au	$Au^{3+}+2e \rightleftharpoons Au$	1.50
Mn^{3+}/Mn^{2+}	$Mn^{3+}+e \rightleftharpoons Mn^{2+}$	1.51
MnO_4^-/Mn^{2+}	$MnO_4^-+8H^++5e \rightleftharpoons Mn^{2+}+4H_2O$	1.51
$2BrO_3^-/Br_2(l)$	$2BrO_3^-+12H^++10e \rightleftharpoons Br_2(l)+6H_2O$	1.52
$2HBrO/Br_2(l)$	$2HBrO+2H^++2e \rightleftharpoons Br_2(l)+2H_2O$	1.59
H_5IO_6/IO_3^-	$H_5IO_6+H^++2e \rightleftharpoons IO_3^-+3H_2O$	1.60
$HClO/Cl_2$	$2HClO+2H^++2e \rightleftharpoons Cl_2+2H_2O$	1.63
$HClO_2/HClO$	$HClO_2+2H^++2e \rightleftharpoons HClO+H_2O$	1.64
Au^+/Au	$Au^++e \rightleftharpoons Au$	1.68
NiO_2/Ni^{2+}	$NiO_2+4H^++2e \rightleftharpoons Ni^{2+}+2H_2O$	1.695
H_2O_2/H_2O	$H_2O_2+2H^++2e \rightleftharpoons 2H_2O$	1.77
Co^{3+}/Co^{2+}	$Co^{3+}+e \rightleftharpoons Co^{2+}$	1.84
Ag^{2+}/Ag^+	$Ag^{2+}+e \rightleftharpoons Ag^+$	1.98
$S_2O_8^{2-}/SO_4^{2-}$	$S_2O_8^{2-}+2e \rightleftharpoons 2SO_4^{2-}$	2.01
O_3/H_2O	$O_3+2H^++2e \rightleftharpoons O_2+H_2O$	2.07
F_2/F^-	$F_2+2e \rightleftharpoons 2F^-$	2.87
F_2/HF^-	$F_2+2H^++2e \rightleftharpoons 2HF$	3.06

* 本表中凡前面有 * 符号的电极反应是在碱性溶液中进行，其余都在酸性溶液中进行。

附录 8　配离子的稳定常数（298.15K）

化学式	稳定常数 $K^{\ominus}_{稳}$	$\lg K^{\ominus}_{稳}$	化学式	稳定常数 $K^{\ominus}_{稳}$	$\lg K^{\ominus}_{稳}$
* $[AgCl]^-$	1.1×10^{5}	5.04	$[HgI_4]^{2-}$	1.9×10^{30}	30.28
* $[AgI]^-$	5.5×10^{11}	11.74	$[Cd(CN)_4]^{2-}$	7.1×10^{18}	18.85
$[Ag(CN)]^-$	5.6×10^{18}	18.74	$[Cd(NH_3)_4]^{2+}$	1.3×10^{7}	7.12
$[Ag(NH_3)_2]^+$	1.7×10^{7}	7.23	* $[Co(NCS)_4]^{2-}$	1.0×10^{3}	3.00
$[Ag(S_2O_3)]^{3-}$	1.7×10^{13}	13.23	$[Co(NH_3)_6]^{2+}$	8.0×10^{4}	4.90
$[AlF_6]^{3-}$	6.9×10^{19}	19.84	$[Co(NH_3)_6]^{3+}$	4.6×10^{33}	33.66
$[AuCl_4]^-$	2.0×10^{21}	21.3	* $[CoCl_2]^-$	3.2×10^{5}	5.50
$[Au(CN)_2]^-$	2.0×10^{38}	38.3	$[CuBr_2]^-$	7.8×10^{5}	5.89
$[CdI_4]^{2-}$	2.0×10^{6}	6.3	* $[CuI_2]^-$	7.1×10^{8}	8.85
$[Cu(CN)_4]^{3-}$	1.0×10^{30}	30.00	$[Cu(CN)_2]^-$	1.0×10^{16}	16.0
* $[Cu(en)_2]^{2+}$	1.0×10^{20}	20.00	$[Hg(CN)_4]^{2-}$	2.5×10^{41}	41.40
$[Cu(NH_3)_2]^+$	7.4×10^{10}	10.87	$[Hg(NH_3)_4]^{2+}$	1.9×10^{19}	19.28
$[Cu(NH_3)_4]^{2+}$	7.3×10^{13}	13.63	$[Hg(SCN)_4]^{2-}$	2.0×10^{19}	19.3
$[Fe(C_2O_4)_3]^{3-}$	10^{20}	20	$[Ni(CN)_4]^{2-}$	1.0×10^{22}	22
$[FeF_6]^{3-}$	2.0×10^{15}	15.3	* $[Ni(en)_3]^{2+}$	2.1×10^{18}	18.33
$[Fe(CN)_6]^{4-}$	10^{35}	35	$[Ni(NH_3)_4]^{2+}$	5.6×10^{8}	8.74
$[Fe(CN)_6]^{3-}$	10^{42}	42	$[Zn(CN)_4]^{2-}$	7.8×10^{16}	16.89
$[Fe(NCS)_6]^{3-}$	1.3×10^{9}	9.10	$[Zn(en)_2]^{2+}$	6.8×10^{10}	10.83
$[HgCl_4]^{2-}$	9.1×10^{15}	15.96	$[Zn(NH_3)_4]^{2+}$	2.9×10^{9}	9.47